Rust Programming Cookbook

Rust 语言编程实战

[英] 克劳斯·马特辛格 (Claus Matzinger) 著
苏金国 译

中国电力出版社
CHINA ELECTRIC POWER PRESS

内 容 提 要

本书涵盖了不同环境和体系架构设计下配置 Rust 的技巧，并提供了解决实际问题的方案。首先介绍了 Rust 的核心概念，使你能创建高效、高性能的应用，其中会使用各种 Rust 特性，如零成本抽象和改进内存管理。本书还深入介绍了更高级的主题（包括通道和 actor），能构建可伸缩的生产级别的应用，还会学习错误处理、宏和模块化来编写可维护的代码。你会了解如何克服使用 Rust 实现系统编程、物联网、Web 开发和网络编程时遇到的常见障碍，并进一步了解 Rust 2018 为嵌入式程序员提供的强大功能。

本书适合想要使用 Rust 快速开发应用实例的具有一定编程基础的人。

Copyright © 2020 Packt Publishing. First published in the English language under the title 'Rust Programming Cookbook'.

本书简体中文版专有出版权由英国 Packt Publishing 公司授予中国电力出版社。未经许可，不得以任何方式复制或传播本书的任何部分。专有出版权受法律保护。

图书在版编目（CIP）数据

Rust 语言编程实战/（英）克劳斯·马特辛格（Claus Matzinger）著；苏金国译 .—北京：中国电力出版社，2021.1

书名原文：Rust Programming Cookbook

ISBN 978-7-5198-4989-4

Ⅰ. ①R… Ⅱ. ①克…②苏… Ⅲ. ①程序语言—程序设计 Ⅳ. ①TP312

中国版本图书馆 CIP 数据核字（2020）第 182779 号

北京市版权局著作权合同登记 图字：01-2020-2457 号

出版发行：中国电力出版社
地　　址：北京市东城区北京站西街 19 号（邮政编码 100005）
网　　址：http://www.cepp.sgcc.com.cn
责任编辑：刘　炽　何佳煜（010-63412758）
责任校对：黄　蓓　李　楠
装帧设计：赵姗姗
责任印制：杨晓东

印　　刷：北京天宇星印刷厂
版　　次：2021 年 1 月第一版
印　　次：2021 年 1 月北京第一次印刷
开　　本：787 毫米×1092 毫米　16 开本
印　　张：26.25
字　　数：549 千字
定　　价：99.00 元

版 权 专 有 侵 权 必 究

本书如有印装质量问题，我社营销中心负责退换这本书是站在巨人的肩膀上，包括 Rust 社区的所有人和我生命中的每个人。感谢社区对 Rust 的维护、提供的软件包和所呈现的卓越精神；感谢我的妻子 Christine，谢谢你的支持和反馈，还有远超朋友的爱和帮助。

——Claus Matzinger

序

在 Rust 项目中，Claus 和我有共同的经历。我们都是 Rust 社区的成员，我们也都在教大家学习 Rust，只不过 Claus 是通过写书，而我则作为一个培训师。我们花了相当多的时间来考虑 Rust 可能在哪些领域有用，以及如何激励人们在他们的领域应用这个语言。

Rust 是一个极其灵活的语言，在各个领域都有无尽可能。从服务器端分布式系统一直到非常小的嵌入式设备，Rust 都可以成为你选择的语言。这很棒，但也有些让人畏惧。对于一个初学者，甚至对于那些转换领域的人，这种灵活性会使这个语言较难学习。示例手册是解决这个问题的一种方法。它们会让你简单了解各种不同的领域，知道从哪里入手。这些例子并不是要让你原样照搬。它们只是作为起点，你可以在此基础上继续深入迭代。

尽管有众所周知的复杂性，不过 Rust 语言基于一个严格的核心原则：保持本地推理。读一个 Rust 函数不需要太多上下文。因此，可以将小例子（比如这本书中的例子）作为理想的起点：不论是用于学习参考，还是作为基础，在此基础上为你的问题稳步迭代解决方案。

要编写示例手册，你必须是一个涉足多个领域的多面手。Claus 就是这样一个多面手，同时他还很擅长解释！找出"启发示例"是他的一项核心技能。每次我们交谈时，他都会谈到一些新东西。不仅如此，他还会告诉你为什么、怎么做、他做了什么，以及他做的那些工作有什么意义。这本书中的例子都经过了充分研究和论证，这使得这些例子很有生命力，尽管可能有些小细节会有变化。

示例手册不同于通常介绍性的书，不会选择一条路或一个故事贯穿整本书。示例手册会邀请读者四处看看，找出感兴趣的方面，然后做些尝试。这些书非常适合交叉阅读和浏览。示例手册的原意就是食谱（cookbook），这个比喻很贴切。

编程语言的示例手册不是面向餐厅厨房的。餐厅厨房要确保每块肉都是高质量的，正因如此，他们会按食材数量烹饪菜品。这本书面向的是家庭厨房：你可以具体使用一个例子，明确它是如何做的。然后可以做些修改或者与其他示例合并。有时结果让人欣喜，有时则不然。不过你会在这个过程中学到东西。这种探索式的学习很有效，也让人很愉快。一本好的示例手册会促进这个学习过程，你手上的这本书就是如此。

Florian Gilcher
Ferrous Systems 管理主管

前　　言

许多年前，就像很多程序员一样，我开始每年学习一种新的编程语言。通过学习另一个编程语言，可以了解很多范式和规则，并得到一些想法，然后我发现了 Rust。一开始写 Rust 代码就非常有趣，让人无法挪步，而且经过一个陡峭的学习曲线后，它变得越发有趣。所以，总共学习了两个额外的语言后（TypeScript 和 Rust），我坚定地选择了 Rust。为什么？下面来告诉你原因。

Rust 是一个系统编程语言，会默认地提供内存安全性而无需垃圾回收器，这会影响其运行时行为。尽管如此，Rust 是一个相当全能的语言，可以在不同领域中使用，不论是 Web 编程、游戏引擎还是 Web 客户端，都可以使用 Rust。另外，它对有关作用域和内存分配的传统思维发出挑战，会让你成为一个可以驾驭任何语言的更好的程序员，无论是 C♯、Java 还是 Python。Amazon、Microsoft 和 Google 等公司的最新动向表明，这个生态系统现在已经发展到相当稳定的程度，已经足以让企业安心使用，这对未来的 Rust 专业人员来说是一个很好的信号。

在这本书中，我们汇编了最有用的实验，提供了实用的用例，使你能快速在生产环境中使用。我们努力涵盖了各种不同的应用，希望你能从中找到有用的概念，以及可以直接用于日常开发工作的解决方案。

本书面向对象

这本书与学习编程语言通常使用的书有所不同。这里没有很深入地探究概念，我们希望展示各种可能的项目、解决方案和应用，提供进一步的概念和其他资源的链接。所以，我们认为这本书很适合那些想要快速开发实用应用的人，而无论他们有多少 Rust 经验。不过，编程基础还是必要的（无论哪种语言），这是建立 Rust 技能的基础。

本书内容

第 1 章 *Rust* 入门，介绍如何在你的计算机上建立 Rust 工具链，以及 Rust 语言的基本构造。这包括为循环、if 表达式、trait（特征）和 struct（结构体）等语言构造编写测试和基准测试。

第 2 章 高级 *Rust* 进阶，将回答有关这个语言更高级特性的问题，并介绍创建实用程序的模式。这一章的内容包括复杂场景中的借用和所有权、**Option** 类型、模式匹配、泛型、显式生命周期和 enum（枚举）。

第 3 章　*用 cargo 管理项目*，使用 **cargo** 工具管理额外的 crate、扩展、项目和测试。你会在这里找到有关技巧，可以帮助你处理更大的项目，并解决管理这些项目时面对的挑战。

第 4 章　*无畏并发*，这一章会介绍一些最佳实践和技巧来构建安全、快速的程序。除此以外，还会介绍诸如 Rayon 等流行的库，我们会展示 Rust 是完成各种并发任务的一个非常好的语言。

第 5 章　*处理错误和其他结果*，解释 Rust 如何使用 **Result** 类型和 panic（恐慌）来完成错误处理，将大部分失败用例集成到需要处理的一个常规工作流中。这一章将关于如何避免意外崩溃和不必要的复杂性为你展示一些实用的模式和最佳实践。

第 6 章　*用宏表达*，将解释 Rust 特有的宏系统如何在编译之前扩展程序的功能（而且会采用一种类型安全的方式）。可以为很多可能的自定义场景实现这些宏，很多 crate 都使用了这个功能。这一章就是要介绍如何创建有用的宏，使你的生活更轻松，也让你的程序更安全。

第 7 章　*Rust 与其他语言集成*，会介绍如何在 Rust 中使用和处理不同的二进制单元和语言，来移植遗留软件，或者从更好的 SDK 获益。这主要通过外部函数接口（**Foreign Function Interface，FFI**）实现，它支持与其他原生库快速而容易地集成。不仅如此，还可以使用 WebAssembly 从 Rust 发布到 **npm**（Node.js 包存储库）。所有这些内容都会在这一章讨论。

第 8 章　*Web 安全编程*，使用一个先进的 Web 框架（**actix-Web**）介绍 Web 编程的基础知识，它展示了一种基于 actor 的方法来处理请求，这个 Web 框架在 Microsoft 得到了有效使用。

第 9 章　*简化系统编程*，解释 Rust 为什么是在资源有限的小设备上运行工作负载的一个很好的选择。具体地，由于没有垃圾回收器和相应的可预测运行时环境，这使它非常适合运行传感器数据收集器。这一章将介绍创建这样一个循环并结合必要的驱动器来读取数据。

第 10 章　*Rust 实战*，介绍 Rust 编程中的实际问题，如解析命令行参数、使用神经网络（使用 PyTorch 的 C++ API 实现机器学习）、搜索、正则表达式、Web 请求等。

充分利用这本书

我们会考虑编程基础方面的一些内容，这里假设你已经熟悉这些概念。你应该能够在编程上下文中解释以下这些术语

- 类型和枚举（enum）。
- 控制语句和执行流。
- 程序架构和模式。
- 流和迭代器。
- 链接。

- 泛型。

具备了这些知识后，可以使用你选择的一个编辑器〔我们推荐 Visual Studio Code（https：//code.visualstudio.com），以及官方 Rust 扩展（https：//marketplace.visualstudio.com/items? itemName= rustlang.rust)〕。尽管 Rust 是一个跨平台的编程语言，但有些技巧在 Linux 或 macOS 上实现会容易得多。对于 Windows 用户，要得到更好的体验，建议使用 Windows Subsystem for Linux（https：//docs.microsoft.com/en‐us/windows/wsl/install‐win10）。

下载示例代码文件

可以从你的 www.packt.com 账户下载这本书的示例代码文件。如果你在其他地方购买了这本书，可以访问 www.packtpub.com/support 并注册，我们将直接通过 email 为你提供这些文件。

可以按照以下步骤下载代码文件：
（1）登录或注册 www.packt.com。
（2）选择 **Support** 标签页。
（3）点击 **Code Downloads**。
（4）在 **Search**（**搜索**）框中输入书名，并按照屏幕上的说明下载。

一旦下载了文件，确保使用以下软件的最新版本解压缩文件夹：
- WinRAR/7‐Zip（Windows）。
- Zipeg/iZip/UnRarX（Mac）。
- 7‐Zip/PeaZip（Linux）。

我们还在 GitHub 上托管了本书的代码包（https：//github.com/PacktPublishing/Rust‐Programming‐Cookbook）。如果代码有更新，现有 GitHub 存储库中也会更新。

另外，https：//github.com/PacktPublishing/上提供了我们的大量图书和视频的其他代码包。看看有什么！

彩色图片下载

我们还提供了一个 PDF 文件，其中包含这本书中使用的截图/图表的彩色图片。可以从这里下载：https：//static.packt‐cdn.com/downloads/9781789530667_ColorImages.pdf。

实用代码

访问以下链接查看所运行的代码的视频：http：//bit.ly/2oMSy1J。

排版约定

这本书使用了以下排版约定。

正文代码（CodeInText）：指示正文中的代码、数据库表名、文件夹名、文件名、文件扩展名、路径名、虚拟URL、用户输入和推特句柄。例如:"装载下载的 WebStorm-10*.dmg 磁盘映像文件作为你的系统中的另一个磁盘"。

代码块格式如下：

```
macro_rules! strange_patterns {
(The pattern must match precisely) => { "Text" };
(42) => { "Numeric" };
(;<=,<=;) => { "Alpha" };
}
```

如果我们想让你注意一个代码块中的某个特定部分，相应的行或项会用粗体显示：

```
#[test]
#[should_panic]
fn test_failing_make_fn() {
make_fn!(fail,{assert!(false)});
fail();
}
```

命令行输入或输出都写为以下形式：

```
$ cargo run
```

粗体（Bold）：指示一个新术语、重要单词或者屏幕上看到的单词。例如，菜单或对话框中的单词在正文中就会以这种形式显示。下面给出一个例子:"从 **Administration** 面板选择 **System info**"。

> 这表示警告或重要说明。

> 这表示提示和技巧。

小节

这本书中，你会看到一些标题经常出现（*准备工作*、*实现过程*、*工作原理*、*相关内容*和*参考资料*）。

为了清楚地说明如何完成一个技巧，我们会使用如下小节：

准备工作

这一节告诉你这个技巧要做什么,并描述如何建立所需的软件和完成其他必要的预备设置。

实现过程

这一节包含完成这个技巧所需的步骤。

工作原理

这一节通常包含上一节所做工作的详细解释。

相关内容

这一节包含这个技巧的更多有关信息,以加深你对这个技巧的了解。

参考资料

这一节会提供一些有帮助的链接,可以从中查阅这个技巧的其他有用信息。

联系我们

非常欢迎读者反馈。

一般反馈:如果你对这本书的任何方面有问题,请发邮件至 customercare@packt-pub.com,并在邮件主题中列出本书书名。

勘误:尽管我们竭尽所能地确保内容的准确性,但还是会出现错误。如果你发现本书中的错误,请告诉我们,我们将非常感谢。请访问 www.packtpub.com/support/errata,选择这本书,点击 Errata Submission Form(勘误提交表)链接,并填入详细信息。

侵权:如果你看到我们的作品在互联网上有任何形式的非法拷贝,希望能向我们提供地址或网站名,我们将不胜感谢。请联系 copyright@packt.com 并提供相应链接。

如果你有兴趣成为一名作者:如果你在某个领域很有经验,而且有兴趣写书或者希望做些贡献,请访问 authors.packtpub.com。

评论

请留言评论。阅读并使用了这本书之后,为什么不在购买这本书的网站上留言评论呢?这样潜在读者就能看到你的公正观点,并以此决定是否购买这本书。作为出版商,Packt 能从中了解你对我们的产品有什么想法,另外作者也能看到对其作品的反馈。非常感谢!

关于 Packt 的更多信息,请访问 packt.com。

目　　录

序
前言
第 1 章　Rust 入门 ·· 1
　1.1　建立环境 ·· 1
　　　1.1.1　准备工作 ·· 2
　　　1.1.2　实现过程 ·· 2
　　　1.1.3　工作原理 ·· 4
　1.2　使用命令行 I/O ·· 4
　　　1.2.1　实现过程 ·· 4
　　　1.2.2　工作原理 ·· 6
　1.3　创建和使用数据类型 ·· 7
　　　1.3.1　实现过程 ·· 7
　　　1.3.2　工作原理 ·· 11
　1.4　控制执行流 ·· 12
　　　1.4.1　实现过程 ·· 12
　　　1.4.2　工作原理 ·· 15
　1.5　用 crate 和模块划分代码 ·· 16
　　　1.5.1　准备工作 ·· 16
　　　1.5.2　实现过程 ·· 16
　　　1.5.3　工作原理 ·· 21
　1.6　编写测试和基准测试 ·· 22
　　　1.6.1　准备工作 ·· 22
　　　1.6.2　实现过程 ·· 22
　　　1.6.3　工作原理 ·· 27
　1.7　为代码提供文档 ·· 28
　　　1.7.1　准备工作 ·· 29
　　　1.7.2　实现过程 ·· 29
　　　1.7.3　工作原理 ·· 32
　1.8　测试你的文档 ·· 33

　　　　1.8.1　准备工作 ·· 33
　　　　1.8.2　实现过程 ·· 33
　　　　1.8.3　工作原理 ·· 37
　　1.9　在类型间共享代码 ·· 38
　　　　1.9.1　实现过程 ·· 38
　　　　1.9.2　工作原理 ·· 42
　　1.10　Rust 中的序列类型 ·· 43
　　　　1.10.1　实现过程 ··· 44
　　　　1.10.2　工作原理 ··· 46
　　1.11　调试 Rust ··· 47
　　　　1.11.1　准备工作 ··· 47
　　　　1.11.2　实现过程 ··· 47
　　　　1.11.3　工作原理 ··· 50

第 2 章　高级 Rust 进阶 ··· 52
　　2.1　用枚举创建有意义的数 ·· 52
　　　　2.1.1　实现过程 ·· 52
　　　　2.1.2　工作原理 ·· 56
　　2.2　没有 null ··· 57
　　　　2.2.1　实现过程 ·· 57
　　　　2.2.2　工作原理 ·· 60
　　2.3　使用模式匹配的复杂条件 ·· 60
　　　　2.3.1　实现过程 ·· 61
　　　　2.3.2　工作原理 ·· 66
　　2.4　实现自定义迭代器 ·· 67
　　　　2.4.1　准备工作 ·· 67
　　　　2.4.2　实现过程 ·· 67
　　　　2.4.3　工作原理 ·· 70
　　2.5　高效地过滤和转换序列 ·· 71
　　　　2.5.1　准备工作 ·· 71
　　　　2.5.2　实现过程 ·· 71
　　　　2.5.3　工作原理 ·· 74
　　2.6　以 unsafe 方式读取内存 ··· 75

2.6.1　实现过程 ·· 75
　　　2.6.2　工作原理 ·· 77
　2.7　共享所有权 ·· 78
　　　2.7.1　准备工作 ·· 78
　　　2.7.2　实现过程 ·· 79
　　　2.7.3　工作原理 ·· 82
　2.8　共享可变所有权 ·· 82
　　　2.8.1　准备工作 ·· 83
　　　2.8.2　实现过程 ·· 83
　　　2.8.3　工作原理 ·· 87
　2.9　有显式生命周期的引用 ·· 88
　　　2.9.1　实现过程 ·· 88
　　　2.9.2　工作原理 ·· 94
　2.10　用trait绑定强制行为 ··· 94
　　　2.10.1　实现过程 ·· 94
　　　2.10.2　工作原理 ·· 97
　2.11　使用泛型数据类型 ·· 97
　　　2.11.1　实现过程 ·· 97
　　　2.11.2　工作原理 ·· 102

第3章　用Cargo管理项目 ·· 104
　3.1　利用工作空间组织大型项目 ·· 105
　　　3.1.1　实现过程 ·· 105
　　　3.1.2　工作原理 ·· 108
　3.2　上传到crates.io ··· 110
　　　3.2.1　准备工作 ·· 110
　　　3.2.2　实现过程 ·· 110
　　　3.2.3　工作原理 ·· 115
　3.3　使用依赖和外部crate ··· 116
　　　3.3.1　实现过程 ·· 116
　　　3.3.2　工作原理 ·· 120
　　　3.3.3　参考资料 ·· 121
　3.4　用子命令扩展cargo ·· 121

  3.4.1 准备工作 ·········· 122
  3.4.2 实现过程 ·········· 122
  3.4.3 工作原理 ·········· 122
 3.5 用 cargo 测试你的项目 ·········· 123
  3.5.1 实现过程 ·········· 123
  3.5.2 工作原理 ·········· 127
 3.6 使用 cargo 持续集成 ·········· 128
  3.6.1 准备工作 ·········· 128
  3.6.2 实现过程 ·········· 128
  3.6.3 工作原理 ·········· 131
 3.7 定制构建 ·········· 132
  3.7.1 实现过程 ·········· 132
  3.7.2 工作原理 ·········· 134

第 4 章 无畏并发 ·········· 136
 4.1 将数据移入线程 ·········· 136
  4.1.1 实现过程 ·········· 137
  4.1.2 工作原理 ·········· 140
 4.2 管理多个线程 ·········· 141
  4.2.1 实现过程 ·········· 141
  4.2.2 工作原理 ·········· 142
 4.3 使用通道在线程间通信 ·········· 143
  4.3.1 实现过程 ·········· 143
  4.3.2 工作原理 ·········· 146
 4.4 共享可变状态 ·········· 146
  4.4.1 实现过程 ·········· 146
  4.4.2 工作原理 ·········· 148
 4.5 Rust 中的多进程 ·········· 149
  4.5.1 实现过程 ·········· 149
  4.5.2 工作原理 ·········· 152
 4.6 使顺序代码变为并行 ·········· 152
  4.6.1 实现过程 ·········· 152
  4.6.2 工作原理 ·········· 158

4.7　向量中的并发数据处理 ································· 158
　　　　4.7.1　实现过程 ································· 159
　　　　4.7.2　工作原理 ································· 166
　　4.8　共享不可变状态 ································· 166
　　　　4.8.1　实现过程 ································· 167
　　　　4.8.2　工作原理 ································· 171
　　4.9　使用 actor 处理异步消息 ································· 171
　　　　4.9.1　实现过程 ································· 171
　　　　4.9.2　工作原理 ································· 174
　　4.10　使用 future 的异步编程 ································· 175
　　　　4.10.1　实现过程 ································· 175
　　　　4.10.2　工作原理 ································· 176

第 5 章　处理错误和其他结果 ································· 178
　　5.1　负责任地恐慌 ································· 178
　　　　5.1.1　实现过程 ································· 178
　　　　5.1.2　工作原理 ································· 181
　　5.2　处理多个错误 ································· 182
　　　　5.2.1　实现过程 ································· 182
　　　　5.2.2　工作原理 ································· 184
　　5.3　处理异常结果 ································· 185
　　　　5.3.1　实现过程 ································· 185
　　　　5.3.2　工作原理 ································· 188
　　5.4　无缝的错误处理 ································· 188
　　　　5.4.1　实现过程 ································· 188
　　　　5.4.2　工作原理 ································· 190
　　5.5　定制错误 ································· 191
　　　　5.5.1　实现过程 ································· 191
　　　　5.5.2　工作原理 ································· 193
　　5.6　弹性编程 ································· 193
　　　　5.6.1　实现过程 ································· 193
　　　　5.6.2　工作原理 ································· 194
　　5.7　使用外部 crate 来完成错误处理 ································· 194
　　　　5.7.1　实现过程 ································· 195

| 5.7.2　工作原理 ··· 196
| 5.8　Option 和 Result 间转移 ··· 197
| 5.8.1　实现过程 ··· 197
| 5.8.2　工作原理 ··· 199

第 6 章　用宏表达 ·· 200
| 6.1　在 Rust 中构建自定义宏 ··· 200
| 6.1.1　实现过程 ··· 201
| 6.1.2　工作原理 ··· 202
| 6.2　用宏实现匹配 ·· 203
| 6.2.1　实现过程 ··· 203
| 6.2.2　工作原理 ··· 205
| 6.3　使用预定义的宏 ··· 206
| 6.3.1　实现过程 ··· 206
| 6.3.2　工作原理 ··· 208
| 6.4　使用宏生成代码 ··· 209
| 6.4.1　实现过程 ··· 209
| 6.4.2　工作原理 ··· 212
| 6.5　宏重载 ··· 213
| 6.5.1　实现过程 ··· 213
| 6.5.2　工作原理 ··· 216
| 6.6　为参数范围使用重复 ·· 216
| 6.6.1　实现过程 ··· 217
| 6.6.2　工作原理 ··· 219
| 6.7　不要自我重复 ·· 219
| 6.7.1　实现过程 ··· 220
| 6.7.2　工作原理 ··· 222

第 7 章　与其他语言集成 ··· 223
| 7.1　包含遗留 C 代码 ·· 223
| 7.1.1　准备工作 ··· 224
| 7.1.2　实现过程 ··· 225
| 7.1.3　工作原理 ··· 229
| 7.2　从 Node.js 使用 FFI 调用 Rust ······································ 231
| 7.2.1　准备工作 ··· 231

7.2.2　实现过程 ⋯⋯⋯⋯⋯⋯⋯⋯⋯⋯⋯⋯⋯⋯⋯⋯⋯⋯⋯⋯⋯⋯⋯⋯⋯⋯⋯⋯⋯ 232
　　　7.2.3　工作原理 ⋯⋯⋯⋯⋯⋯⋯⋯⋯⋯⋯⋯⋯⋯⋯⋯⋯⋯⋯⋯⋯⋯⋯⋯⋯⋯⋯⋯⋯ 235
　7.3　在浏览器中运行 Rust ⋯⋯⋯⋯⋯⋯⋯⋯⋯⋯⋯⋯⋯⋯⋯⋯⋯⋯⋯⋯⋯⋯⋯⋯⋯⋯⋯ 236
　　　7.3.1　准备工作 ⋯⋯⋯⋯⋯⋯⋯⋯⋯⋯⋯⋯⋯⋯⋯⋯⋯⋯⋯⋯⋯⋯⋯⋯⋯⋯⋯⋯⋯ 236
　　　7.3.2　实现过程 ⋯⋯⋯⋯⋯⋯⋯⋯⋯⋯⋯⋯⋯⋯⋯⋯⋯⋯⋯⋯⋯⋯⋯⋯⋯⋯⋯⋯⋯ 237
　　　7.3.3　工作原理 ⋯⋯⋯⋯⋯⋯⋯⋯⋯⋯⋯⋯⋯⋯⋯⋯⋯⋯⋯⋯⋯⋯⋯⋯⋯⋯⋯⋯⋯ 241
　7.4　使用 Rust 和 Python ⋯⋯⋯⋯⋯⋯⋯⋯⋯⋯⋯⋯⋯⋯⋯⋯⋯⋯⋯⋯⋯⋯⋯⋯⋯⋯⋯ 242
　　　7.4.1　准备工作 ⋯⋯⋯⋯⋯⋯⋯⋯⋯⋯⋯⋯⋯⋯⋯⋯⋯⋯⋯⋯⋯⋯⋯⋯⋯⋯⋯⋯⋯ 242
　　　7.4.2　实现过程 ⋯⋯⋯⋯⋯⋯⋯⋯⋯⋯⋯⋯⋯⋯⋯⋯⋯⋯⋯⋯⋯⋯⋯⋯⋯⋯⋯⋯⋯ 243
　　　7.4.3　工作原理 ⋯⋯⋯⋯⋯⋯⋯⋯⋯⋯⋯⋯⋯⋯⋯⋯⋯⋯⋯⋯⋯⋯⋯⋯⋯⋯⋯⋯⋯ 249
　7.5　为遗留应用生成绑定 ⋯⋯⋯⋯⋯⋯⋯⋯⋯⋯⋯⋯⋯⋯⋯⋯⋯⋯⋯⋯⋯⋯⋯⋯⋯⋯⋯ 250
　　　7.5.1　准备工作 ⋯⋯⋯⋯⋯⋯⋯⋯⋯⋯⋯⋯⋯⋯⋯⋯⋯⋯⋯⋯⋯⋯⋯⋯⋯⋯⋯⋯⋯ 250
　　　7.5.2　实现过程 ⋯⋯⋯⋯⋯⋯⋯⋯⋯⋯⋯⋯⋯⋯⋯⋯⋯⋯⋯⋯⋯⋯⋯⋯⋯⋯⋯⋯⋯ 251
　　　7.5.3　工作原理 ⋯⋯⋯⋯⋯⋯⋯⋯⋯⋯⋯⋯⋯⋯⋯⋯⋯⋯⋯⋯⋯⋯⋯⋯⋯⋯⋯⋯⋯ 255

第 8 章　Web 安全编程 ⋯⋯⋯⋯⋯⋯⋯⋯⋯⋯⋯⋯⋯⋯⋯⋯⋯⋯⋯⋯⋯⋯⋯⋯⋯⋯⋯⋯⋯⋯ 256
　8.1　建立 Web 服务器 ⋯⋯⋯⋯⋯⋯⋯⋯⋯⋯⋯⋯⋯⋯⋯⋯⋯⋯⋯⋯⋯⋯⋯⋯⋯⋯⋯⋯⋯ 256
　　　8.1.1　准备工作 ⋯⋯⋯⋯⋯⋯⋯⋯⋯⋯⋯⋯⋯⋯⋯⋯⋯⋯⋯⋯⋯⋯⋯⋯⋯⋯⋯⋯⋯ 257
　　　8.1.2　实现过程 ⋯⋯⋯⋯⋯⋯⋯⋯⋯⋯⋯⋯⋯⋯⋯⋯⋯⋯⋯⋯⋯⋯⋯⋯⋯⋯⋯⋯⋯ 257
　　　8.1.3　工作原理 ⋯⋯⋯⋯⋯⋯⋯⋯⋯⋯⋯⋯⋯⋯⋯⋯⋯⋯⋯⋯⋯⋯⋯⋯⋯⋯⋯⋯⋯ 262
　8.2　设计 RESTful API ⋯⋯⋯⋯⋯⋯⋯⋯⋯⋯⋯⋯⋯⋯⋯⋯⋯⋯⋯⋯⋯⋯⋯⋯⋯⋯⋯⋯ 262
　　　8.2.1　准备工作 ⋯⋯⋯⋯⋯⋯⋯⋯⋯⋯⋯⋯⋯⋯⋯⋯⋯⋯⋯⋯⋯⋯⋯⋯⋯⋯⋯⋯⋯ 263
　　　8.2.2　实现过程 ⋯⋯⋯⋯⋯⋯⋯⋯⋯⋯⋯⋯⋯⋯⋯⋯⋯⋯⋯⋯⋯⋯⋯⋯⋯⋯⋯⋯⋯ 263
　　　8.2.3　工作原理 ⋯⋯⋯⋯⋯⋯⋯⋯⋯⋯⋯⋯⋯⋯⋯⋯⋯⋯⋯⋯⋯⋯⋯⋯⋯⋯⋯⋯⋯ 268
　8.3　处理 JSON 有效负载 ⋯⋯⋯⋯⋯⋯⋯⋯⋯⋯⋯⋯⋯⋯⋯⋯⋯⋯⋯⋯⋯⋯⋯⋯⋯⋯⋯⋯ 269
　　　8.3.1　准备工作 ⋯⋯⋯⋯⋯⋯⋯⋯⋯⋯⋯⋯⋯⋯⋯⋯⋯⋯⋯⋯⋯⋯⋯⋯⋯⋯⋯⋯⋯ 269
　　　8.3.2　实现过程 ⋯⋯⋯⋯⋯⋯⋯⋯⋯⋯⋯⋯⋯⋯⋯⋯⋯⋯⋯⋯⋯⋯⋯⋯⋯⋯⋯⋯⋯ 269
　　　8.3.3　工作原理 ⋯⋯⋯⋯⋯⋯⋯⋯⋯⋯⋯⋯⋯⋯⋯⋯⋯⋯⋯⋯⋯⋯⋯⋯⋯⋯⋯⋯⋯ 272
　8.4　Web 错误处理 ⋯⋯⋯⋯⋯⋯⋯⋯⋯⋯⋯⋯⋯⋯⋯⋯⋯⋯⋯⋯⋯⋯⋯⋯⋯⋯⋯⋯⋯⋯⋯ 272
　　　8.4.1　准备工作 ⋯⋯⋯⋯⋯⋯⋯⋯⋯⋯⋯⋯⋯⋯⋯⋯⋯⋯⋯⋯⋯⋯⋯⋯⋯⋯⋯⋯⋯ 273
　　　8.4.2　实现过程 ⋯⋯⋯⋯⋯⋯⋯⋯⋯⋯⋯⋯⋯⋯⋯⋯⋯⋯⋯⋯⋯⋯⋯⋯⋯⋯⋯⋯⋯ 273
　　　8.4.3　工作原理 ⋯⋯⋯⋯⋯⋯⋯⋯⋯⋯⋯⋯⋯⋯⋯⋯⋯⋯⋯⋯⋯⋯⋯⋯⋯⋯⋯⋯⋯ 277
　8.5　呈现 HTML 模板 ⋯⋯⋯⋯⋯⋯⋯⋯⋯⋯⋯⋯⋯⋯⋯⋯⋯⋯⋯⋯⋯⋯⋯⋯⋯⋯⋯⋯⋯ 278

  8.5.1 准备工作 · 278

  8.5.2 实现过程 · 279

  8.5.3 工作原理 · 285

 8.6 使用 ORM 将数据保存到数据库 · 285

  8.6.1 准备工作 · 286

  8.6.2 实现过程 · 286

  8.6.3 工作原理 · 292

 8.7 使用 ORM 运行高级查询 · 293

  8.7.1 准备工作 · 294

  8.7.2 实现过程 · 294

  8.7.3 工作原理 · 303

 8.8 Web 上的认证 · 304

  8.8.1 准备工作 · 305

  8.8.2 实现过程 · 305

  8.8.3 工作原理 · 312

第 9 章 简化系统编程 · 315

 9.1 交叉编译 Rust · 315

  9.1.1 准备工作 · 316

  9.1.2 实现过程 · 316

  9.1.3 工作原理 · 319

  9.1.4 相关内容 · 319

 9.2 创建 I2C 设备驱动程序 · 320

  9.2.1 实现过程 · 320

  9.2.2 工作原理 · 324

 9.3 高效读取硬件传感器 · 325

  9.3.1 实现过程 · 325

  9.3.2 工作原理 · 328

第 10 章 Rust 实战 · 331

 10.1 生成随机数 · 331

  10.1.1 实现过程 · 332

  10.1.2 工作原理 · 335

 10.2 读写文件 · 336

        10.2.1　准备工作 ………………………………………………… 336
        10.2.2　实现过程 ………………………………………………… 337
        10.2.3　工作原理 ………………………………………………… 339
    10.3　解析类JSON的非结构化格式 …………………………………… 341
        10.3.1　准备工作 ………………………………………………… 341
        10.3.2　实现过程 ………………………………………………… 341
        10.3.3　工作原理 ………………………………………………… 346
    10.4　使用正则表达式提取文本 ……………………………………… 347
        10.4.1　实现过程 ………………………………………………… 347
        10.4.2　工作原理 ………………………………………………… 351
    10.5　递归搜索文件系统 ……………………………………………… 352
        10.5.1　实现过程 ………………………………………………… 352
        10.5.2　工作原理 ………………………………………………… 355
    10.6　自定义命令行参数 ……………………………………………… 355
        10.6.1　实现过程 ………………………………………………… 356
        10.6.2　工作原理 ………………………………………………… 362
    10.7　使用管道输入数据 ……………………………………………… 363
        10.7.1　准备工作 ………………………………………………… 363
        10.7.2　实现过程 ………………………………………………… 364
        10.7.3　工作原理 ………………………………………………… 365
    10.8　发送Web请求 …………………………………………………… 366
        10.8.1　实现过程 ………………………………………………… 367
        10.8.2　工作原理 ………………………………………………… 371
    10.9　运行机器学习模型 ……………………………………………… 373
        10.9.1　准备工作 ………………………………………………… 373
        10.9.2　实现过程 ………………………………………………… 375
        10.9.3　工作原理 ………………………………………………… 381
    10.10　配置和使用日志 ………………………………………………… 384
        10.10.1　实现过程 ………………………………………………… 385
        10.10.2　工作原理 ………………………………………………… 389
    10.11　启动子进程 ……………………………………………………… 390
        10.11.1　实现过程 ………………………………………………… 390
        10.11.2　工作原理 ………………………………………………… 393

第 1 章 Rust 入门

在过去的一年里，Rust 生态系统有了显著的发展，特别是 Rust 2018，更是在稳定的道路上大幅推进。各种工具正在逐步开发，另外重要的库也日趋成熟，以至于很多大公司都开始在生产环境中使用 Rust。

Rust 的一个特点是有一个陡峭的学习曲线，这主要是因为内存分配方面的想法有显著变化。对于有其他语言（如 C#）使用经验的程序员，经常会对 Rust 中的做法感到不知所措。在这一章中，我们将努力克服这一点，会降低学习门槛来帮助你入门！

在这一章中，我们将介绍以下技巧：

- 准备就绪。
- 使用命令行 I/O。
- 创建和使用数据类型。
- 控制执行流。
- 用 crate 和模块划分代码。
- 编写测试和基准测试。
- 为代码提供文档。
- 测试你的文档。
- 在类型间共享代码。
- Rust 中的序列类型。
- 调试 Rust。

1.1 建立环境

由于编程语言会带来各种工具链、工具、链接器和编译器版本，选择最合适的版本并不容易。另外，Rust 在所有主要的操作系统上都可以使用，这又增加了一个变数。

不过，如果使用 rustup（https://rustup.rs/），安装 Rust 会变成一个非常简单的任务。在这个网站上，可以下载一个有用的脚本（或用于 Windows 的安装程序），它会负责获取和安装所需的组件。这个工具还允许你切换和更新（以及卸载）这些组件。这是我们推荐的安装方法。

如果选择结合使用 **Microsoft Visual Studio Compiler**（**MSVC**）和 Rust，则需要安装额外的软件，如 Visual C++ 运行时和编译器工具。

要编写代码，还需要一个编辑器。由于 Visual Studio Code 支持一些 Rust 特性，因此结合使用 Visual Studio Code 和 Rust 扩展是一个很好的选择。这是 Microsoft 开发的一个开源编辑器，在全世界和 Rust 社区中都很受欢迎。在这个技巧中，我们将安装以下组件：

- Visual Studio Code（https://code.visualstudio.com/）。
- rustup（https://rustup.rs）。
- rustc（及其余编译器工具链）。
- cargo。
- **RLS**（**Rust Language Server** 的简写，用于自动补全）。
- Visual Studio Code 的 Rust 语言支持。

1.1.1 准备工作

在运行 macOS、Linux 或 Windows 的计算机上，只需要一个 Web 浏览器以及互联网连接。要记住，Windows 上的安装与 *nix 系统（Linux 和 macOS）稍有些不同，后者使用脚本。

1.1.2 实现过程

每个组件都要求我们访问相应的网站，下载安装程序，并按照说明安装：

（1）打开浏览器并导航到 https://rustup.rs 和 https://code.visualstudio.com/。
（2）选择适用于你的操作系统的安装程序。
（3）下载之后，运行安装程序，按照说明进行安装，选择 stable 分支。
（4）成功安装后，我们会更深入地介绍各个安装。

下面从底层来更好地了解这些安装。

用 rustup.rs 管理 Rust 安装

为了测试是否用 rustup 成功地安装了 Rust 工具链，可以在 Terminal 中（或者 Windows 上的 PowerShell 中）运行 rustc 命令：

```
$ rustc --version
rustc 1.33.0 (2aa4c46cf 2019-02-28)
```

注意，运行这个命令时，你可能会有一个更新的版本。你的代码是否使用 Rust 2018 并不重要。

Rust 要求你的系统上有一个可用的原生链接器。在 Linux 或 UNIX 系统（如 macOS）上，Rust 调用 **cc** 来链接，而在 Windows 上，选择的链接器是 Microsoft Visual Studio 的链接器，它需要先安装 Microsoft Visual C++ Build Tools。尽管也可以在 Windows 上使用一个开源工具链，不过这个练习留给更高级的用户来完成。

即使是 Rust 2018，有些有用的特性只在 **nightly** 版本中提供。要安装 **rustc** 的 **nightly** 版本，需要完成以下步骤：

（1）在一个 Terminal 或 PowerShell 窗口运行 **rustup install nightly**（如果你没有使用 GNU 工具链，可以在 Windows 上使用 **nightly-msvc**）。

（2）命令完成之后，可以使用 **rustup default nightly** 切换默认工具链（**cargo** 中使用）。

安装 Visual Studio Code 和扩展

在 vanilla 版本中，Visual Studio Code 为很多语言提供了语法突出显示功能。不过，对于自动补全或/和检查语法，还需要一个扩展。Rust 项目提供了这个扩展：

（1）打开 Visual Studio Code。

（2）使用 $Ctrl+P$（macOS 上为 $cmd+P$）打开命令行界面，然后输入 **ext install rust-lang.rust** 来安装这个扩展。这个过程如图 1-1 所示。

图 1-1 安装界面

这个扩展使用 RLS 完成静态代码分析，并提供自动补全和语法检查。这个扩展应该会自动安装 RLS 组件，但有时也可能未成功安装。一种解决方法是在 Visual Studio Code 的 **settings.json** 文件中（可以使用 $Ctrl+P/cmd+P$ 来找到）增加以下配置：

```
{
    "rust-client.channel":"stable"
}
```

或者，**rustup** 也可以用 **rustup component add rls** 命令安装 RLS。

故障排除

有时，更新工具会导致文件丢失或无法覆盖等错误。这可能是各种各样的原因造成的，不过完全重新安装就能解决问题。在 Linux 或 macOS 系统上，以下命令会负责删除 **rustup** 安装的所有内容：

```
$ rm -Rf ~/.rustup
```

现在 Windows 的 PowerShell 也支持很多类 Linux 的命令：

```
PS> rm ~/.rustup
```

这会得到同样的结果。删除当前安装后，再从头安装 **rustup**——这应该会安装最新的版本。下面来分析原理从而更好地理解这个技巧。

1.1.3 工作原理

shell 脚本 **rustup.sh** 是安装 Rust 的一个好方法，这也是当前安装 Rust 和其他组件的主要方法。实际上，在 CI 系统中也经常使用这个脚本来安装编译器和其他工具。

rustup 是一个开源项目，由 Rust 项目维护，可以在 GitHub 上找到：https://github.com/rust-lang/rustup.rs。

我们已经学习了如何建立我们的环境。现在来看下一个技巧。

1.2 使用命令行 I/O

在命令行上与用户通信的传统方式是使用标准流。Rust 包括一些有用的宏来处理这些简单的情况。在这个技巧中，我们将研究经典的 **Hello World** 程序的基本工作原理。

1.2.1 实现过程

我们将通过 5 个步骤来研究命令行 I/O 和格式化：

（1）打开一个 Terminal 窗口（Windows 上打开 PowerShell），运行 **cargo new hello-world** 命令，这会在 **hello-world** 文件夹中创建一个新的 Rust 项目。

（2）一旦创建，用 **cd hello-world** 切换到这个目录，并用 Visual Studio Code 打开 **src/**

main.rs。cargo 生成的默认代码如下所示：

```rust
fn main() {
    println!("Hello, world!");
}
```

（3）下面来扩展这个代码！以下是前面那个传统 **print** 语句的一些变体，显示了一些格式化选项、参数以及在流上写输出等。下面先来看一些常见的 print 语句（和导入）：

```rust
use std::io::{self, Write};
use std::f64;

fn main() {
    println!("Let's print some lines:");
    println!();
    println!("Hello, world!");
    println!("{}, {}!", "Hello", "world");
    print!("Hello, ");
    println!("world!");
```

不过，还可以有更复杂的参数组合：

```rust
    println!("Arguments can be referred to by their position: {0}, {1}! and {1}, {0}! are built from the same arguments", "Hello", "world");

    println!("Furthermore the arguments can be named: \"{greeting}, {object}!\"", greeting = "Hello", object = "World");

    println!("Number formatting: Pi is {0:.3} or {0:.0} for short", f64::consts::PI);

    println!("...and there is more: {0:>0width$} = {0:>width$} = {0:#x}", 1535, width = 5);

    let _ = write!(&mut io::stdout(), "Underneath, it's all writing to a stream...");
    println!();

    println!("Write something!");
    let mut input = String::new();
    if let Ok(n) = io::stdin().read_line(&mut input) {
```

```
        println!("You wrote: {} ({} bytes)", input, n);
    }
    else {
        eprintln!("There was an error :(");
    }
}
```

这会提供读写控制台的多种不同方式。

（4）再回到 Terminal，导航到 **Cargo.toml** 所在的目录。

（5）使用 **cargo run** 查看这个代码段的输出：

```
$ cargo run
    Compiling hello-world v0.1.0 (/tmp/hello-world)
     Finished dev [unoptimized + debuginfo] target(s) in 0.37s
      Running 'target/debug/hello-world'
Let's print some lines:

Hello, world!
Hello, world!
Hello, world!
Arguments can be referred to by their position: Hello, world! and
world, Hello! are built from the same arguments
Furthermore the arguments can be named: "Hello, World!"
Number formatting: Pi is 3.142 or 3 for short
...and there is more: 01535 = 1535 = 0x5ff
Underneath, it's all writing to a stream...
Write something!
Hello, world!
You wrote: Hello, world!
(14 bytes)
```

输出中的每一行表示了向控制台打印文本的一种方式！建议尝试不同方式，看看结果会有什么变化。另外需要说明，**rustc** 会检查所有 **println**!() 或 **format**!() 调用中参数个数是否正确。

下面来分析原理从而更好地理解代码。

1.2.2 工作原理

下面分析代码来理解执行流。

cargo 将在本书第 3 章　用 Cargo 管理项目中深入介绍。

步骤 1 执行 **cargo new hello-world** 时，会生成初始的代码段。作为一个二进制类型的项目，需要一个 **main** 函数（**rustc** 会找到这个 **main** 函数）。调用 **cargo run** 时，**cargo** 会组织编译（使用 **rustc**）和链接（Windows 上使用 **msvc**，*nix 上使用 **cc**），并通过其入口点（**main** 函数）运行得到的二进制项目（步骤 5）。

在步骤 3 创建的函数中，我们写了一系列 **print!**/**println!**/**eprintln!** 语句，这些是 Rust 宏。这些宏可以帮助我们写入一个命令行应用的标准输出或标准错误通道，而且可以包含额外的参数。实际上，如果缺少参数，编译器将无法编译程序。

 Rust 的宏直接处理这个语言的语法树，会提供类型安全性，并且能检查形参和实参。所以，它们被看作是有一些特殊能力的函数调用，有关的更多内容参见第 6 章　用宏表达。

使用格式化器时可以组合各种参数和模板字符串，这是一种功能很强大的方法，可以向输出增加实际变量，而不需要使用连接或类似的变通方法。这会减少分配数，大大提高性能和内存效率。对于如何格式化数据类型，有很多不同的方式，要想更深入地了解有关内容，请查看 Rust 的优秀文档（https://doc.rustlang.org/std/fmt/）。

然后最后一步会显示各种组合生成的输出。

我们已经学习了如何使用命令行 I/O。现在来看下一个技巧。

1.3　创建和使用数据类型

Rust 提供了所有基本类型：宽度最多达到 64 位的有符号和无符号整数；最多达到 64 位的浮点数类型；字符类型以及布尔类型。当然，所有程序都需要更复杂的数据结构来保证可读。

 如果不熟悉 Rust 中的单元测试（或者一般的单元测试），建议你先学习这一章中的 1.6　编写测试和基准测试技巧。

在这个技巧中，我们来看创建和使用数据类型的一些好的基本做法。

1.3.1　实现过程

下面使用 Rust 的单元测试作为"演练场"来做一些数据类型的实验：

(1) 使用 **cargo new data-types - - lib** 创建一个新项目，并使用一个编辑器打开 **projects**

目录。

（2）在你喜欢的文本编辑器（Visual Studio Code）中打开 **src/lib.rs**。

（3）在这里，你会看到一个运行测试的小代码段：

```rust
#[cfg(test)]
mod tests {
    #[test]
    fn it_works() {
        assert_eq!(2 + 2, 4);
    }
}
```

（4）下面替换这个默认测试，尝试使用各种标准数据类型。这个测试将采用多种方式使用数据类型和它们的数学函数，另外还会处理可变性和溢出：

```rust
#[test]
fn basic_math_stuff() {
    assert_eq!(2 + 2, 4);

    assert_eq!(3.14 + 22.86, 26_f32);

    assert_eq!(2_i32.pow(2), 4);
    assert_eq!(4_f32.sqrt(), 2_f32);

    let a: u64 = 32;
    let b: u64 = 64;

    //Risky, this could overflow
    assert_eq!(b - a, 32);
    assert_eq!(a.overflowing_sub(b), (18446744073709551584,
    true));
    let mut c = 100;
    c += 1;
    assert_eq!(c, 101);
}
```

（5）有了基本数值类型，下面检查一个重要限制：溢出！出现溢出时，Rust 会发生"恐慌"（panic），所以我们用 #[should_panic] 属性指出这一点，即期望出现 panic（实际上，如果没有 panic，这个测试就会失败）：

```
panic):
#[test]
#[should_panic]
fn attempt_overflows() {
    let a = 10_u32;
    let b = 11_u32;

    //This will panic since the result is going to be an
    //unsigned type which cannot handle negative numbers
    //Note: _ means ignore the result
    let _ = a - b;
}
```

（6）接下来，我们再创建一个自定义类型。Rust 的类型是 **struct**（结构体），它们不会增加内存开销。这个类型有一个 **new( )**（按约定这是构造器或构造函数），还有一个 **sum( )** 函数，我们将在一个测试函数中调用这两个函数：

```
//Rust allows another macro type: derive. It allows to "autoimplement"
//supported traits. Clone, Debug, Copy are typically handy to derive.
#[derive(Clone, Debug, Copy)]
struct MyCustomStruct {
    a: i32,
    b: u32,
    pub c: f32
}

//A typical Rust struct has an impl block for behavior
impl MyCustomStruct {
    //The new function is static function, and by convention a
    //constructor
    pub fn new(a: i32, b: u32, c: f32) ->MyCustomStruct {
        MyCustomStruct {
            a: a, b: b, c: c
        }
    }
    //Instance functions feature a "self" reference as the first
    //parameter
```

```rust
//This self reference can be mutable or owned, just like other
//variables
pub fn sum(&self) -> f32 {
    self.a as f32 + self.b as f32 + self.c
}
}
```

（7）要看这个新 **struct** 函数的实际使用，下面增加一个测试对这个类型完成一些克隆内存操作（说明：注意断言）：

```rust
use super::MyCustomStruct;

#[test]
fn test_custom_struct() {
    assert_eq!(mem::size_of::<MyCustomStruct>(),
        mem::size_of::<i32>() + mem::size_of::<u32>() +
        mem::size_of::<f32>());

    let m = MyCustomStruct::new(1, 2, 3_f32);
    assert_eq!(m.a, 1);
    assert_eq!(m.b, 2);
    assert_eq!(m.c, 3_f32);

    assert_eq!(m.sum(), 6_f32);
    let m2 = m.clone();
    assert_eq!(format!("{:?}", m2), "MyCustomStruct { a: 1, b: 2, c: 3.0 }");
    let mut m3 = m;
    m3.a = 100;

    assert_eq!(m2.a, 1);
    assert_eq!(m.a, 1);
    assert_eq!(m3.a, 100);
}
```

（8）最后，来看看所有这些是否能正常工作。在 **data-types** 目录中运行 **cargo test**，应该会看到以下输出：

```
$ cargo test
```

```
Compiling data-types v0.1.0 (Rust-Cookbook/Chapter01/data-types)
warning: method is never used: 'new'
  --> src/lib.rs:13:5
   |
13 |     pub fn new(a: i32, b: u32, c: f32) -> MyCustomStruct {
   |     ^^^^^^^^^^^^^^^^^^^^^^^^^^^^^^^^^^^^^^^^^^^^^^^^^^^^
   |
   = note: #[warn(dead_code)] on by default
warning: method is never used: 'sum'
  --> src/lib.rs:19:5
   |
19 |     pub fn sum(&self) -> f32 {
   |     ^^^^^^^^^^^^^^^^^^^^^^^^
    Finished dev [unoptimized + debuginfo] target(s) in 0.50s
     Running target/debug/deps/data_types-33e3290928407ff5

running 3 tests
test tests::basic_math_stuff ... ok
test tests::attempt_overflows ... ok
test tests::test_custom_struct ... ok

test result: ok. 3 passed; 0 failed; 0 ignored; 0 measured; 0 filtered out

   Doc-tests data-types

running 0 tests

test result: ok. 0 passed; 0 failed; 0 ignored; 0 measured; 0 filtered out
```

下面来分析原理从而更好地理解代码。

1.3.2 工作原理

这个技巧使用了多个概念，下面就来分别解释这些概念。从步骤 1～步骤 3 建立了一个项目来处理单元测试，以此作为我们的"演练场"，然后在步骤 4 和步骤 5 中，我们创建了第一个测试，将处理一些内置数据类型来回顾基础知识。Rust 对于类型转换非常挑剔，这个测试会对不同类型的结果和输入应用一些数学函数。

对于经验丰富的程序员来说,这里并没有什么新内容,只不过有一个允许溢出的 **overflow_sub()** 类型操作。除此以外,Rust 代码可能更冗长一些,这是因为它(有意地)没有隐式类型转换。在步骤 5 中,我们故意引发了一个溢出,这会导致一个运行时 panic(这也是我们想要的测试结果)。

如步骤 5 所示,Rust 提供 **struct** 作为复杂类型的基础,它可以关联实现块以及派生(#[derive(Clone, Copy, Debug)])实现(如 **Debug** 和 **Copy** trait)。在步骤 6 中,我们研究了这个类型的使用和相关含义:

- 自定义类型没有开销:结构体(struct)的大小就是其属性大小之和。
- 有些操作隐式调用一个 trait 实现,如赋值操作符或 **Copy** trait(这实际上是一个浅复制)。
- 改变属性值要求整个 **struct** 函数有可变性。

有些方面之所以如此是因为,默认的分配策略(或者如果没有提到其他策略)总是尽可能使用栈。因此,数据的浅复制要完成实际数据的复制,而不是复制数据的引用(这是采用堆分配时的做法)。在这种情况下,Rust 要求显式调用 **clone()**,因此还要复制引用所指示的具体数据。

我们已经了解了如何创建和使用数据类型。现在来看下一个技巧。

1.4 控制执行流

在 Rust 中,控制一个程序的执行流不只是使用简单的 **if** 和 **while** 语句。我们将在这个技巧中介绍如何实现。

1.4.1 实现过程

对于这个技巧,步骤如下:

(1) 使用 cargo new execution-flow - - lib 创建一个新项目,并在一个编辑器中打开这个项目。

(2) 基本条件语句(如 **if** 语句)的工作与所有其他语言中类似,下面先来考虑这些语句,替换文件中默认的 **mod tests { ... }** 语句:

```
#[cfg(test)]
mod tests {
    #[test]
    fn conditionals() {
        let i = 20;
        //Rust's if statement does not require parenthesis
```

```
        if i< 2 {
            assert!(i< 2);
        } else if i> 2 {
            assert!(i> 2);
        } else {
            assert_eq!(i, 2);
        }
    }
}
```

(3) Rust 中的条件语句还可以做得更多！下面是另外一个测试，来显示条件语句还能做什么，把它增加到最后一个结束括号前面：

```
#[test]
fn more_conditionals() {
    let my_option = Some(10);

    //If let statements can do simple pattern matching
    if let Some(unpacked) = my_option {
        assert_eq!(unpacked, 10);
    }

    let mut other_option = Some(2);
    //there is also while let, which does the same thing
    while let Some(unpacked) = other_option {

        //if can also return values in assignments
        other_option = if unpacked > 0 {
            Some(unpacked - 1)
        } else {
            None
        }
    }
    assert_eq!(other_option, None);
}
```

(4) 并不只是能用条件语句改变执行流。当然，我们还有循环及其变体。下面再为循环增加另一个测试，首先来看一些基本的循环：

```
#[test]
```

```rust
fn loops() {
    let mut i = 42;
    let mut broke = false;
    //a basic loop with control statements
    loop {
        i -= 1;
        if i < 2 {
            broke = true;
            break;
        } else if i > 2 {
            continue;
        }
    }
    assert!(broke);

    //loops and other constructs can be named for better readability...
    'outer: loop {
        'inner: loop {
            break 'inner; //... and specifically jumped out of
        }
        break 'outer;
    }
```

(5) 接下来,我们要为这个测试增加更多代码,可以看到循环也是能返回值的普通语句,另外 **for** 循环中还可以使用区间:

```rust
    let mut iterations: u32 = 0;
    let total_squared = loop {
        iterations += 1;
        if iterations >= 10 {
            break iterations.pow(2);
        }
    };
    assert_eq!(total_squared, 100);
    for i in 0..10 {
```

```
        assert!(i >= 0 && i < 10)
    }
    for v in vec![1, 1, 1, 1].iter() {
        assert_eq!(v, &1);
    }
}
```

（6）准备好这 3 个测试之后，下面运行 **cargo test** 来看它们的工作情况：

```
$ cargo test
Compiling execution-flow v0.1.0 (Rust-Cookbook/Chapter01/execution-flow)
warning: value assigned to 'broke' is never read
  --> src/lib.rs:20:17
   |
20 |     let mut broke = false;
   |         ^^^^^
   |
   = note: #[warn(unused_assignments)] on by default
   = help: maybe it is overwritten before being read?

  Finished dev [unoptimized + debuginfo] target(s) in 0.89s
    Running target/debug/deps/execution_flow-5a5ee2c7dd27585c

running 3 tests
test tests::conditionals ... ok
test tests::loops ... ok
test tests::more_conditionals ... ok

test result: ok. 3 passed; 0 failed; 0 ignored; 0 measured; 0 filtered out
```

下面来分析原理从而更好地理解代码。

1.4.2 工作原理

尽管与很多语言中的控制语句并没有太大不同，不过 Rust 中的基本构造可能会改变你对变量赋值的看法。它确实改变了我们的思维模式，会让我们更专注于数据。这意味着，并不是考虑"如果达到这个条件，然后把另外一个值赋给一个变量"，而是反过来，"将另一个值赋给一个变量（如果达到这个条件）"，或者更简单一些，就是"转换这个变量（如果这个条件适用）"。

这是 Rust 编程语言中的函数流，有助于缩短和强调代码中的重要部分。由循环结构也能得到类似的结论，因为一切都有作用域并有一个返回值。使用这些功能将使程序更有可读性，也更简短，特别是如果只是简单的操作。

我们已经了解了如何控制执行流，现在来看下一个技巧。

1.5 用 crate 和模块划分代码

Rust 知道两类代码单元：crate 和模块。crate 是一个外部库，包括自己的 Cargo.toml 配置文件、依赖库、测试和代码。另一方面，模块将 crate 划分为多个逻辑部分，只有当用户导入特定的函数时才对用户可见。在 Rust 2018 以后，使用这些结构化封装的差异已经尽可能减少。

1.5.1 准备工作

这一次我们要创建两个项目：一个要提供某种类型的函数，另一个使用这个函数。因此，要使用 cargo 创建这两个项目：**cargo new rustpilib - - lib** 和 **cargo new pi-estimator**。第二个命令会创建一个二进制可执行文件，所以我们可以运行这个编译结果，而前者会得到一个库 (crate)。

这个技巧将创建一个小程序，打印 pi (π) 的估计值，并四舍五入为两位小数。这没什么特别的，所有人都很容易理解。

为 crate 命名很困难。主存储库 (https://crates.io/) 非常宽松，而且已经出现了名字抢注的情况（人们预留名字的目的是为了出售，想想 YouTube 或 Facebook 之类的名字，这会是这些公司不错的 API 客户名），许多 crate 都是 C 库的重新实现或包装了 C 库。一个好的做法是把存储库或目录命名为 **rust-mycool-Cwrapper**，并用 **mycoolCwrapper** 命名 crate 本身。这样一来，只会出现特定于你的 crate 的问题，而名字在人们的依赖库中很容易猜出。

1.5.2 实现过程

通过以下几个步骤，我们将使用不同的模块：

（1）首先，我们要实现 **rust-pilib** crate。作为一个简单的例子，它会使用蒙特卡洛方法估计常量 pi。这个方法有点类似于在一个镖靶上投掷飞镖，并统计命中次数。有关的更多内容参见维基百科 (https://en.wikipedia.org/wiki/Monte_Carlo_method)。将这个代码段

增加到 **tests** 子模块：

```rust
use rand::prelude::*;

pub fn monte_carlo_pi(iterations: usize) -> f32 {
    let mut inside_circle = 0;
    for _ in 0..iterations {
        //generate two random coordinates between 0 and 1
        let x: f32 = random::<f32>();
        let y: f32 = random::<f32>();
        //calculate the circular distance from 0, 0
        if x.powi(2) + y.powi(2) <= 1_f32 {
            //if it's within the circle, increase the count
            inside_circle += 1;
        }
    }
    //return the ratio of 4 times the hits to the total iterations
    (4_f32 * inside_circle as f32) / iterations as f32
}
```

（2）另外，蒙特卡洛方法使用了一个随机数生成器。由于 Rust 的标准库中没有提供这样一个随机数生成器，所以需要一个外部 crate！修改 **rust-pilib** 项目的 **Cargo.toml** 来增加这个依赖项：

```toml
[dependencies]
rand = "^0.5"
```

（3）作为优秀的工程师，我们还要为这个新库增加测试。将原来的 **test** 模块替换为以下测试，使蒙特卡洛方法估计 **pi**：

```rust
#[cfg(test)]
mod tests {
    //import the parent crate's functions
    use super::*;
    fn is_reasonably_pi(pi: f32) -> bool {
        pi >= 3_f32 && pi <= 4.5_f32
    }
    #[test]
```

```rust
fn test_monte_carlo_pi_1() {
    let pi = monte_carlo_pi(1);
    assert!(pi == 0_f32 || pi == 4_f32);
}

#[test]
fn test_monte_carlo_pi_500() {
    let pi = monte_carlo_pi(500);
    assert!(is_reasonably_pi(pi));
}
```

甚至可以超过 500 次迭代：

```rust
#[test]
fn test_monte_carlo_pi_1000() {
    let pi = monte_carlo_pi(1000);
    assert!(is_reasonably_pi(pi));
}

#[test]
fn test_monte_carlo_pi_5000() {
    let pi = monte_carlo_pi(5000);
    assert!(is_reasonably_pi(pi));
}
}
```

（4）接下来，运行这些测试来确定我们的产品质量。在 **rust-pilib** 项目的根目录运行 **cargo test**。输出应该如下所示：

```
$ cargo test
    Compiling libc v0.2.50
    Compiling rand_core v0.4.0
    Compiling rand_core v0.3.1
    Compiling rand v0.5.6
    Compiling rust-pilib v0.1.0 (Rust-Cookbook/Chapter01/rust-pilib)
     Finished dev [unoptimized + debuginfo] target(s) in 3.78s
      Running target/debug/deps/rust_pilib-d47d917c08b39638

running 4 tests
test tests::test_monte_carlo_pi_1 ... ok
```

```
test tests::test_monte_carlo_pi_500 ... ok
test tests::test_monte_carlo_pi_1000 ... ok
test tests::test_monte_carlo_pi_5000 ... ok

test result: ok. 4 passed; 0 failed; 0 ignored; 0 measured; 0 filtered out

    Doc-tests rust-pilib

running 0 tests

test result: ok. 0 passed; 0 failed; 0 ignored; 0 measured; 0 filtered out
```

（5）现在我们想为用户提供这个 crate 的特性，因此，为用户创建了第二个要执行的项目。在这里，我们首先声明要使用另一个库作为一个外部 crate。为 **pi-estimator** 项目中的 **Cargo.toml** 增加以下依赖项：

```
[dependencies]
rust-pilib = { path = '../rust-pilib', version = '*' }
```

（6）下面再来看 **src/main.rs** 文件。Rust 会在这里找到一个要运行的 **main** 函数，默认地，它只是在标准输出打印 **Hello, World!**。下面把它替换为一个函数调用：

```
//import from the module above
use printer::pretty_print_pi_approx;


fn main() {
    pretty_print_pi_approx(100_000);
}
```

（7）这个新函数在哪里呢？它有自己的模块：

```
//Rust will also accept if you implement it right away
mod printer {
    //import a function from an external crate (no more extern
    declaration required!)
    use rust_pilib::monte_carlo_pi;

    //internal crates can always be imported using the crate
    //prefix
    use crate::rounding::round;
```

```rust
pub fn pretty_print_pi_approx(iterations: usize) {
    let pi = monte_carlo_pi(iterations);
    let places: usize = 2;
    println!("Pi is ~ {} and rounded to {} places {}", pi,
    places, round(pi, places));
}
}
```

(8) 这个模块是内联实现的,这对于测试很常见,不过其做法就类似于有它自己的文件。但查看 **use** 语句,我们还少一个模块:**rounding**。在 **main.rs** 所在的同一个目录中创建一个文件,命名为 **rounding.rs**。在这个文件中增加以下公共函数及其测试:

```rust
pub fn round(nr: f32, places: usize) -> f32 {
    let multiplier = 10_f32.powi(places as i32);
    (nr * multiplier + 0.5).floor() / multiplier
}

#[cfg(test)]
mod tests {
    use super::round;

    #[test]
    fn round_positive() {
        assert_eq!(round(3.123456, 2), 3.12);
        assert_eq!(round(3.123456, 4), 3.1235);
        assert_eq!(round(3.999999, 2), 4.0);
        assert_eq!(round(3.0, 2), 3.0);
        assert_eq!(round(9.99999, 2), 10.0);
        assert_eq!(round(0_f32, 2), 0_f32);
    }

    #[test]
    fn round_negative() {
        assert_eq!(round(-3.123456, 2), -3.12);
        assert_eq!(round(-3.123456, 4), -3.1235);
        assert_eq!(round(-3.999999, 2), -4.0);
        assert_eq!(round(-3.0, 2), -3.0);
        assert_eq!(round(-9.99999, 2), -10.0);
```

```
    }
}
```

(9) 到目前为止，编译器会忽略这个模块，因为它还未声明。下面就来声明这个模块，在 **main.rs** 最前面增加以下两行代码：

```
//declare the module by its file name
mod rounding;
```

(10) 最后，我们想看是否一切正常。用 **cd** 切换到 **pi-estimator** 项目的根目录，并运行 **cargo run**。应该会得到类似下面的输出（注意，实际上会由 **pi-estimator** 构建库 crate 和依赖库）：

```
$ cargo run
Compiling libc v0.2.50
Compiling rand_core v0.4.0
Compiling rand_core v0.3.1
Compiling rand v0.5.6
Compiling rust-pilib v0.1.0 (Rust-Cookbook/Chapter01/rust-pilib)
Compiling pi-estimator v0.1.0 (Rust-Cookbook/Chapter01/piestimator)
  Finished dev [unoptimized + debuginfo] target(s) in 4.17s
   Running 'target/debug/pi-estimator'
Pi is ~ 3.13848 and rounded to 2 places 3.14
```

(11) 并不只是库 crate 有测试。运行 **cargo test** 来执行这个新 **pi-estimator** 项目中的测试：

```
$ cargo test
    Compiling pi-estimator v0.1.0 (Rust-Cookbook/Chapter01/piestimator)
     Finished dev [unoptimized + debuginfo] target(s) in 0.42s
      Running target/debug/deps/pi_estimator-1c0d8d523fadde02

running 2 tests
test rounding::tests::round_negative ... ok
test rounding::tests::round_positive ... ok

test result: ok. 2 passed; 0 failed; 0 ignored; 0 measured; 0 filtered out
```

下面来分析原理从而更好地理解代码。

1.5.3 工作原理

在这个技巧中，我们研究了 crate 和模块之间的关系。Rust 支持多种方式将代码封装为单元,Rust 2018 使这个工作变得更为容易。经验丰富的 Rust 程序员可能会怀念文件最上面的 **extern crate** 声明,如今只有特殊情况下才需要那些声明。实际上,可以在一个 **use** 语句中直接使用 crate 的内容。

这样一来,现在模块与 crate 之间的界线就变得有些模糊。不过,创建模块要更为简单,因为它们是项目的一部分,只需在要编译的根模块中声明。这个声明使用 **mod** 语句来完成,还支持在语句体中提供实现(这种做法在测试中大量使用)。不论实现放在什么位置,使用一个外部或内部函数都需要有一个 **use** 语句,通常前面有一个 **crate::** 前缀来暗示其位置。

除了简单文件,模块还可以是一个目录,其中至少包含一个 **mod.rs** 文件。采用这种方式,庞大的代码基可以相应地嵌套和建构其 trait 和 struct。

关于函数可见性再说明一点:Rust 的默认参数指定了模块可见性。因此,一个模块中声明和实现的函数只能在这个模块中可见。与此不同,**pub** 修饰符会把函数导出给外部用户。与结构体(struct)关联的属性和函数也是如此。

我们已经了解了如何用 crate 和模块划分代码,现在来看下一个技巧。

1.6 编写测试和基准测试

刚开始开发时,测试常常被放在次要位置。可能由于多种原因,这在当时是必要的,但不能把"无法建立一个测试框架和环境"作为理由。与很多语言不同,Rust 支持开箱即用的测试。这个技巧将介绍如何使用这些工具。

尽管这里主要讨论单元测试,也就是在函数/**struct** 级完成的测试,但这些工具同样适用于集成测试。

1.6.1 准备工作

同样地,这个技巧最好在单独的项目空间中实现。使用 **cargo new testing - - lib** 创建这个项目。在项目目录中,创建另一个文件夹,将它命名为 **tests**。

另外,基准测试特性只在 Rust 的 **nightly** 分支上可用,所以需要安装 Rust 的 **nightly** 版本:**rustup install nightly**。

1.6.2 实现过程

按照以下步骤来了解如何为你的 Rust 项目创建一个测试套件:

(1)一旦创建一个库项目,其中已经包含一个非常简单的测试(可能是为了鼓励你写更多测试)。**cfg(test)** 和 **test** 属性会告诉 cargo(运行测试的程序)如何处理这个模块:

```rust
#[cfg(test)]
mod tests {
    #[test]
    fn it_works() {
        assert_eq!(2 + 2, 4);
    }
}
```

（2）增加更多测试之前，下面增加一个需要测试的主体。在这里，我们要使用一个有意思的内容：我们的另一本书《*Hands-On Data Structures and Algorithms with Rust*》中的一个泛型单链表。它包括 3 个部分。首先是一个节点类型（Node）：

```rust
#[derive(Clone)]
struct Node<T> where T: Sized + Clone {
    value: T,
    next: Link<T>,
}

impl<T> Node<T> where T: Sized + Clone {
    fn new(value: T) ->Rc<RefCell<Node<T>>> {
        Rc::new(RefCell::new(Node {
            value: value,
            next: None,
        }))
    }
}
```

其次，有一个 **Link** 类型，从而可以更容易地写代码：

```rust
type Link<T> = Option<Rc<RefCell<Node<T>>>>;
```

最后一个类型是列表（List），包括增加和删除节点的函数。首先，来看这个类型定义：

```rust
#[derive(Clone)]
pub struct List<T> where T: Sized + Clone {
    head: Link<T>,
    tail: Link<T>,
    pub length: usize,
}
```

再在 **impl** 块中为这个类型指定操作：

```rust
impl<T> List<T> where T: Sized + Clone {
    pub fn new_empty() -> List<T> {
        List { head: None, tail: None, length: 0 }
    }

    pub fn append(&mut self, value: T) {
        let new = Node::new(value);
        match self.tail.take() {
            Some(old) => old.borrow_mut().next = Some(new.clone()),
            None => self.head = Some(new.clone())
        };
        self.length += 1;
        self.tail = Some(new);
    }

    pub fn pop(&mut self) -> Option<T> {
        self.head.take().map(|head| {
            if let Some(next) = head.borrow_mut().next.take() {
                self.head = Some(next);
            } else {
                self.tail.take();
            }
            self.length -= 1;
            Rc::try_unwrap(head)
                .ok()
                .expect("Something is terribly wrong")
                .into_inner()
                .value
        })
    }
}
```

(3) 有了要测试的列表，下面为各个函数增加一些测试，首先是一个基准测试：

```rust
#[cfg(test)]
mod tests {
    use super::*;
    extern crate test;
    use test::Bencher;
```

```rust
#[bench]
fn bench_list_append(b: &mut Bencher) {
    let mut list = List::new_empty();
    b.iter(|| {
        list.append(10);
    });
}
```

在 **test** 模块中为基本列表功能再增加一些测试：

```rust
#[test]
fn test_list_new_empty() {
    let mut list: List<i32> = List::new_empty();
    assert_eq!(list.length, 0);
    assert_eq!(list.pop(), None);
}

#[test]
fn test_list_append() {
    let mut list = List::new_empty();
    list.append(1);
    list.append(1);
    list.append(1);
    list.append(1);
    list.append(1);
    assert_eq!(list.length, 5);
}

#[test]
fn test_list_pop() {
    let mut list = List::new_empty();
    list.append(1);
    list.append(1);
    list.append(1);
    list.append(1);
    list.append(1);
    assert_eq!(list.length, 5);
    assert_eq!(list.pop(), Some(1));
```

```
        assert_eq!(list.pop(), Some(1));
        assert_eq!(list.pop(), Some(1));
        assert_eq!(list.pop(), Some(1));
        assert_eq!(list.pop(), Some(1));
        assert_eq!(list.length, 0);
        assert_eq!(list.pop(), None);
    }
}
```

(4) 如果有一个集成测试来实现这个库的端到端测试,这也是个好主意。为此,Rust 在项目中提供了一个特殊的文件夹,名为 **tests**,可以在这里存放额外的一些测试,将这个库当作一个黑盒来处理。创建并打开 **tests/list_integration.rs** 文件来增加一个测试,在我们的列表中插入 10000 个元素:

```
use testing::List;

#[test]
fn test_list_insert_10k_items() {
    let mut list = List::new_empty();
    for _ in 0..10_000 {
        list.append(100);
    }
    assert_eq!(list.length, 10_000);
}
```

(5) 太好了,现在每个函数都有一个测试。在 **testing/** 根目录试着运行 **cargo + nightly test**。结果应该如下所示:

```
$ cargo test
    Compiling testing v0.1.0 (Rust-Cookbook/Chapter01/testing)
     Finished dev [unoptimized + debuginfo] target(s) in 0.93s
      Running target/debug/deps/testing-a0355a7fb781369f

running 4 tests
test tests::test_list_new_empty ... ok
test tests::test_list_pop ... ok
test tests::test_list_append ... ok
test tests::bench_list_append ... ok
```

```
test result: ok. 4 passed; 0 failed; 0 ignored; 0 measured; 0
filtered out
     Running target/debug/deps/list_integration-77544dc154f309b3

running 1 test
test test_list_insert_10k_items ... ok
test result: ok. 1 passed; 0 failed; 0 ignored; 0 measured; 0
filtered out

   Doc-tests testing

running 0 tests

test result: ok. 0 passed; 0 failed; 0 ignored; 0 measured; 0
filtered out
```

(6) 要运行基准测试,可以执行 **cargo ＋nightly bench**:

cargo ＋nightly bench
```
   Compiling testing v0.1.0 (Rust-Cookbook/Chapter01/testing)
    Finished release [optimized] target(s) in 0.81s
     Running target/release/deps/testing-246b46f1969c54dd

running 4 tests
test tests::test_list_append ... ignored
test tests::test_list_new_empty ... ignored
test tests::test_list_pop ... ignored
test tests::bench_list_append ... bench: 78 ns/iter (+/-238)

test result: ok. 0 passed; 0 failed; 3 ignored; 1 measured; 0
filtered out
```

下面来分析原理从而更好地理解代码。

1.6.3 工作原理

很多编程语言中,测试框架都是一个第三方库,不过经过充分测试的代码应当是默认代码！Rust 提供了一个(很小的)测试框架以及一个运行测试的程序,甚至还有一个很小的基准测试框架(写这本书时,只有 **nightly** 版本提供这个框架),这使得测试 Rust 代码的门槛变得更低。尽管还缺少某些特性(例如模拟),不过社区正在努力通过外部 crate 提供很多缺少的特性。

在步骤 1 中完成所有设置之后，步骤 2 创建一个单链表作为测试主体。单链表是相同类型节点的一个序列，用某种指针连接起来。在这个技巧中，我们决定使用内部可变性模式，这允许在运行时可变地借用来修改它指向的节点。相关的操作（**append ()** 和 **pop ()**）利用了这个模式。然后步骤 3 创建了一些测试，我们可以使用这些测试来检验代码是否会完成我们预想的工作。这些测试涵盖了列表的基本工作：创建一个空列表、追加一些元素，然后再用 **pop** 将它们删除。

可以使用各种 **assert!** 宏让测试失败，这包括相等（**assert_eq!**）、不相等（**assert_ne!**）、布尔条件（**assert!**）和仅非发布模式编译（**debug_assert!**）。利用这些宏以及诸如 ♯［**should_panic**］等属性，可以涵盖所有情况。另外，还有一本非常好的 Rust 书也很有意思：https://doc.rust-lang.org/book/ch11-01-writing-tests.html。

步骤 4 在一个单独的文件中增加了一个特殊的集成测试。这会限制程序员要像 crate 用户一样考虑问题，而不能访问嵌套 **tests** 模块中可用的内部模块和函数。作为一个简单测试，我们在列表中插入 10000 个元素，来看它是否能处理这么多元素。

＋**nightly** 参数指示 cargo 为这个命令使用 nightly 工具链。

在步骤 5 中，我们准备使用 cargo ＋nightly test 运行这些基准测试，不过测试并非自动成为基准测试。不仅如此，基准测试（cargo ＋nightly bench）使用 - - release 标志编译代码，相应地会增加很多优化，这可能会得到与 cargo ＋nightly test 不同的结果（而且调试也会让人很头疼）。

步骤 6 显示基准测试的输出，每个循环执行精度达到纳秒级（还提供了标准差）。完成任何性能优化时，都应当准备一个基准测试来展示确实有所优化！

Rust 文档工具还为测试增加了另一个好东西：**doctests**。这些代码段可以编译和执行，也可以作为文档呈现。我们非常喜欢这一点，所以为它单独提供了一个技巧！现在来看下一个技巧。

1.7　为代码提供文档

文档是软件工程的重要组成部分。我们不是简单地编写一些函数，然后把它们串在一起，而是提倡编写可重用和可读的代码。这也包括编写合理的文档，在理想情况下，文档可以呈现为其他格式（如 HTML 或 PDF）。与很多语言一样，默认地，Rust 也为文档提供了一个工具和语言支持：**rustdoc**。

1.7.1 准备工作

上一个技巧中没有对代码提供文档,这不满足软件工程的高标准!为了改变这一点,下面在一个编辑器中加载一个需要提供代码文档的项目(如上一个技巧 1.6 编写测试和基准测试中的项目)。

1.7.2 实现过程

只需几步就可以将你的代码注释编译为一个漂亮的 HTML:

(1) Rust 的 docstring(这个字符串显式作为要呈现的文档)由///(而不是通常的//)指示。在这些节(section)中,可以用 markdown(替代 HTML 的一种轻量级标记语言)创建完整的文档。下面在 **List<T>** 声明前增加以下代码:

```
///
///A singly-linked list, with nodes allocated on the heap using
///'Rc's and 'RefCell's. Here's an image illustrating a linked
list:
///
///
///![](https://upload.wikimedia.org/wikipedia/commons/6/6d/Singly-
///linked-list.svg)
///
/// * Found on https://en.wikipedia.org/wiki/Linked_list *
///
/// # Usage
///
///"'
///let list = List::new_empty();
///"'
///
#[derive(Clone)]
pub struct List<T> where T: Sized + Clone {
[...]
```

(2) 这会使代码更冗长,不过这样是否值得?下面用 **cargo doc** 来看看,这是一个子命令,会对代码运行 **rustdoc**,并在项目的 **target/doc** 目录输出 HTML。在一个浏览器中打开时,**target/doc/testing/index.html** 页面会显示如图 1-2 所示内容(以及更多其他内容)。

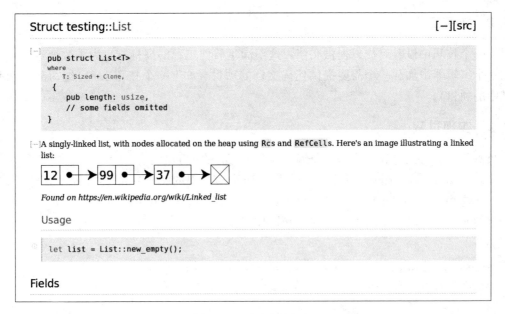

图 1-2 页面显示内容

 要把 testing 换成你自己的项目名！

（3）真不错，下面在代码中增加更多文档。编译器（按约定）甚至还会识别一些特殊的节（section）：

```
///
///Appends a node to the list at the end.
///
///
///# Panics
///
///This never panics (probably).
///
///# Safety
///
///No unsafe code was used.
///
///# Example
```

```
///
///"
///use testing::List;
///
///let mut list = List::new_empty();
///list.append(10);
///"
///
pub fn append(&mut self, value: T) {
    [...]
```

（4）///注释会为它后面的表达式增加文档。对于模块会有一个问题：我们是不是应该把文档放在当前模块之外？不，这不仅会让维护者困惑，而且还有限制。下面在内部使用//!为模块增加文档：

```
//!
//! A simple singly-linked list for the Rust-Cookbook by Packt
//! Publishing.
//!
//! Recipes covered in this module:
//! - Documenting your code
//! - Testing your documentation
//! - Writing tests and benchmarks
//!
```

（5）运行 **cargo doc** 可以看到它是否能正常工作（见图1-3）。

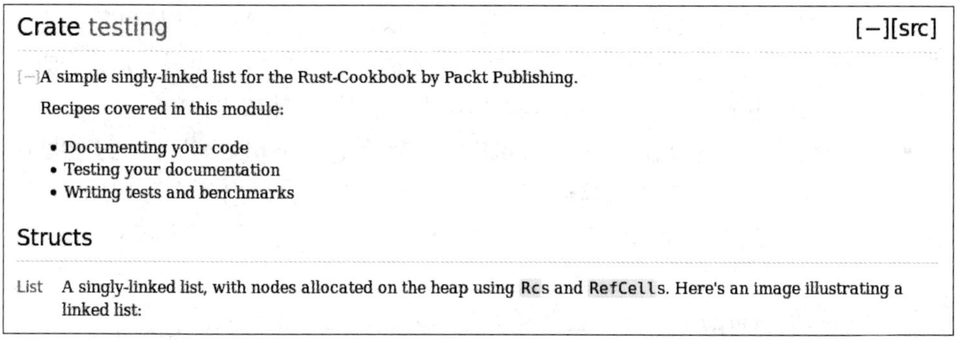

图1-3 运行 cargo doc 的界面

(6) 如果所有 Rust 项目都有看起来相似的文档，这有一些好处，不过公司营销部门通常喜欢使用 logo 或自定义的网站图标来突出个性。**rustdoc** 支持模块级属性，可以把它们直接增加到模块文档下面［需要说明：这是我的 Rust 博客（https://blog.x5ff.xyz）的 logo］：

#![doc(html_logo_url = "https://blog.x5ff.xyz/img/main/logo.png")]

(7) 要看是否能正常工作，可以再次运行 **cargo doc**（见图 1-4）：

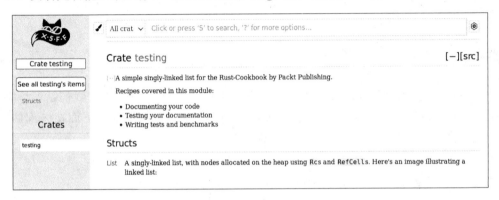

图 1-4 再次运行 cargo doc 的界面

下面来分析原理从而更好地理解代码。

1.7.3　工作原理

Markdown 是一个非常好的语言，可以很快创建格式化文档。不过，特性支持通常有些棘手，所以可以查看 Rust 关于所支持格式化的 RFC（https://github.com/rust-lang/rfcs/blob/master/text/0505-api-commentconventions.md），来确定是否可以使用一些更高级的语句。一般地，大多数开发人员都很害怕写文档，正因如此，要让写文档尽可能简单和轻松，这很重要。///模式相当常见，而且在 Rust 中得到了扩展，对之后的代码（///）或包含它的代码（//!）都可以应用文档。步骤 1 和步骤 4 中可以分别看到相应的例子。

Rust 项目的做法是允许有几行来解释（public）函数，然后 **rustdoc** 编译器（步骤 2 中用 **cargo doc** 来调用）会完成余下的工作：提供公共成员、交叉链接、列出所有可用的类型和模块，等。尽管输出完全可定制（步骤 6），但默认输出看起来已经很漂亮了（我们是这样认为的）。

 默认的，**cargo doc** 会为整个项目建立文档，包括依赖项。

特殊的节（步骤 3）会为文档输出增加另一个维度：使得 IDE 或编译器能理解所提供的

信息，并突出显示，例如，可以突出显示一个函数可能发生 panic（以及何时发生）。新生成的文档中，示例（Example）节甚至会编译和运行 **doctests** 形式的代码（参见 1.8 测试你的文档中的技巧），这样，如果你的示例变得无效就会得到通知。

rustdoc 输出还独立于 Web 服务器，这意味着只要支持静态托管的地方都可以使用。实际上，Rust 项目会在 https://docs.rs 上构建和提供 https://crates.io 托管的每个 crate 的文档。

既然已经可以创建文档，我们来看下一个技巧。

1.8 测试你的文档

过时的文档和示例不能像承诺的那样有效，很遗憾，这是很多技术都存在的一个事实。不过，这些例子可以作为有意义的（黑盒）回归测试，能确保我们在改进代码时没有带来任何破坏，那么如何像这样把它们用作为回归测试呢？Rust 的文档字符串（///）可以包括可执行的代码段，在 https://www.rustlang.org/learn 上可以看到大量这样的代码段！

1.8.1 准备工作

我们将继续改进上一个技巧中的链表，但会更多地关注文档。不过，这里增加的代码适用于任何项目，所以你可以选择一个想增加文档的项目，在你喜欢的编辑器中打开这个项目。

1.8.2 实现过程

下面是这个技巧要完成的步骤：

（1）找到一个要增加文档字符串的函数或 **struct**（或者模块），例如 **List<T>** 的 **new_empty()** 函数：

```
///
///Creates a new empty list.
///
///
pub fn new_empty() -> List<T> {
    ...
```

（2）使用特殊的（H1）节 # Example 为编译器提供一个线索来运行这一节中包含的任何代码段：

```
///
```

```
///Creates a new empty list.
///
///
/// # Example
```

(3)下面增加一个代码示例。由于 **doctests** 被认为是黑盒测试,我们要导入这个 **struct**(当然,仅当它是公共的),并显示我们想要的内容:

```
///
///Creates a new empty list.
///
///
/// # Example
///
/// ```
///use testing::List;
///
///let mut list: List<i32> = List::new_empty();
/// ```
///
```

(4)准备就绪后,下面来看测试是否能正常工作:在项目的根目录运行 **cargo + nightly test**。可以看到我们有点取巧,这里还增加了对其他函数的测试:

```
$ cargo + nightly test
    Compiling testing v0.1.0 (Rust-Cookbook/Chapter01/testing)
     Finished dev [unoptimized + debuginfo] target(s) in 0.86s
      Running target/debug/deps/testing-a0355a7fb781369f

running 6 tests
[...]

  Doc-tests testing

running 4 tests
test src/lib.rs - List (line 44) ... ok
test src/lib.rs - List<T>::new_empty (line 70) ... ok
test src/lib.rs - List<T>::append (line 94) ... ok
test src/lib.rs - List<T>::pop (line 121) ... ok
```

```
test result: ok. 4 passed; 0 failed; 0 ignored; 0 measured; 0
filtered out
```

(5) 这个代码显然补充了很多个示例,这里所有这些示例都运行了,这是我们想要的吗?有时,我们可能只是想得到输出,但为了让测试成功运行,就要增加所有必要的导入,这会很麻烦。所以,有一些选项要增加到防护区(*fenced* area)(**"inside the fence"**),**ignore** 不会编译也不会运行这个代码:

```
///
///A singly-linked list, with nodes allocated on the heap using
'Rc's and 'RefCell's. Here's an image illustrating a linked list:
///
///
///
![](https://upload.wikimedia.org/wikipedia/commons/6/6d/Singly-linked-list.svg)
///
/// * Found on https://en.wikipedia.org/wiki/Linked_list *
///
/// # Example
///
///```ignore
///
///let list = List::new_empty();
///```
///
#[derive(Clone)]
pub struct List<T> where T: Sized + Clone {
[...]
```

(6) 再次运行 **cargo test**,可以看到输出反映了这些变化:

```
$ cargo test
[...]

   Doc-tests testing

running 4 tests
test src/lib.rs - List (line 46) ... ignored
```

```
test src/lib.rs - List<T>::append (line 94)...ok
test src/lib.rs - List<T>::new_empty (line 70)...ok
test src/lib.rs - List<T>::pop (line 121)...ok

test result: ok. 3 passed; 0 failed; 1 ignored; 0 measured; 0
filtered out
```

（7）下面再检查 HTML 输出：运行 **cargo doc** 来生成一个 **target/doc/** 目录，其中包含在本地浏览器显示文档所需的所有 **CSS/HTML/JavaScript/...**。在你喜欢的浏览器中打开 **target/doc/testing/index.html**（见图 1-5）：

```
[-] pub fn new_empty() -> List<T>                                    [src]
    Creates a new empty list.

    Example

    use testing::List;

    let list: List<i32> = List::new_empty();
```

图 1-5　检查 HTML 输出

 注意：在把 **testing** 替换为你的项目名。

（8）下面删除代码段最上面丑陋的 **use** 语句。在这里，只是多显示一行而没有增加任何信息。为此，**rustdoc** 也提供了一种简单的方法，可以在不想要的那一行前面加 #：

```
///
///Creates a new empty list.
///
///
///# Example
///
///```
///# use testing::List;
///let list: List<i32> = List::new_empty();
///```
///
```

```
pub fn new_empty() -> List<T> {
    [...]
```

(9) 最后，还有另外一些方法可以配置 **doctests** 的测试行为。在这里，我们要把警告改为错误，为此要拒绝（*denying*）警告，同时忽略（即允许）未用的变量：

```
#![doc(html_logo_url = "https://blog.x5ff.xyz/img/main/logo.png",
       test(no_crate_inject, attr(allow(unused_variables),
       deny(warnings))))]
```

(10) 最后再来检查输出与我们预期的是否一样，运行 **cargo doc**，如图 1-6 所示。

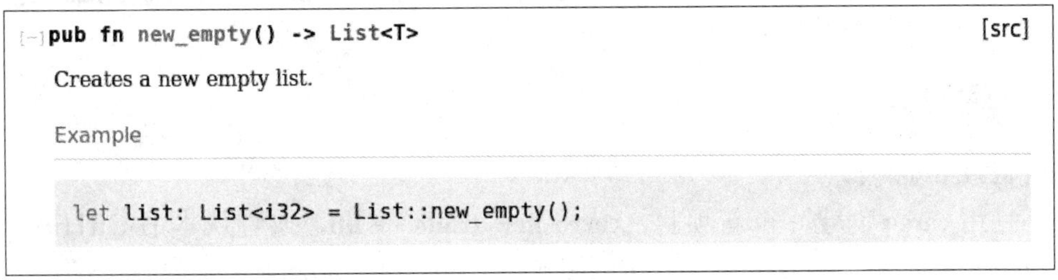

```
pub fn new_empty() -> List<T>                                        [src]

Creates a new empty list.

Example

let list: List<i32> = List::new_empty();
```

图 1-6　检查输出

下面来更多地了解这个代码如何工作。

1.8.3　工作原理

Rust 文档的功能非常丰富，支持 **doctests** 的各种变体，我们在一个技巧中无法全面涵盖所有这些内容。不过，这些工具的文档也非常出色，有关的更多详细信息请查看 https://doc.rust-lang.org/rustdoc/documentation-tests.html。

在这个技巧中，我们介绍了一种很好的方法，可以通过增加示例在代码中为 **struct** 和函数提供文档，每次测试运行时都会编译和运行这些示例。这不仅对你的读者和回归测试有帮助，而且还要求你考虑代码如何作为一个黑盒工作。只要在文档的 **Example** 节遇到代码（"'in a fence'"），就会执行这些测试。步骤 2 和步骤 3 中，我们创建了这些示例，并在步骤 4 和步骤 10 中查看结果。

现在如果你想知道有些文档如何只显示要运行的一部分代码，步骤 8 给出了答案：♯ 可以在执行代码时隐藏单个代码行。不过，有时根本不会执行代码，如步骤 5 所示。我们可以将一节声明为 **ignore**，这部分代码将不会运行（输出中没有任何视觉提示）。

另外，这些测试也可以像其他测试一样失败，可能因为 panic（这也是允许的），或者通过一个 **assert**! 宏失败。总而言之，通过隐藏样板代码或其他不必要的代码，读者可以将注意力集中在重要的部分，同时测试仍能全面覆盖所有内容。

我们已经成功地测试了我们的文档，现在可以放心了，继续看下一个技巧。

1.9 在类型间共享代码

Rust 编程语言的一个不同寻常的特性是：它决定使用 trait（特征）而不是接口。后者在现代面向对象语言中相当常见，接口可以为调用者统一类（或类似结构）的 API，从而能切换整个实现而调用者完全不知情。在 Rust 中，其划分稍有些不同：trait 更类似于抽象类，因为它们提供了 API 方面以及默认实现。struct 可以实现各种 trait，如果其他 struct 实现了相同的 trait，它们会提供相同的行为。

1.9.1 实现过程

来完成以下步骤：

（1）使用 **cargo** 创建一个新项目，**cargo new traits - - lib**，或者从本书 GitHub 存储库（https://github.com/PacktPublishing/Rust-Programming-Cookbook）克隆这个项目。使用 Visual Studio Code 和 Terminal 打开这个项目的目录。

（2）实现一个简单的配置管理服务。为此，我们需要一些结构体：

```
use std::io::{Read, Write};

///
///Configuration for our application
///
pub struct Config {
    values: Vec<(String, String)>
}

///
///A service for managing a configuration
///
pub struct KeyValueConfigService {}
```

另外，通过一些构造器可以让它们更易于使用：

```
//Impls

impl Config {
```

```rust
    pub fn new(values: Vec<(String, String)>) -> Config {
        Config { values: values }
    }
}

impl KeyValueConfigService {
    pub fn new() -> KeyValueConfigService {
        KeyValueConfigService{ }
    }
}
```

(3) 为了与其他可能的实现使用一个统一的接口，需要一些 trait 来共享这个接口：

```rust
///
///Provides a get() function to return values associated with
///the specified key.
///
pub trait ValueGetter {
    fn get(&self, s: &str) -> Option<String>;
}

///
///Write a config
///
pub trait ConfigWriter {
    fn write(&self, config: Config, to: &mut impl Write) -> std::io::Result<()>;
}

///
///Read a config
///
pub trait ConfigReader {
    fn read(&self, from: &mut impl Read) -> std::io::Result<Config>;
}
```

(4) Rust 要求每个 trait 有自己的实现块：

```rust
impl ConfigWriter for KeyValueConfigService {
```

```rust
    fn write(&self, config: Config, mut to: &mut impl Write) -> std::io::Result<()> {
        for v in config.values {
            writeln!(&mut to, "{0} = {1}", v.0, v.1)?;
        }
        Ok(())
    }
}

impl ConfigReader for KeyValueConfigService {
    fn read(&self, from: &mut impl Read) -> std::io::Result<Config> {
        let mut buffer = String::new();
        from.read_to_string(&mut buffer)?;

        //chain iterators together and collect the results
        let values: Vec<(String, String)> = buffer
            .split_terminator("\n") //split
            .map(|line| line.trim()) //remove whitespace
            .filter(|line| { //filter invalid lines
                let pos = line.find(" = ")
                    .unwrap_or(0);
                pos > 0 && pos < line.len() - 1
            })
            .map(|line| { //create a tuple from a line
                let parts = line.split(" = ")
                    .collect::<Vec<&str>>();
                (parts[0].to_string(), parts[1].to_string())
            })
            .collect(); //transform it into a vector
        Ok(Config::new(values))
    }
}

impl ValueGetter for Config {
    fn get(&self, s: &str) -> Option<String> {
        self.values.iter()
```

```rust
            .find_map(|tuple| if &tuple.0 == s {
                Some(tuple.1.clone())
            } else {
                None
            })
    }
}
```

(5) 接下来，我们需要一些测试来看它的实际使用。为了介绍一些基础知识，下面增加一些最佳情况单元测试：

```rust
#[cfg(test)]
mod tests {
    use super::*;
    use std::io::Cursor;

    #[test]
    fn config_get_value() {
        let config = Config::new(vec![("hello".to_string(),
        "world".to_string())]);
        assert_eq!(config.get("hello"), Some("world".to_string()));
        assert_eq!(config.get("HELLO"), None);
    }

    #[test]
    fn keyvalueconfigservice_write_config() {
        let config = Config::new(vec![("hello".to_string(),
        "world".to_string())]);

        let service = KeyValueConfigService::new();
        let mut target = vec![];
        assert!(service.write(config, &mut target).is_ok());

        assert_eq!(String::from_utf8(target).unwrap(),
        "hello = world\n".to_string());
    }

    #[test]
    fn keyvalueconfigservice_read_config() {
```

```rust
    let service = KeyValueConfigService::new();
    let readable = &format!("{}\n{}", "hello=world",
    "a=b").into_bytes();
    let config = service.read(&mut Cursor::new(readable))
        .expect("Couldn't read from the vector");
    assert_eq!(config.values, vec![
            ("hello".to_string(), "world".to_string()),
            ("a".to_string(), "b".to_string())]);
    }
}
```

（6）最后，运行 **cargo test**，可以看到一切正常：

```
$ cargo test
    Compiling traits v0.1.0 (Rust-Cookbook/Chapter01/traits)
     Finished dev [unoptimized + debuginfo] target(s) in 0.92s
      Running target/debug/deps/traits-e1d367b025654a89

running 3 tests
test tests::config_get_value ... ok
test tests::keyvalueconfigservice_write_config ... ok
test tests::keyvalueconfigservice_read_config ... ok

test result: ok. 3 passed; 0 failed; 0 ignored; 0 measured; 0 filtered out

   Doc-tests traits

running 0 tests

test result: ok. 0 passed; 0 failed; 0 ignored; 0 measured; 0 filtered out
```

下面来分析原理从而更好地理解代码。

1.9.2　工作原理

使用 trait 而不是接口和其他面向对象构造，这对通用架构有很多影响。事实上，通常的架构思维可能会导致更复杂更冗长的代码，相应地还会降低代码的性能！下面来分析 Gang of Four（GoF）的《设计模式》（1994 年）一书中提出的几个流行的面向对象原则：

- **针对接口编程，而非实现**：在 Rust 中需要对这个原则做些考虑。在 Rust 2018 中，函数可以接受 **impl MyTrait** 参数，而较早的版本必须使用 **Box＜MyTrait＞**或 **o: T** 以及后来的 **where T: MyTrait**，它们都存在自己的问题。对于每个项目，这是一种权衡：要么使用具体类型实现不太复杂的抽象，要么为了更清晰的封装而带来更多泛型和其他复杂性。

- **优先使用对象组合而不是类继承**：虽然这只是在一定程度上适用（Rust 中没有继承），但对象组合仍然是一个好主意。要为你的 struct 增加 trait 类型属性，而不是具体类型。不过，除非是一个装箱 trait（也就是说，会有较慢的动态分派），否则编译器无法确切地知道它应该预留多大的空间，一个类型实例的大小可能是其他 trait 的 10 倍。因此，需要使用引用。但遗憾的是，这就引入了显式的生命周期，会使代码更冗长，处理起来更复杂。

Rust 显然倾向于将行为从数据中分离出来，前者放入 trait，而后者仍保留在原来的 struct 中。在这个技巧中，**KeyValueConfigService** 不需要管理任何数据，它的任务就是读写 **Config** 实例。

在步骤 2 中创建这些 struct 之后，我们在步骤 3 中创建了行为 trait。在这里，我们把任务划分为两个单独的 trait，使得这些 trait 很小而且可管理。任何对象都有可能实现这些 trait，相应地能够读写 config 文件或者按键获取特定的值。

我们还保证 trait 上的函数是泛型函数，以便于单元测试（可以使用 **Vec＜T＞**而不是假想的文件）。通过使用 Rust 的 **impl** trait 特性，我们只关心已经由传入的内容实现了 **std::io::Read** 和 **std::io::Write**。

步骤 4 在一个单独的 **impl** 块中为 struct 实现这些 trait。**ConfigReader** 策略很简单：先拆分为几行，在第一个＝字符拆分这些行，然后分别声明左边和右边的键和值。然后 **ValueGetter** 实现会遍历键-值对来找到所请求的键。为了简单起见，我们更喜欢使用包含 **String** 元组的 **Vec**，例如，**HashMap** 可以显著提高性能。

步骤 5 中的测试概要说明了这个系统如何工作，以及我们如何利用所实现的 trait 无缝地使用这些类型。**Vec** 可以同时作为一个读/写流，而不需要类型强制转换。为了确保测试确实能通过，我们在步骤 6 运行了 **cargo test**。

学习了代码结构之后，我们来看下一个技巧。

1.10　Rust 中的序列类型

Rust 中支持多种不同形式的序列。常规数组的实现很严格：必须在编译时定义（使用字面量），必须是单一数据类型，而且大小不能改变。元组可以有不同类型的成员，但大小也不能改变。**Vec＜T＞**是一个泛型序列类型（不论类型 **T** 定义为什么），可以动态调整大小，但 **T** 只能是单一类型。总之，每种序列都各有用途，在这个技巧中，我们将逐一探讨。

1.10.1 实现过程

这个技巧的步骤如下：

（1）使用 **cargo** 创建一个新项目，**cargo new sequences - - lib**，或者从本书 GitHub 存储库（https://github.com/PacktPublishing/Rust-Programming-Cookbook）克隆这个项目。使用 Visual Studio Code 和 Terminal 打开这个项目的目录。

（2）准备好 **test** 模块后，下面来看数组。尽管我们已经熟悉 Rust 中数组的语法，不过它们遵循一个更严格的定义。可以在一个测试中尝试 Rust 数组的各种能力：

```rust
#[test]
fn exploring_arrays() {
    let mut arr: [usize; 3] = [0; 3];
    assert_eq!(arr, [0, 0, 0]);
    let arr2: [usize; 5] = [1,2,3,4,5];
    assert_eq!(arr2, [1,2,3,4,5]);

    arr[0] = 1;
    assert_eq!(arr, [1, 0, 0]);
    assert_eq!(arr[0], 1);
    assert_eq!(mem::size_of_val(&arr), mem::size_of::<usize>()
        * 3);
}
```

（3）如果用户使用过更新的编程语言和数据科学/数学环境，可能也很熟悉元组，这是一种固定大小的可变类型集合。下面增加一个测试来使用元组：

```rust
struct Point(f32, f32);

#[test]
fn exploring_tuples() {
    let mut my_tuple: (i32, usize, f32) = (10, 0, -3.42);

    assert_eq!(my_tuple.0, 10);
    assert_eq!(my_tuple.1, 0);
    assert_eq!(my_tuple.2, -3.42);

    my_tuple.0 = 100;
    assert_eq!(my_tuple.0, 100);
```

```rust
    let (_val1, _val2, _val3) = my_tuple;

    let point = Point(1.2, 2.1);
    assert_eq!(point.0, 1.2);
    assert_eq!(point.1, 2.1);
}
```

(4)作为最后一个集合,向量是所有其他快速且可扩展数据类型的基础。创建以下测试,其中包含多个断言来显示如何使用 **vec**! 宏,并展示向量的内存使用:

```rust
use std::mem;

#[test]
fn exploring_vec() {
    assert_eq!(vec![0; 3], [0, 0, 0]);
    let mut v: Vec<i32> = vec![];

    assert_eq!(mem::size_of::<Vec<i32>>(),
     mem::size_of::<usize>
     () * 3);
    assert_eq!(mem::size_of_val(&*v), 0);

    v.push(10);
    assert_eq!(mem::size_of::<Vec<i32>>(),
     mem::size_of::<i32>() * 6);
```

这个测试的其余部分显示了如何修改和读取向量:

```rust
assert_eq!(v[0], 10);
v.insert(0, 11);
v.push(12);
assert_eq!(v, [11, 10, 12]);
assert!(!v.is_empty());
assert_eq!(v.swap_remove(0), 11);
assert_eq!(v, [12, 10]);
assert_eq!(v.pop(), Some(10));
assert_eq!(v, [12]);
assert_eq!(v.remove(0), 12);
v.shrink_to_fit();
assert_eq!(mem::size_of_val(&*v), 0);
```

（5）运行 **cargo test** 来看测试的运行情况：

```
$ cargo test
    Compiling sequences v0.1.0 (Rust-Cookbook/Chapter01/sequences)
     Finished dev [unoptimized + debuginfo] target(s) in 1.28s
      Running target/debug/deps/sequences-f931e7184f2b4f3d

running 3 tests
test tests::exploring_arrays ... ok
test tests::exploring_tuples ... ok
test tests::exploring_vec ... ok

test result: ok. 3 passed; 0 failed; 0 ignored; 0 measured; 0 filtered out

   Doc-tests sequences

running 0 tests

test result: ok. 0 passed; 0 failed; 0 ignored; 0 measured; 0 filtered out
```

下面来分析原理从而更好地理解代码。

1.10.2 工作原理

序列类型是复合类型，会分配一个连续的内存部分从而能更快更容易地访问。Vec<T> 创建了一个简单的"堆上分配"的数组，它会动态扩展（和收缩）（步骤 4）。

原来的数组（步骤 2）在栈上分配内存，在编译时必须已知大小，这是使用这种数组的一个重要因素。不论是栈上分配还是堆上分配的数组，都能使用切片迭代处理和查看（https://doc.rust-lang.org/book/ch04-03-slices.html）。

元组（步骤 3）则完全不同，因为它们不支持切片，更应算是一组有某种语义关系的变量，如二维空间中的一个点。另一个用例是可以向函数调用者返回多个变量，而不必使用一个额外的结构体或滥用一个集合类型。

Rust 中的序列很特殊，因为它们产生的开销很小。Vec<T> 的大小有 3 部分，包括一个指针的大小（指向堆上的一个 n * size of T 内存）、所分配内存的大小以及具体使用了多少内存。对于数组，容量为当前大小（编译器会在编译时填入）。在某种程度上，元组是 3 个不同变量上的语法糖。这三种类型分别提供了便利函数来改变内容（另外对于 Vec<T>，还可以改变集合的大小)。建议你仔细查看这些测试和相应的注释,更多地了解每一种类型。

我们已经介绍了 Rust 中序列的基础知识,现在来看下一个技巧。

1.11 调试 Rust

众所周知,Rust 中的调试是一个很难的内容,不过,与 Visual Studio 调试或 Java 领域 IntelliJ IDEA 的调试(https://www.jetbrains.com/idea/)功能相比,就显得微不足道了。但如今,调试功能绝不仅仅是简单的 **println!** 语句。

1.11.1 准备工作

可以通过 Visual Studio Code 中一个额外的扩展来调试 Rust。在命令行窗口(*Ctrl*+*P*/ *cmd*+*P*)通过运行 **ext install vadimcn.vscode-lldb** 来安装这个扩展。

> 在 Windows 上,调试功能很有限,这是因为它没有提供完备的 LLVM 支持。不过,这个扩展会提示你自动安装很多东西。另外,要安装 **Python 3.6** 并把它增加到 **%PATH%**。安装了这些依赖库之后,对我们来说就能正常工作了(当前时间是 2019 年 3 月)。

有关的更多内容请参见 https://github.com/vadimcn/vscode-lldb/wiki/Setup。

1.11.2 实现过程

对于这个技巧,要执行以下步骤:

(1)创建一个要调试的新的二进制项目:**cargo new debug-me**。在加载了这个新扩展的 Visual Studio Code 中打开这个项目。

(2)做其他工作之前,Visual Studio Code 需要一个启动配置来识别 Rust 的 LLVM 输出。首先,创建这个启动配置;为此,在项目目录中增加一个 **.vscode** 目录,其中包含一个 **launch.json** 文件。这可能会自动生成,所以要确保 **launch.json** 包含以下内容:

```
{
    "version": "0.2.0",
    "configurations": [
        {
            "type": "lldb",
            "request": "launch",
```

```
            "name": "Debug executable 'debug-me'",
            "cargo": {
                "args": [
                    "build",
                    "--bin=debug-me",
                    "--package=debug-me"
                ],
                "filter": {
                    "kind": "bin"
                }
            },
            "args": [],
            "cwd": "${workspaceFolder}"
        },
        {
            "type": "lldb",
            "request": "launch",
            "name": "Debug unit tests in executable 'debug-me'",
            "cargo": {
                "args": [
                    "test",
                    "--no-run",
                    "--bin=debug-me",
                    "--package=debug-me"
                ],
                "filter": {
                    "kind": "bin"
                }
            },
            "args": [],
            "cwd": "${workspaceFolder}"
        }
    ]
}
```

（3）下面打开 **src/main.rs**，并增加一些要调试的代码：

```rust
struct MyStruct {
    prop: usize,
}

struct Point(f32, f32);

fn main() {
    let a = 42;
    let b = vec![0, 0, 0, 100];
    let c = [1, 2, 3, 4, 5];
    let d = 0x5ff;
    let e = MyStruct{ prop: 10 };
    let p = Point(3.14, 3.14);

    println!("Hello, world!");
}
```

（4）保存并在 VS Code 的用户界面增加一个断点。点击行号左边，那里会显示一个红点。以下就是一个断点，如图 1-7 所示。

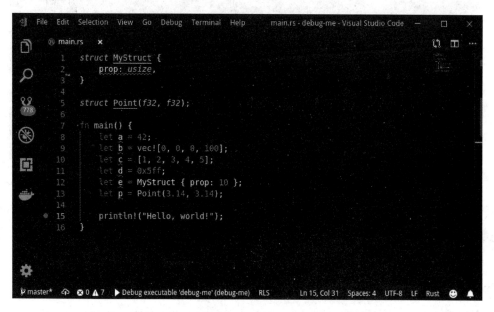

图 1-7　用户界面

（5）设置了断点后，我们希望程序暂停在那里，以便我们查看当前内存布局，也就是说，这个特定时间点各个变量的状态。用 F5（或者选择 Debug｜Start Debugging）运行调试启动配置。窗口配置会稍有变化，窗口左边的一个面板会显示局部变量（以及其他一些内容），如图 1-8 所示。

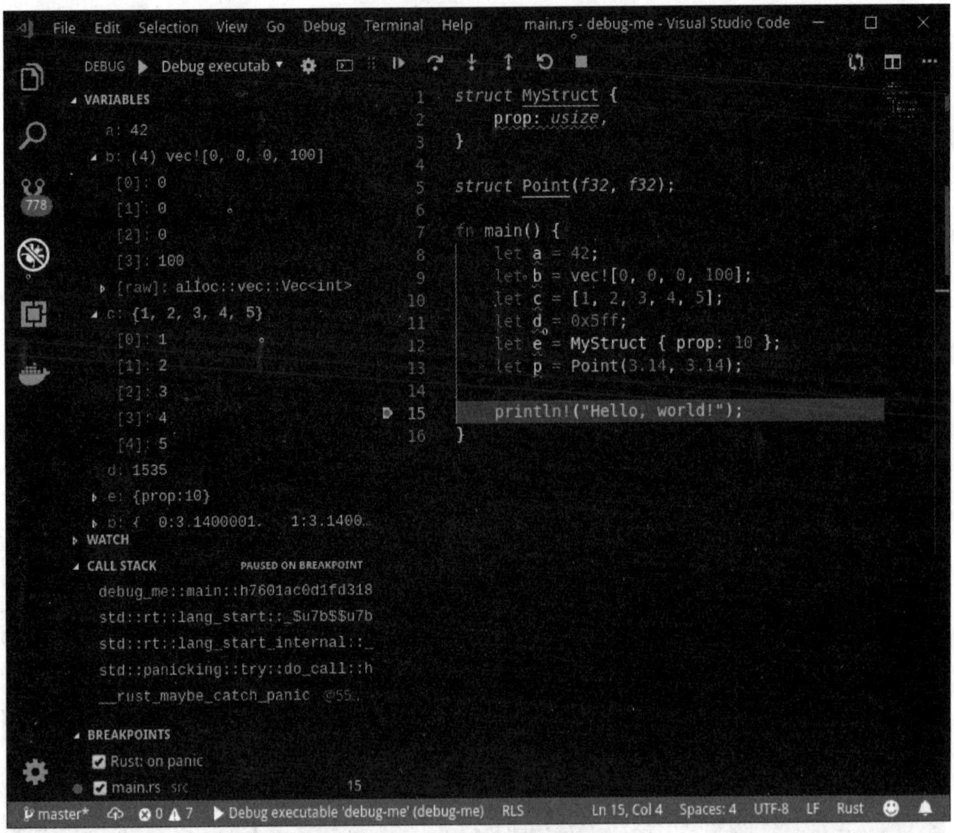

图 1-8　窗口显示

（6）使用上面的小控制面板可以控制执行流，并观察左边栈和内存的相应变化。另外要注意数组和（堆上分配的）向量之间的区别！

下面来分析原理从而更好地理解代码。

1.11.3　工作原理

Rust 建立在 LLVM 编译器工具包之上，这个工具包提供了一系列开箱即用的特性。编译一个 Rust 程序时，只是被翻译成一种中间语言，LLVM 编译器再由这种语言创建原生字节码。

这也是这种情况下能进行调试的原因：它建立在LLVM调试符号之上。尽管显然缺乏现代IDE的便利性，但确实向前迈出了一大步，并允许用户检查类型。这些工具的未来发展也有望改善这种情况。目前，通用调试器GDB（https://www.gnu.org/software/gdb/）会处理将调试符号编译到程序的大多数情况。步骤2中可以看到连接调试器与IDE中代码的配置，通过在步骤4中设置断点，它可以跟踪代码行与输出之间的关系。由于默认设置为完成调试编译，调试器会停在这一点。虽然（在用户体验方面）并不完美，但它的能力是很强大的。

即使像这样简单地连接到一个（用户体验方面）很基本的调试器，也可以为开发人员带来很大的好处，与使用 **println**！()语句检查变量的当前值相比，已经前进了一大步。

希望你能够在这本书其余部分使用调试器的功能。有了这些知识，现在可以进入下一章了。

第 2 章　高级 Rust 进阶

毫无疑问，对如饥似渴的学习者来说，Rust 语言很有难度。不过，如果你已经读到这里，说明你已经比大多数人都走得更远，已经投入了时间来有所提高。Rust 语言要求你以新的思路考虑内存，这一点以及 Rust 语言本身会引入新的概念，相应地改变你的编程习惯。Rust 不一定提供新的工具来完成工作，而是通过借用和所有权规则帮助我们更多地关注作用域、生命周期和适当地释放内存，而不考虑语言。因此，下面将更深入地了解 Rust 中更高级的概念，来完善对这个语言的理解，包括何时、为什么以及如何应用以下概念：

- 用枚举创建有意义的数。
- 没有 null。
- 使用模式匹配的复杂条件。
- 实现自定义迭代器。
- 高效地过滤和转换序列。
- 以 unsafe 方式读取内存。
- 共享所有权。
- 共享可变所有权。
- 有显式生命周期的引用。
- 用 trait 绑定强制行为。
- 使用泛型数据类型。

2.1　用枚举创建有意义的数

枚举（Enum，enumeration 的简写）是众所周知的一个编程构造，很多语言都有枚举。这些类型的特例允许将一个数字映射到一个名。这可以用来将常量与一个名绑定，允许我们将值声明为变体（variant）。例如，pi 和欧拉数就可以作为枚举 **MathConstants** 的变体。Rust 也不例外，不过它走得更远。并不只是依赖于命名数字，Rust 还允许 enum 具有其他 Rust 类型同样的灵活性。我们来看看这在实践中意味着什么。

2.1.1　实现过程

完成以下步骤来研究 enum：

（1）用 **cargo new enums - - lib** 创建一个新项目，并在 Visual Studio Code 或你选择的任何 IDE 中打开这个文件夹。

（2）打开 **src/lib.rs** 并声明一个包含一些数据的枚举（enum）：

```rust
use std::io;

pub enum ApplicationError {
    Code { full: usize, short: u16 },
    Message(String),
    IOWrapper(io::Error),
    Unknown
}
```

（3）除了这个声明，我们还要实现一个简单的函数：

```rust
impl ApplicationError {
    pub fn print_kind(&self, mut to: &mut impl io::Write) -> io::Result<()> {
        let kind = match self {
            ApplicationError::Code { full: _, short: _ } => "Code",
            ApplicationError::Unknown => "Unknown",
            ApplicationError::IOWrapper(_) => "IOWrapper",
            ApplicationError::Message(_) => "Message"
        };
        write!(&mut to, "{}", kind)?;
        Ok(())
    }
}
```

（4）现在，还需要对这个 enum 做些处理，下面来实现一个名为 **do_work** 的哑函数：

```rust
pub fn do_work(choice: i32) -> Result<(), ApplicationError> {
    if choice < -100 {
        Err(ApplicationError::IOWrapper(io::Error::
            from(io::ErrorKind::Other
    )))
    } else if choice == 42 {
        Err(ApplicationError::Code { full: choice as usize, short:
        (choice % u16::max_value() as i32) as u16 })
```

```rust
    } else if choice > 42 {
        Err(ApplicationError::Message(
            format!("{} lead to a terrible error", choice)
        ))
    } else {
        Err(ApplicationError::Unknown)
    }
}
```

（5）没经过测试的都不可靠！下面增加一些测试来展示 enum 强大的匹配能力，首先来看 **do_work()** 函数：

```rust
#[cfg(test)]
mod tests {
    use super::{ApplicationError, do_work};
    use std::io;

    #[test]
    fn test_do_work() {
        let choice = 10;
        if let Err(error) = do_work(choice) {
            match error {
                ApplicationError::Code { full: code, short: _ } =>
                    assert_eq!(choice as usize, code),
                //the following arm matches both variants (OR)
                ApplicationError::Unknown |
                ApplicationError::IOWrapper(_) => assert!(choice < 42),
                ApplicationError::Message(msg) =>
                    assert_eq!(format!
                        ("{} lead to a terrible error", choice), msg)
            }
        }
    }
}
```

对于 **get_kind()** 函数也需要一个测试：

```rust
#[test]
fn test_application_error_get_kind() {
```

```rust
        let mut target = vec![];
        let _ = ApplicationError::Code { full: 100, short: 100
        }.print_kind(&mut target);
        assert_eq!(String::from_utf8(target).unwrap(),
        "Code".to_string());
        let mut target = vec![];
        let _ = ApplicationError::Message("0".to_string()).
        print_kind(&mut target);
        assert_eq!(String::from_utf8(target).unwrap(),
        "Message".to_string());
        let mut target = vec![];
        let _ = ApplicationError::Unknown.print_kind(&mut target);
        assert_eq!(String::from_utf8(target).unwrap(),
        "Unknown".to_string());
        let mut target = vec![];
        let error = io::Error::from(io::ErrorKind::WriteZero);
        let _ = ApplicationError::IOWrapper(error).print_kind(&mut
        target);
        assert_eq!(String::from_utf8(target).unwrap(),
        "IOWrapper".to_string());
    }
}
```

(6) 在项目的根目录调用 **cargo test**，可以观察到以下输出：

```
$ cargo test
    Compiling enums v0.1.0 (Rust-Cookbook/Chapter02/enums)
     Finished dev [unoptimized + debuginfo] target(s) in 0.61s
      Running target/debug/deps/enums-af52cbd5cd8d54cb

running 2 tests
test tests::test_do_work ... ok
test tests::test_application_error_get_kind ... ok

test result: ok. 2 passed; 0 failed; 0 ignored; 0 measured; 0 filtered out

Doc-tests enums
```

running 0 tests

test result: ok. 0 passed; 0 failed; 0 ignored; 0 measured; 0 filtered out

下面来看 enum 的工作原理。

2.1.2 工作原理

与所有语言中一样，Rust 中的枚举（enum）可以封装多个选择。不过，它们在很多方面表现得与常规结构很相似：

- 它们可以有 trait 和函数的 **impl** 块。
- 匿名和命名属性可以有不同的值。

这些方面使它们非常适合表示各种选择，比如配置值、标志、常量或包装错误（步骤 2 中就声明了一个包装错误）。其他语言中的枚举通常会把一个名映射到你选择的一个数值，不过 Rust 更进了一步。Rust 的 enum 可以有任何值，而不仅仅是数值，甚至可以有命名属性。来看步骤 2 中的定义：

```
pub enumApplicationError {
    Code { full: usize, short: u16 },
    Message(String),
    IOWrapper(io::Error),
    Unknown
}
```

ApplicationError :: Code 有两个属性，一个名为 **full**，另一个名为 **short**，就像所有其他 **struct** 实例一样，它们都是可赋值的。第 2 个和第 3 个变体 **Message** 和 **IOWrapper** 则完全封装了另外的类型实例，一个封装了 **String**，另一个封装了 **std :: io :: Error**，这与元组类似。

由于还能用在匹配子句中，这使得这些构造很有用，特别是对于很大的代码基，其中可读性会非常重要。步骤 3 中就能看到这样一个例子，这里我们为 enum 类型实现了一个函数。这个函数将显式的 enum 实例映射到字符串以便于打印。

步骤 4 实现了一个辅助函数，为我们提供可以使用的不同类型的错误和值，这是步骤 5 需要的。在步骤 5 中，我们创建了这些函数的两个扩展测试。其中，我们使用了 **match** 子句（本章后面的一个技巧中还会讨论）从这些错误中提取值，并在一个分支上匹配多个 enum 变体。另外，我们还创建了一个测试来显示 **print_kind()** 函数能正常工作，这里使用了一个 **Vec** 作为流（因为它实现了 **Write** trait）。

我们已经了解了如何用枚举（enum）创建有意义的数。现在来看下一个技巧。

2.2 没有 null

函数式语言通常没有 **null** 的概念，原因很简单：这往往是一个特殊情况。如果严格遵循函数式原则，每个输入都必须有一个可用的输出，不过 null 是什么？这是一个错误吗？或者可能属于正常的操作参数，不过它是一个负面结果吗？

作为一个遗留特性，从 C/C++ 就已经有 null，那时指针确实可以指示（非法）地址 **0**。不过，很多新语言都努力避免这个概念。Rust 就没有 null，而是用 **Option** 类型将"没有返回值"表示为一种正常的情况。错误情况由 **Result** 类型表示，这个内容我们会专门用一整章（第 5 章 处理错误和其他结果）来介绍。

2.2.1 实现过程

由于我们要研究一个内置库特性，下面将创建多个测试来全面覆盖：

（1）用 **cargo new not-null - - lib** 创建一个新项目，并使用 Visual Studio Code 打开这个项目文件夹。

（2）首先，来看 **unwrap()** 要做什么，并把 **src/lib.rs** 中的默认测试替换为以下代码：

```
#[test]
#[should_panic]
fn option_unwrap() {
    //Options to unwrap Options
    assert_eq!(Some(10).unwrap(), 10);
    assert_eq!(None.unwrap_or(10), 10);
    assert_eq!(None.unwrap_or_else(|| 5 * 2), 10);
    Option::<i32>::None.unwrap();
    Option::<i32>::None.expect("Better say something when
    panicking");
}
```

（3）**Option** 也会包装值，有时取出值会很复杂（或者至少有些冗长）。以下是取出值的几种方法：

```
#[test]
fn option_working_with_values() {
    let mut o = Some(42);

    let nr = o.take();
```

```rust
    assert!(o.is_none());
    assert_eq!(nr, Some(42));

    let mut o = Some(42);
    assert_eq!(o.replace(1535), Some(42));
    assert_eq!(o, Some(1535));

    let o = Some(1535);
    assert_eq!(o.map(|v| format!("{:#x}", v)),
        Some("0x5ff".to_owned()));

    let o = Some(1535);
    match o.ok_or("Nope") {
        Ok(nr) => assert_eq!(nr, 1535),
        Err(_) => assert!(false)
    }
}
```

（4）由于源自函数式语言（在函数式语言中，处理单个值还是一个集合通常并不重要），**Option** 在某些方面也表现得像是一个集合：

```rust
#[test]
fn option_sequentials() {
    let a = Some(42);
    let b = Some(1535);
    //boolean logic with options. Note the returned values
    assert_eq!(a.and(b), Some(1535));
    assert_eq!(a.and(Option::<i32>::None), None);
    assert_eq!(a.or(None), Some(42));
    assert_eq!(a.or(b), Some(42));
    assert_eq!(None.or(a), Some(42));
    let new_a = a.and_then(|v| Some(v + 100))
                 .filter(|&v| v != 42);
    assert_eq!(new_a, Some(142));
    let mut a_iter = new_a.iter();
    assert_eq!(a_iter.next(), Some(&142));
    assert_eq!(a_iter.next(), None);
}
```

(5) 最后，在 **Option** 上使用 **match** 子句很流行，通常也是必要的：

```rust
#[test]
fn option_pattern_matching() {
    //Some trivial pattern matching since this is common
    match Some(100) {
        Some(v) => assert_eq!(v, 100),
        None => assert!(false)
    };

    if let Some(v) = Some(42) {
        assert_eq!(v, 42);
    }
    else {
        assert!(false);
    }
}
```

(6) 要看实际运行情况，还要运行 **cargo test**：

```
$ cargo test
    Compiling not-null v0.1.0 (Rust-Cookbook/Chapter02/not-null)
     Finished dev [unoptimized + debuginfo] target(s) in 0.58s
      Running target/debug/deps/not_null-ed3a746487e7e3fc

running 4 tests
test tests::option_pattern_matching ... ok
test tests::option_sequentials ... ok
test tests::option_unwrap ... ok
test tests::option_working_with_values ... ok

test result: ok. 4 passed; 0 failed; 0 ignored; 0 measured; 0 filtered out

   Doc-tests not-null

running 0 tests

test result: ok. 0 passed; 0 failed; 0 ignored; 0 measured; 0 filtered out
```

下面来分析原理从而更好地理解代码。

2.2.2 工作原理

Option 是一个枚举（enum），最开始这可能让我们有些惊讶。尽管这会保证很好的 **match** 兼容性，但在其他方面，enum 表现得很像结构体（struct）。在步骤 2 中，我们看到这不只是一个常规的 enum，而是一个有类型的 enum，这要求我们还要为 **None** 增加一个类型声明。步骤 2 还展示了一些方法来说明如何从 **Option** 类型取出值，包括有和没有恐慌（panic）两种情况。**unwrap()** 是一个常见的选择，不过如果遇到 **None**，它提供的一些变体不会中止线程。

unwrap() 总是很危险，应该只在非生产代码中使用。它会引发 panic，这会让整个程序突然意外中止，甚至没有为你留下适当的错误消息。如果所要的结果就是停止程序，**expect()** 会是一个更好的选择，因为它允许你增加一个简单的消息。正是因为这个原因，我们为这个单元测试增加了 #［should_panic］属性，从而能证明它确实会发生 panic（否则测试会失败）。

步骤 3 显示了一些非侵入式方法来解包（*unwrap*）**Option** 的值。特别是由于 **unwrap()** 返回所拥有的值时会破坏 **Option** 本身，如果 **Option** 保持为一个数据结构的一部分，只是临时包含一个值，其他方法可能更有用。**take()** 就是为这些情况设计的，它把值替换为 **None**，这类似于 **replace()** ［不过 **replace()** 会替换为指定的替换值］。另外，还有一个 **map()**，这允许你直接处理值（如果有），并忽略通常的 **if-then** 或 **match** 构造，这会使代码更冗长（参考步骤 5）。

步骤 4 展示了一种有意思的中间做法：**Option** 可以类似于布尔类型用来完成逻辑操作，这与 Python 类似，其中 AND/OR 操作分别会返回一个特定的操作数（https://docs.python.org/3/reference/expressions.html#booleanoperations）。最后（但并不是不重要），还可以使用一个迭代器将 **Option** 作为集合来处理。

Rust 的 **Option** 用途非常广泛，通过查看文档（https://doc.rustlang.org/std/option/index.html），你会发现很多不同的方法可以动态转换值，而不需要使用 **if**、**let** 和 **match** 等烦琐的卫哨子句。

我们已经了解了 Rust 中没有 null，现在来看下一个技巧。

2.3 使用模式匹配的复杂条件

如前一个技巧所示，模式匹配对于枚举非常有用。不过，还不只如此！模式匹配是一种源自函数式语言的构造，会缩减条件分支中的很多选择，当然也会减少通常跟在后面的 **struct**

属性赋值。这些步骤可以一次执行，会减少屏幕上的代码量，而创建类似于高阶 **switch-case** 语句的代码。

2.3.1 实现过程

完成以下步骤来更多地了解模式匹配：

（1）使用 **cargo new pattern-matching** 创建一个新的二进制项目。这一次，我们要运行一个真正的可执行文件！同样地，使用 Visual Studio Code 或另一个编辑器打开这个项目。

（2）下面检查字面量匹配。与其他语言中的 **switch-case** 语句类似，每个匹配分支也可以匹配字面量：

```
fn literal_match(choice: usize) -> String {
    match choice {
        0 | 1 => "zero or one".to_owned(),
        2...9 => "two to nine".to_owned(),
        10 => "ten".to_owned(),
        _ => "anything else".to_owned()
    }
}
```

（3）不过，模式匹配很强大，它能做的远不只这些。例如，可以提取出元组元素，并有选择地匹配：

```
fn tuple_match(choices: (i32, i32, i32, i32)) -> String {
    match choices {
        (_, second, _, fourth) => format!("Numbers at positions 1 and 3 are {} and {} respectively", second, fourth)
    }
}
```

（4）解构（**Destructuring**，即把一个 **struct** 的属性移出到其单独的变量中）是结合 struct 和 enum 使用的一个强大功能。首先，这会帮助在一个匹配分支中为多个变量赋值，将这些变量赋值为收到的 struct 实例的属性值。下面来定义一些 struct 和 enum：

```
enum Background {
    Color(u8, u8, u8),
    Image(&'static str),
}
```

```rust
enum UserType {
    Casual,
    Power
}

struct MyApp {
    theme: Background,
    user_type: UserType,
    secret_user_id: usize
}
```

然后，可以在一个解构匹配中匹配各个属性。这也适用于 enum，不过，要确保覆盖所有可能的变体；编译器会注意这一点（或使用特殊的 _ 来匹配所有变体）。匹配也是从上到下进行，因此将执行最先应用的规则。下面的代码段会匹配我们刚才定义的 struct 的属性。如果检测到某个特定的用户类型和主题，则匹配并为变量赋值：

```rust
fn destructuring_match(app: MyApp) -> String {
    match app {
        MyApp{ user_type: UserType::Power,
               secret_user_id: uid,
               theme: Background::Color(b1, b2, b3) } =>
            format!("A power user with id >{}< and color background
            (#{:02x}{:02x}{:02x})", uid, b1, b2, b3),
        MyApp{ user_type: UserType::Power,
               secret_user_id: uid,
               theme: Background::Image(path) } =>
            format!("A power user with id >{}< and image background
            (path: {})", uid, path),
        MyApp{ user_type: _, secret_user_id: uid, .. } => format!
            ("A regular user with id >{}<, individual backgrounds not
            supported", uid),
    }
}
```

（5）除了强大的常规匹配，卫哨（guard）还可以强制某些条件。与解构类似，我们可以增加更多约束：

```rust
fn guarded_match(app: MyApp) -> String {
    match app {
```

```
MyApp{ secret_user_id: uid, .. } if uid <= 100 => "You are
an early bird!".to_owned(),
MyApp { .. } => "Thank you for also joining".to_owned()
    }
}
```

（6）到目前为止，我们还没有太多地提到借用和所有权。不过，目前 **match** 子句已经取得所有权，并转移到匹配分支的作用域（=>后面的部分），除非将其返回，这意味着外部作用域不能用它做任何其他工作。为了补救，也可以匹配引用：

```
fn reference_match(m: &Option<&str>) -> String {
    match m {
        Some(ref s) => s.to_string(),
        _ => "Nothing".to_string()
    }
}
```

（7）为了构成闭环，我们来匹配一个特定类型的字面量：字符串字面量。由于它们在堆上分配，所以这与 **i32** 或 **usize** 等类型显著不同。不过，从语法上讲，它们看起来与其他匹配形式没有不同：

```
fn literal_str_match(choice: &str) -> String {
    match choice {
        " " => "Power lifting".to_owned(),
        " " => "Football".to_owned(),
        " " => "BJJ".to_owned(),
        _ => "Competitive BBQ".to_owned()
    }
}
```

（8）下面把所有这些汇总起来，建立一个 **main** 函数，它要调用各个函数并提供适当的参数。首先打印几个比较简单的匹配：

```
pub fn main() {
    let opt = Some(42);
    match opt {
        Some(nr) => println!("Got {}", nr),
        _ => println!("Found None")
    }
```

```rust
    println!();
    println!("Literal match for 0: {}", literal_match(0));
    println!("Literal match for 10: {}", literal_match(10));
    println!("Literal match for 100: {}", literal_match(100));

    println!();
    println!("Literal match for 0: {}", tuple_match((0, 10, 0, 100)));
    println!();
    let mystr = Some("Hello");
    println!("Matching on a reference: {}", reference_match(&mystr));
    println!("It's still owned here: {:?}", mystr);
```

接下来,还可以打印解构的匹配:

```rust
println!();
let power = MyApp {
    secret_user_id: 99,
    theme: Background::Color(255, 255, 0),
    user_type: UserType::Power
};
println!("Destructuring a power user: {}", destructuring_match(power));
let casual = MyApp {
    secret_user_id: 10,
    theme: Background::Image("my/fav/image.png"),
    user_type: UserType::Casual
};
println!("Destructuring a casual user: {}", destructuring_match(casual));

let power2 = MyApp {
    secret_user_id: 150,
    theme: Background::Image("a/great/landscape.png"),
    user_type: UserType::Power
};
println!("Destructuring another power user: {}",
```

```rust
destructuring_match(power2));
```

最后,来看卫哨和对 UTF 符号的字面量字符串匹配:

```rust
println!();
let early = MyApp {
    secret_user_id: 4,
    theme: Background::Color(255, 255, 0),
    user_type: UserType::Power
};
println!("Guarded matching (early): {}", guarded_match(early));

let not_so_early = MyApp {
    secret_user_id: 1003942,
    theme: Background::Color(255, 255, 0),
    user_type: UserType::Power
};
println!("Guarded matching (late): {}",
guarded_match(not_so_early));
println!();

println!("Literal match for : {}", literal_str_match(" "));
println!("Literal match for : {}", literal_str_match(" "));
println!("Literal match for : {}", literal_str_match(" "));
println!("Literal match for : {}", literal_str_match(" "));
}
```

(9)最后一步仍然是运行程序,由于这不是一个库项目,结果会打印在命令行上。可以任意改变 **main** 函数中的任何变量,看看会对输出有什么影响。输出应当如下所示:

```
$ cargo run
    Compiling pattern-matching v0.1.0 (Rust-
Cookbook/Chapter02/pattern-matching)
     Finished dev [unoptimized + debuginfo] target(s) in 0.43s
      Running 'target/debug/pattern-matching'
Got 42

Literal match for 0: zero or one
Literal match for 10: ten
Literal match for 100: anything else
```

Literal match for 0: Numbers at positions 1 and 3 are 10 and 100 respectively

Matching on a reference: Hello
It's still owned here: Some("Hello")

Destructuring a power user: A power user with id >99< and color background (#ffff00)
Destructuring a casual user: A regular user with id >10<, individual backgrounds not supported
Destructuring another power user: A power user with id >150< and image background (path: a/great/landscape.png)
Guarded matching (early): You are an early bird!
Guarded matching (late): Thank you for also joining

Literal match for : BJJ
Literal match for : Football
Literal match for : Power lifting
Literal match for : Competitive BBQ

下面来分析原理从而更好地了解代码。

2.3.2　工作原理

　　自从在 Scala 编程语言中见到模式匹配，我们就爱上了它的简单性。作为函数式编程的主要支柱，这个技术提供了一种快捷方法，可以采用多种方式转换值，而不会牺牲 Rust 的类型安全性。

　　步骤 2 和步骤 7 中的字面量匹配是减少 if-else 链的一个好办法。不过，最常见的匹配可能还是解包 **Result** 或 **Option** 类型来提取封装的值。尽管只有使用 | 符号才可能完成多个匹配，不过有一些特殊的操作符可以匹配特定的变体：... 表示一个区间或范围，而 .. 表示跳过结构体的其余成员。_ 几乎总是一个通配符，用于忽略某个特定内容，作为一个 match 子句，这是"兜底的"默认分支，应该放在最后。在步骤 3 中，我们完成了大量元组解包，这里通过使用 _ 替代变量名跳过了一些匹配。

　　采用类似的方式，使用 **match** 子句时，步骤 4 设置并使用 Rust 的机制来匹配类型内部的属性（也称为解构）。这个特性支持嵌套，允许我们从一个复杂的结构体实例中提取值和子结构体。真的很棒！

　　不过，通常不是在类型上完成匹配，然后只在匹配分支中处理解包的值。实际上，要处理类型中的可取值，一种更好的方法是列出匹配条件。正是由于这个原因，Rust 的 **match** 子句支持卫哨（guard）。步骤 5 展示卫哨的功能。

然后，步骤 8 和步骤 9 展示了如何使用前面实现的 **match** 函数。强烈建议你自己做一些实验，看看有什么变化。有类型的匹配支持复杂的架构，而不需要冗长的卫哨或变通方案，这正是我们想要的！

我们已经了解了使用模式匹配的复杂条件。现在来看下一个技巧。

2.4 实现自定义迭代器

一个优秀语言的真正强大之处在于，它会提供某种方式允许程序员集成标准库和一般生态系统中提供的类型。迭代器模式就是这样一种方式：这是 Gang of Four（GoF）在他们的《设计模式》（Addison-Wesley Professional，1994 年）一书中定义的一个模式，迭代器是对集合中移动的一个指针的封装。Rust 在 **Iterator** trait 上提供了大量实现。下面来看如何仅用几行代码就能利用这个强大功能。

2.4.1 准备工作

我们将为之前一个技巧中构建的链表建立一个迭代器。推荐使用 **Chapter01/testing** 项目，或者也可以与我们一起完成这个迭代器的构造。如果你很忙，没有足够的时间，可以在 **Chapter02/custom-iterators** 中找到完整的解决方案。这些路径都是指本书 GitHub 存储库（https://github.com/PacktPublishing/Rust-Programming-Cookbook）中的路径。

2.4.2 实现过程

迭代器通常有单独的结构体，由于可以有不同的类型（例如，用于返回引用而不是所拥有的值），从架构来讲它们也是很好的选择：

（1）下面为 **List<T>** 的迭代器创建结构体：

```
pub struct ConsumingListIterator<T>
where
    T: Clone + Sized,
{
    list: List<T>,
}

impl<T>ConsumingListIterator<T>
where
```

```
    T: Clone + Sized,
{
    fn new(list: List<T>) -> ConsumingListIterator<T> {
        ConsumingListIterator{ list: list }
    }
}
```

(2) 到目前为止,这只是一个常规的 **struct**,还缺少迭代器应有的所有特点。迭代器的典型特点是 **next()** 函数,这会让内部指针向前推进,并返回刚移过的那个值。按照一般的 Rust 方式,所返回的值会包装在一个 **Option** 中,一旦集合的元素处理完,这会变成 **None**。下面实现 **Iterator** trait 来得到所有这些特性:

```
impl<T> Iterator for ConsumingListIterator<T>
where
    T: Clone + Sized,
{
    type Item = T;

    fn next(&mut self) -> Option<T> {
        self.list.pop_front()
    }
}
```

(3) 目前,我们可以实例化 **ConsumingListIterator** 并为它传入我们自己的 **List** 实例,它能很好地工作。不过,这与无缝集成还差得很远! Rust 标准库提供了另外一个 trait 来实现 **IntoIterator**。通过实现这个 trait 的函数,**for** 循环会知道要做什么,它看起来就像任何其他集合一样,而且可以很容易地更换:

```
impl<T> IntoIterator for List<T>
where
    T: Clone + Sized,
{
    type Item = T;
    type IntoIter = ConsumingListIterator<Self::Item>;

    fn into_iter(self) -> Self::IntoIter {
        ConsumingListIterator::new(self)
    }
}
```

(4) 最后,我们需要写一个测试来证明一切正常。把下面的测试增加到现有的测试套件:

```rust
fn new_list(n: usize, value: Option<usize>) -> List<usize>{
    let mut list = List::new_empty();
    for i in 1..=n {
        if let Some(v) = value {
            list.append(v);
        } else {
            list.append(i);
        }
    }
    return list;
}

#[test]
fn test_list_iterator() {
    let list = new_list(4, None);
    assert_eq!(list.length, 4);

    let mut iter = list.into_iter();
    assert_eq!(iter.next(), Some(1));
    assert_eq!(iter.next(), Some(2));
    assert_eq!(iter.next(), Some(3));
    assert_eq!(iter.next(), Some(4));
    assert_eq!(iter.next(), None);

    let list = new_list(4, Some(1));
    assert_eq!(list.length, 4);

    for item in list {
        assert_eq!(item, 1);
    }

    let list = new_list(4, Some(1));
    assert_eq!(list.length, 4);
    assert_eq!(list.into_iter().fold(0, |s, e| s + e), 4);
}
```

(5) 运行这些测试会显示集成的情况。从 **cargo test** 命令的输出可以看到:

```
$ cargo test
    Finished dev [unoptimized + debuginfo] target(s) in 0.02s
     Running target/debug/deps/custom_iterators-77e564edad00bd16

running 7 tests
test tests::bench_list_append ... ok
test tests::test_list_append ... ok
test tests::test_list_new_empty ... ok
test tests::test_list_split ... ok
test tests::test_list_iterator ... ok
test tests::test_list_split_panics ... ok
test tests::test_list_pop_front ... ok

test result: ok. 7 passed; 0 failed; 0 ignored; 0 measured; 0 filtered out

   Doc-tests custom-iterators

running 5 tests
test src/lib.rs - List (line 52) ... ignored
test src/lib.rs - List<T>::append (line 107) ... ok
test src/lib.rs - List<T>::new_empty (line 80) ... ok
test src/lib.rs - List<T>::pop_front (line 134) ... ok
test src/lib.rs - List<T>::split (line 173) ... ok

test result: ok. 4 passed; 0 failed; 1 ignored; 0 measured; 0 filtered out
```

下一节将更深入地分析在底层发生了什么!

2.4.3 工作原理

迭代器是为自定义数据结构提供高级功能的好方法。由于它们有简单统一的接口,所以还可以很容易地切换集合类型,程序员无需熟悉每个数据结构的新 API。

通过在步骤 1 和步骤 2 中实现 **Iterator** trait,可以很容易地为集合元素提供所需级别的访问。在这个技巧中(而且类似于 **Vec<T>**),它将消费整个列表并从最前面开始逐个删除元素。

在步骤 3 中,我们实现了 **IntoIterator**,这个 trait 使得 **for** 循环和调用 **into_iter()** 的其他用户可以使用这个构造。并不是每一个集合都实现这个 trait 来提供多个不同的迭代器,例如，**Vec<T>** 的第二个迭代器是基于引用的，只能通过类型的 **iter()** 函数访问。顺便说一句，引用是一个数据类型，就像具体实例一样，所以这种情况下就是要建立类型定义。这些定义在有 **type Item** 声明的 trait 实现中建立（即所谓的关联类型（**associated types**）：https://doc.rust-lang.org/rust-by-example/generics/assoc_items/types.html）。这些类型被称为关联类型，可以使用 **Self::Item** 引用，这类似于泛型，但没有增加冗长的语法。

有了这些接口，就能访问大量只认为有一个工作迭代器的函数！查看步骤 4 和步骤 5，可以看到在一个新创建的列表类型上使用迭代器的实现和结果。

我们已经了解了如何实现自定义迭代器。现在来看下一个技巧。

2.5 高效地过滤和转换序列

在上一个技巧中，我们讨论了实现自定义迭代器，现在该使用它们提供的函数了。迭代器可以一趟完成变换、过滤、归约或者只是转换底层元素，所以非常高效。

2.5.1 准备工作

首先，使用 cargo new iteration - - lib 创建一个新项目，并在项目目录中新创建的 **Cargo.toml** 文件中增加以下依赖项：

```
[dev-dependencies]
rand = "^0.5"
```

这会为项目增加 **rand**（https://github.com/rust-random/rand）crate 的一个依赖项，第一次运行 **cargo test** 时会安装 **rand**。在 Visual Studio Code 中打开整个项目（或 **src/lib.rs** 文件）。

2.5.2 实现过程

只需要 4 个简单的步骤，我们就能在 Rust 中过滤和变换集合：

(1) 要使用一个迭代器，首先必须获得迭代器！下面就来得到迭代器，并实现一个测试，快速显示迭代器在一个常规 Rust 的 **Vec<T>** 上如何工作：

```
#[test]
fn getting_the_iterator() {
    let v = vec![10, 10, 10];
    let mut iter = v.iter();
    assert_eq!(iter.next(), Some(&10));
```

```rust
    assert_eq!(iter.next(), Some(&10));
    assert_eq!(iter.next(), Some(&10));
    assert_eq!(iter.next(), None);

    for i in v {
        assert_eq!(i, 10);
    }
}
```

（2）增加了一个测试后，下面来进一步研究迭代器函数的概念。这些函数是可组合的，允许你在一个迭代中完成多个步骤（可以把这想成是为一个 **for** 循环增加多个操作）。另外，结果的类型可能与最初的类型完全不同！下面是为项目增加的另一个测试，会完成一些数据变换：

```rust
fn count_files(path: &String) -> usize {
    path.len()
}

#[test]
fn data_transformations() {
    let v = vec![10, 10, 10];
    let hexed = v.iter().map(|i| format!("{:x}", i));
    assert_eq!(
        hexed.collect::<Vec<String>>(),
        vec!["a".to_string(), "a".to_string(), "a".to_string()]
    );
    assert_eq!(v.iter().fold(0, |p, c| p + c), 30);
    let dirs = vec![
        "/home/alice".to_string(),
        "/home/bob".to_string(),
        "/home/carl".to_string(),
        "/home/debra".to_string(),
    ];

    let file_counter = dirs.iter().map(count_files);

    let dir_file_counts: Vec<(&String, usize)> =
        dirs.iter().zip(file_counter).collect();
```

```rust
        assert_eq!(
            dir_file_counts,
            vec![
                (&"/home/alice".to_string(), 11),
                (&"/home/bob".to_string(), 9),
                (&"/home/carl".to_string(), 10),
                (&"/home/debra".to_string(), 11)
            ]
        )
}
```

(3) 作为最后一步,再来看过滤和划分。从我个人经验来看,经证实这些是最有用的,这可以去除大量冗长的代码。下面给出一些代码:

```rust
#[test]
fn data_filtering() {
    let data = vec![1, 2, 3, 4, 5, 6, 7, 8];
    assert!(data.iter().filter(|&n| n % 2 == 0).all(|&n| n % 2 == 0));
    assert_eq!(data.iter().find(|&&n| n == 5), Some(&5));
    assert_eq!(data.iter().find(|&&n| n == 0), None);
    assert_eq!(data.iter().position(|&n| n == 5), Some(4));

    assert_eq!(data.iter().skip(1).next(), Some(&2));
    let mut data_iter = data.iter().take(2);
    assert_eq!(data_iter.next(), Some(&1));
    assert_eq!(data_iter.next(), Some(&2));
    assert_eq!(data_iter.next(), None);
    let (validation, train): (Vec<i32>, Vec<i32>) = data
        .iter()
        .partition(|&_| (rand::random::<f32>() % 1.0) > 0.8);
    assert!(train.len() > validation.len());
}
```

(4) 与前面一样,我们想看看这些例子的实际运行情况!为此来运行 **cargo test**:

```
$ cargo test
    Compiling libc v0.2.50
```

```
Compiling rand_core v0.4.0
Compiling iteration v0.1.0 (Rust-Cookbook/Chapter02/iteration)
Compiling rand_core v0.3.1
Compiling rand v0.5.6
  Finished dev [unoptimized + debuginfo] target(s) in 5.44s
   Running target/debug/deps/iteration-a23e5d58a97c9435

running 3 tests
test tests::data_transformations ... ok
test tests::getting_the_iterator ... ok
test tests::data_filtering ... ok

test result: ok. 3 passed; 0 failed; 0 ignored; 0 measured; 0 filtered out

   Doc-tests iteration

running 0 tests

test result: ok. 0 passed; 0 failed; 0 ignored; 0 measured; 0 filtered out
```

你想了解更多吗？下面来看它是如何工作的。

2.5.3 工作原理

Rust 的迭代器深受函数式编程语言的启发，所以使用起来非常方便。作为迭代器，每个操作都是按顺序应用，一次应用于一个元素，但仅限于迭代器向前移动。这个技巧中显示了多种类型的操作。最重要的几个操作如下：

- **map()** 操作执行一个值或类型变换，这些操作很常见，也很容易使用。
- **filter()**，与很多类似操作一样，会执行一个谓词（有一个布尔返回值的函数）来确定一个元素是否要包含在输出中。这种操作的例子包括 **find()**、**take_while()**、**skip_while()** 和 **any()**。
- 聚集函数 [如 **fold()**、**sum()**、**min()** 和 **max()**] 用来将整个迭代器的内容归约为单个对象。这可能是一个数 [**sum()**] 或一个散列映射 [例如，使用 **fold()**]。
- **chain()**、**zip()**、**fuse()** 和很多其他组合迭代器，从而能用一个循环迭代处理。一般的，如果需要多重循环，我们就会使用这些迭代器。

这种更体现函数式的编程不仅可以减少需要编写的代码，还相当于一个通用词汇表，不再需要执行整个 for 循环；如果满足某个条件就将元素放入之前定义的一个列表，现在一个 **filter()** 函数调用就能告诉读者会得到什么。步骤 2 和步骤 3 显示了根据不同用例来变换（步骤 2）或过滤（步骤 3）集合的不同函数调用。

另外，迭代器可以串链在一起，所以类似 **iterator.filter().map().fold()** 的调用并不少见，而且与完成同样工作的循环相比，这通常能更快地得到结果。作为最后一步，大多数迭代器都会收集到其目标集合或变量类型。**collect()** 会计算整个迭代器链，这意味着它的执行开销很大。由于整个主题非常特定于当前任务，所以要查看我们写的代码以及输出/调用来充分理解这些内容。步骤 4 显示了运行测试的情况，不过真正重要的还是代码。

好了！我们已经了解了如何高效地过滤和转换序列。来看下一个技巧学习更多内容！

2.6 以 unsafe 方式读取内存

unsafe 是 Rust 中的一个概念，表示会关闭一些编译器安全机制。这些超能力（**superpowers**）使 Rust 更接近 C，（几乎）能够管理内存的任意部分。unsafe 本身允许一个作用域（或函数）能够使用这四个超能力（https://doc.rust-lang.org/book/ch19-01-unsafe-rust.html）：

- 解引用一个原始指针。
- 调用一个 **unsafe** 函数或方法。
- 访问或修改一个可变的静态变量。
- 实现一个 unsafe trait。

大多数项目中，unsafe 只是在使用 FFI（Foreign Function Interface 的缩写，即外部函数接口）时才需要，因为这在借用检查器的范围之外。不过，在这个技巧中，我们将研究读取内存的一些 unsafe 方法。

2.6.1 实现过程

只需要几个步骤，就可以使用 **unsafe**：

（1）使用 **cargo new unsafe-ways - - lib** 创建一个新的库项目。使用 Visual Studio Code 或其他编辑器打开这个项目。

（2）打开 **src/libr.rs**，在 **test** 模块前增加以下函数：

```
#![allow(dead_code)]
use std::slice;

fn split_into_equal_parts<T>(slice: &mut [T], parts: usize) ->
```

```rust
Vec<&mut [T]> {
    let len = slice.len();
    assert!(parts <= len);
    let step = len/parts;
    unsafe {
        let ptr = slice.as_mut_ptr();

        (0..step + 1)
            .map(|i| {
                let offset = (i * step) as isize;
                let a = ptr.offset(offset);
                slice::from_raw_parts_mut(a, step)
            })
            .collect()
    }
}
```

（3）准备就绪后，现在必须在 **mod tests {}** 中增加一些测试：

```rust
#[cfg(test)]
mod tests {
    use super::*;
    #[test]
    fn test_split_into_equal_parts() {
        let mut v = vec![1, 2, 3, 4, 5, 6];
        assert_eq!(
            split_into_equal_parts(&mut v, 3),
            &[&[1, 2], &[3, 4], &[5, 6]]
        );
    }
}
```

（4）应该记得 **unsafe** 超能力，我们可以尝试改变读取内存的方式。下面增加这个测试来看它是如何工作的：

```rust
#[test]
fn test_str_to_bytes_horribly_unsafe() {
    let bytes = unsafe { std::mem::transmute::<&str, &[u8]>("Going
            off the menu") };
```

```
        assert_eq!(
            bytes,
            &[
                71, 111, 105, 110, 103, 32, 111, 102, 102, 32, 116,
                104, 101, 32, 109, 101, 110, 117
            ]
        );
}
```

(5)最后一步是运行 **cargo test** 后查看正面测试结果:

```
$ cargo test
    Compiling unsafe-ways v0.1.0 (Rust-Cookbook/Chapter02/unsafeways)
      Finished dev [unoptimized + debuginfo] target(s) in 0.41s
        Running target/debug/deps/unsafe_ways-e7a1d3ffcc456d53

running 2 tests
test tests::test_str_to_bytes_horribly_unsafe ... ok
test tests::test_split_into_equal_parts ... ok

test result: ok. 2 passed; 0 failed; 0 ignored; 0 measured; 0 filtered out

   Doc-tests unsafe-ways

running 0 tests

test result: ok. 0 passed; 0 failed; 0 ignored; 0 measured; 0 filtered out
```

安全性是 Rust 中的一个重要的概念,下面来分析使用 **unsafe** 有哪些得失。

2.6.2 工作原理

有时对于棘手的情况,**unsafe** 可以提供更容易的解决方案,这本书(https://rust-unofficial.github.io/too-many-lists/index.html)描述了即使对于链表这种简单的类型,要完美地实现安全编程也存在着一些局限性。

 Rust 是一种安全的编程语言,这意味着编译器会确保对所有内存负责。因此,程序不可能获得对同一个内存地址的多个可变引用,不能在释放内存后再使用这个内存,也不会有不正确的类型安全性等。这使得 Rust 可以避免未定义的行为。不过,对于有限的一些用例,这些约束会禁止合法的用例,正因如此,**unsafe** 会放松这样一些保证,可以完成只有 C 才允许的一些工作。

步骤1中建立项目之后，我们在步骤2增加了第一个函数。其作用类似于 **chunks ()**（https://doc.rust-lang.org/std/primitive.slice.html#method.chunks_mut），但不是返回一个迭代器，我们会立即返回整个集合，作为一个例子这是可以的，但是如果实现这个函数用于生产环境，就要仔细考虑了。我们的函数将所提供的（可变）切片划分为 **parts** 个大小相同的块，并返回这些块的可变引用。由于输入也是对整个这部分内存的一个可变引用，我们将有 **parts+1** 个可变引用指向同一个内存区，显然，这违反了安全 Rust 的原则！不仅如此，这个函数还允许使用 **ptr.offset ()** 调用（这会完成指针运算）超出所分配的内存。

在步骤3创建的测试中，我们显示了它能顺利编译并执行而没有什么问题。步骤4提供了 unsafe 代码的另一个例子：改变数据类型而不强制转换。**transmute**（https://doc.rust-lang.org/std/mem/fn.transmute.html）函数可以很容易地改变一个变量的数据类型，这会带来各种后果。如果转换为其他类型，如 **u64**，最后我们可能会得到一个完全不同的结果，并读取不属于这个程序的内存。在步骤5中，我们运行了整个测试套件。

Rust **unsafe** 可能很有意思，可以尽可能地提高一个数据结构的性能，完成一些奇妙的封装，或者实现 **Send** 和 **Sync**（https://doc.rust-lang.org/std/mem/fn.transmute.html）。不论你想用 **unsafe** 做什么，都应当参考 nomicon（https://doc.rust-lang.org/nightly/nomicon/）更深入地了解这个内容。

有了以上知识，现在来看下一个技巧。

2.7 共享所有权

所有权和借用是 Rust 中的基本概念，这正是 Rust 不需要运行时垃圾回收的原因。首先做个快速入门：它们是如何工作的？简言之就是利用作用域。Rust（和很多其他语言）使用（嵌套）作用域来确定变量的有效性，因此变量不能在其作用域（比如函数）之外使用。在 Rust 中，这些作用域拥有（*own*）自己的变量，所以这些变量将在作用域结束后消失。要让程序移动（*move*）值，可以将所有权转移到一个嵌套作用域，或者返回到父作用域。

对于临时转移（和多个查看器），Rust 使用了 **borrowing**（借用），这会创建指示拥有值的一个引用。不过，这些引用不是很强大，而且有时维护起来更复杂（例如，引用是否比原始值寿命更长？），另外这些引用还可能是编译器报错的原因。

在这个技巧中，我们会使用引用计数器共享所有权来解决这个问题，只在计数器达到0后才删除变量。

2.7.1 准备工作

使用 **new sharing-ownership - - lib** 创建一个新的库项目，并在你喜欢的编辑器中打开这个目录。我们还将使用 **nightly** 编译器来完成基准测试，所以强烈建议运行 **rustup default nightly**。

为了启用基准测试，在 **lib.rs** 文件最上面增加♯！[feature (test)]。

2.7.2 实现过程

理解共享所有权只需要 8 个步骤：

(1) 在 Rust 这个相当年轻的生态系统中，API 和函数签名并不总是最高效的，特别是当它们需要一些关于内存布局的高级知识时。考虑一个简单的 **length** 函数（把它增加到 **mod tests** 作用域）：

```
///
///A length function that takes ownership of the input
///variable
///
fn length(s: String) ->usize {
    s.len()
}
```

虽然没有必要，不过这个函数要求你把拥有的变量传递到这个作用域。

(2) 幸运的是，如果在函数调用之后仍然需要所有权，那么可以使用 **clone ()** 函数。顺便说一句，这类似于一个循环，所有权会在第一次迭代中移动，这意味着第二次迭代时所有权会消失，这就会导致一个编译器错误。下面增加一个简单的测试来说明这些移动：

```
#[test]
fn cloning() {
    let s = "abcdef".to_owned();
    assert_eq! (length(s), 6);
    //s is now "gone", we can't use it anymore
    //therefore we can't use it in a loop either!
    //... unless we clone s - at a cost! (see benchmark)
    let s = "abcdef".to_owned();
    for _ in 0..10 {
        //clone is typically an expensive deep copy
        assert_eq! (length(s.clone()), 6);
    }
}
```

(3) 这是可行的，但是会创建字符串的大量克隆，而且之后不久就会将其删除。这会导致浪费资源，而且如果字符串足够大，还会减慢程序的速度。为了建立一个基准，下面增加一个基准测试进行检查：

```rust
extern crate test;
use std::rc::Rc;
use test::{black_box, Bencher};

#[bench]
fn bench_string_clone(b: &mut Bencher) {
    let s: String = (0..100_000).map(|_| 'a').collect();
    b.iter(|| {
        black_box(length(s.clone()));
    });
}
```

（4）一些 API 要求有输入变量的所有权，而没有语义含义。例如，步骤 1 中的 **length** 函数假装需要变量所有权，但是除非还需要可变性，否则 Rust 的 **std::rc::Rc**（**Reference Counted** 的缩写）类型会是一个很好的选择，可以避免重量级的克隆或者从调用作用域取得所有权。下面来创建一个更好的 **length** 函数：

```rust
///
///The same length function, taking ownership of a Rc
///
fn rc_length(s: Rc<String>) -> usize {
    s.len() //calls to the wrapped object require no additions
}
```

（5）现在将 **owned** 类型传入函数之后还能继续使用这个类型：

```rust
#[test]
fn refcounting() {
    let s = Rc::new("abcdef".to_owned());
    //we can clone Rc (reference counters) with low cost
    assert_eq!(rc_length(s.clone()), 6);

    for _ in 0..10 {
        //clone is typically an expensive deep copy
        assert_eq!(rc_length(s.clone()), 6);
    }
}
```

(6) 创建了一个基准测试之后,我们当然想知道这个 **Rc** 版本的函数表现如何:

```rust
#[bench]
fn bench_string_rc(b: &mut Bencher) {
    let s: String = (0..100_000).map(|_| 'a').collect();
    let rc_s = Rc::new(s);
    b.iter(|| {
        black_box(rc_length(rc_s.clone()));
    });
}
```

(7) 首先,要运行 **cargo test** 检查这些实现是否正确:

```
$ cargo test
    Compiling sharing-ownership v0.1.0 (Rust-
Cookbook/Chapter02/sharing-ownership)
    Finished dev [unoptimized + debuginfo] target(s) in 0.81s
     Running target/debug/deps/sharing_ownership-f029377019c63d62

running 4 tests
test tests::cloning ... ok
test tests::refcounting ... ok
test tests::bench_string_rc ... ok
test tests::bench_string_clone ... ok

test result: ok. 4 passed; 0 failed; 0 ignored; 0 measured; 0 filtered out

   Doc-tests sharing-ownership

running 0 tests

test result: ok. 0 passed; 0 failed; 0 ignored; 0 measured; 0 filtered out
```

(8) 现在,可以检查哪个版本更快,有多大差别:

```
$ cargo bench
    Compiling sharing-ownership v0.1.0 (Rust-
Cookbook/Chapter02/sharing-ownership)
    Finished release [optimized] target(s) in 0.54s
```

```
    Running target/release/deps/sharing_ownership-68bc8eb23caa9948

running 4 tests
test tests::cloning ... ignored
test tests::refcounting ... ignored
test tests::bench_string_clone ... bench: 2,703 ns/iter (+/- 289)
test tests::bench_string_rc ... bench: 1 ns/iter (+/- 0)

test result: ok. 0 passed; 0 failed; 2 ignored; 2 measured; 0
filtered out
```

研究了使用 **Rc** 共享所有权之后，下面来分析原理从而更好地理解代码。

2.7.3　工作原理

基准测试的结果很让人震撼，这并非偶然：**Rc** 对象是指向堆上位置的智能指针，尽管我们仍然调用 **clone** 来完成深复制（*deep copy*），但 **Rc** 只复制一个指针并将其引用数加 1。虽然具体的示例函数很简单，使我们不用担心它太过复杂，但它确实具备我们经常遇到的复杂函数的所有性质。在步骤 1 中，我们定义了第一个版本，它只处理所拥有的内存（输入参数不是一个引用）。步骤 2 和步骤 3 显示了步骤 1 选择的 API 的结果：如果想要保留所传入的数据（的一个副本），需要调用 clone 函数。

在步骤 4 到步骤 6 中，我们使用一个名为 **Rc** 的 Rust 构造完成同样的操作。拥有这样一个 **Rc** 的所有权意味着你拥有指针位置，而不是具体值，这使得整个构造很轻量级。实际上，在需要大量移动字符串的应用中，可以为原始值分配一次内存并从多个位置指向它，这是提高性能的一种常用方法。步骤 7 和步骤 8 中可以观察到这个结果，在这里我们执行了测试和基准测试。

还要注意一点。**Rc** 构造不允许可变的所有权，我们将在下一个技巧中解决这个问题。

2.8　共享可变所有权

共享所有权对于只读数据很不错。不过，有时还需要可变性，为此 Rust 提供了一种很好的方法。你可能还记得所有权和借用的规则：如果有一个可变引用，那么它必须是唯一的引用用以避免异常。

这里通常会用到借用检查器：在编译时，它会确保这个条件保持为真。这里 Rust 引入了内部可变性模式。通过将数据包装到一个 **RefCell** 或 **Cell** 类型对象中，可以动态地提供不可变和可变的访问。下面来看实际中这是如何工作的。

2.8.1 准备工作

使用 **cargo new - - lib mut-shared-ownership** 创建一个新的库项目,并在你喜欢的编辑器中打开 **src/lib.rs**。要启用基准测试,请使用 **rustup default nightly** 切换到 Rust **nightly** 版本,并在 lib.rs 文件最上面增加 #![feature(test)](这有助于使用基准测试类测试所需的类型)。

2.8.2 实现过程

下面创建一个测试,只用几个步骤就可以建立一种最好的方法来共享可变所有权:
(1) 在测试模块中创建几个新函数:

```rust
use std::cell::{Cell, RefCell};
use std::borrow::Cow;
use std::ptr::eq;

fn min_sum_cow(min: i32, v: &mut Cow<[i32]>) {
    let sum: i32 = v.iter().sum();
    if sum < min {
        v.to_mut().push(min - sum);
    }
}

fn min_sum_refcell(min: i32, v: &RefCell<Vec<i32>>) {
    let sum: i32 = v.borrow().iter().sum();
    if sum < min {
        v.borrow_mut().push(min - sum);
    }
}

fn min_sum_cell(min: i32, v: &Cell<Vec<i32>>) {
    let mut vec = v.take();
    let sum: i32 = vec.iter().sum();
    if sum < min {
        vec.push(min - sum);
    }
    v.set(vec);
}
```

(2) 这些函数(基于到来的数据)动态地更改一个整数列表,来满足一个特定的条件

（比如总和至少为 X），这里依赖 3 种共享可变所有权的方法。下面来研究它们的外部表现！**Cell** 对象（和 **RefCell** 对象）只是包装器，会返回一个值的引用或所有权：

```
#[test]
fn about_cells() {
    //we allocate memory and use a RefCell to dynamically
    //manage ownership
    let ref_cell = RefCell::new(vec![10, 20, 30]);

    //mutable borrows are fine,
    min_sum_refcell(70, &ref_cell);

    //they are equal!
    assert!(ref_cell.borrow().eq(&vec![10, 20, 30, 10]));

    //cells are a bit different
    let cell = Cell::from(vec![10, 20, 30]);

    //pass the immutable cell into the function
    min_sum_cell(70, &cell);

    //unwrap
    let v = cell.into_inner();

    //check the contents, and they changed!
    assert_eq!(v, vec![10, 20, 30, 10]);
}
```

（3）由于这看起来很类似其他可以自由传递引用的编程语言，所以我们也应该知道相应的一些问题。一个重要方面是，如果借用检查失败，这些 **Cell** 线程会发生 panic，至少会导致当前线程突然中止。可以用几行代码来说明：

```
#[test]
#[should_panic]
fn failing_cells() {
    let ref_cell = RefCell::new(vec![10, 20, 30]);

    //multiple borrows are fine
    let _v = ref_cell.borrow();
    min_sum_refcell(60, &ref_cell);
```

```rust
//... until they are mutable borrows
min_sum_refcell(70, &ref_cell); //panics!
}
```

(4) 直观看来，这些 cell 会增加运行时开销，相应地会比常规的（预编译）借用检查要慢。为了确认这一点，下面增加一个基准测试：

```rust
extern crate test;
use test::{Bencher};

#[bench]
fn bench_regular_push(b: &mut Bencher) {
    let mut v = vec![];
    b.iter(|| {
        for _ in 0..1_000 {
            v.push(10);
        }
    });
}

#[bench]
fn bench_refcell_push(b: &mut Bencher) {
    let v = RefCell::new(vec![]);
    b.iter(|| {
        for _ in 0..1_000 {
            v.borrow_mut().push(10);
        }
    });
}

#[bench]
fn bench_cell_push(b: &mut Bencher) {
    let v = Cell::new(vec![]);
    b.iter(|| {
        for _ in 0..1_000 {
            let mut vec = v.take();
            vec.push(10);
            v.set(vec);
        }
```

```
});
}
```

(5)不过,我们没有解决 Cell 中未预见 panic 的危险,在复杂的应用中这可能是禁止的。这里就要用到 Cow 了。Cow 是一个 Copy-on-Write 类型,如果请求可变的访问,会通过懒克隆替换它包装的值。通过使用这个 **struct**,可以确信能用这个代码避免 panic:

```
#[test]
fn handling_cows() {
    let v = vec![10, 20, 30];

    let mut cow = Cow::from(&v);
    assert!(eq(&v[..], &*cow));

    min_sum_cow(70, &mut cow);

    assert_eq!(v, vec![10, 20, 30]);
    assert_eq!(cow, vec![10, 20, 30, 10]);
    assert!(!eq(&v[..], &*cow));

    let v2 = cow.into_owned();

    let mut cow2 = Cow::from(&v2);
    min_sum_cow(70, &mut cow2);

    assert_eq!(cow2, v2);
    assert!(eq(&v2[..], &*cow2));
}
```

(6)最后,通过运行 **cargo test** 来验证测试和基准测试是成功的:

```
$ cargo test
    Compiling mut-sharing-ownership v0.1.0 (Rust-
Cookbook/Chapter02/mut-sharing-ownership)
    Finished dev [unoptimized + debuginfo] target(s) in 0.81s
        Running target/debug/deps/mut_sharing_ownership-
d086077040f0bd34

running 6 tests
test tests::about_cells ... ok
test tests::bench_cell_push ... ok
```

```
test tests::bench_refcell_push ... ok
test tests::failing_cells ... ok
test tests::handling_cows ... ok
test tests::bench_regular_push ... ok

test result: ok. 6 passed; 0 failed; 0 ignored; 0 measured; 0 filtered out

    Doc-tests mut-sharing-ownership

running 0 tests

test result: ok. 0 passed; 0 failed; 0 ignored; 0 measured; 0 filtered out
```

（7）下面来看 **cargo bench** 输出中基准测试计时结果：

```
$ cargo bench
    Finished release [optimized] target(s) in 0.02s
     Running target/release/deps/mut_sharing_ownership-61f1f68a32def1a8

running 6 tests
test tests::about_cells ... ignored
test tests::failing_cells ... ignored
test tests::handling_cows ... ignored
test tests::bench_cell_push     ... bench:     10,352 ns/iter (+/- 595)
test tests::bench_refcell_push  ... bench:      3,141 ns/iter (+/- 6,389)
test tests::bench_regular_push  ... bench:      3,341 ns/iter (+/- 124)

test result: ok. 0 passed; 0 failed; 3 ignored; 3 measured; 0 filtered out
```

采用多种方式共享内存很复杂，所以下面进一步分析它的工作原理。

2.8.3　工作原理

这个技巧就像是一个大型基准测试或测试方案：在步骤 1 中，我们定义了要测试的函数，每个函数有不同的输入参数，不过行为相同，会填充 **Vec** 直至达到一个最小总和。这些参数反映了共享所有权的不同方式，包括 **RefCell**、**Cell** 和 **Cow**。

步骤 2 和步骤 3 创建了一些测试，这些测试专门针对 **RefCell** 和 **Cell** 处理这些值和发生失败时采用的不同方式。步骤 5 对 **Cow** 类型完成类似的工作，所有这些也是检验你的理论知识的好机会！

在步骤 4 和步骤 6 中，我们将在这个技巧中创建的函数上创建并运行基准测试和测试。结果让人很惊讶。事实上，我们尝试了不同的计算机和版本，都得到了相同的结论：**RefCell** 几乎与获取可变引用的常规方法速度相当（运行时行为会带来更大差异）。**Cell** 参数的速度减慢也在意料之中，它们在每次迭代时要将整个数据移入移出，可以预料 Cow 也是如此，你可以自己试一试。

Cell 对象和 **RefCell** 对象都将数据移到堆内存上，并使用引用（指针）来获得这些值，通常需要一个额外的跳转。不过，它们提供了一种与 C♯、Java 或其他相应语言类似的移动对象引用的方法。

希望你已经了解了如何共享可变所有权。现在我们来学习下一个技巧。

2.9　有显式生命周期的引用

生命周期在很多语言中都很常见，通常决定了变量在作用域之外是否可用。在 Rust 中，由于借用和所有权模型大量使用了生命周期和作用域来自动管理内存，所以情况要更复杂一些。作为开发人员，我们不想预留内存并在其中克隆内容，而是希望利用引用来避免由此导致的低效和可能的速度减慢。不过，这会带来一个棘手的问题，当原始值超出作用域时，引用会发生什么情况？

由于编译器无法从代码中推断这些信息，所以你必须提供帮助，为代码加注解，使编译器能检查使用是否正确。下面来看如何实现。

2.9.1　实现过程

可以通过以下步骤来研究生命周期：

（1）使用 `cargo new lifetimes --lib` 创建一个新项目，并在你喜欢的编辑器中打开这个项目。

（2）首先来看一个简单的函数，它接收一个引用，这个引用可能比这个函数的寿命还要长！下面确保这个函数和输入参数有相同的生命周期：

```
//declaring a lifetime is optional here, since the compiler automates this

///
///Compute the arithmetic mean
```

```rust
///
pub fn mean<'a>(numbers: &'a [f32]) -> Option<f32> {
    if numbers.len() > 0 {
        let sum: f32 = numbers.iter().sum();
        Some(sum / numbers.len() as f32)
    } else {
        None
    }
}
```

(3) 结构体中必须有生命周期声明。所以，我们首先定义基本 **struct**。它为其中包含的类型提供了一个生命周期注解：

```rust
///
///Our almost generic statistics toolkit
///
pub struct StatisticsToolkit<'a> {
    base: &'a [f64],
}
```

(4) 后面是实现，要继续指定生命周期。首先，我们要实现构造函数 **new()**：

```rust
impl<'a> StatisticsToolkit<'a> {
    pub fn new(base: &'a [f64]) ->
      Option<StatisticsToolkit> {
        if base.len() < 3 {
            None
        } else {
            Some(StatisticsToolkit { base: base })
        }
    }
```

然后，我们想实现方差计算，以及标准差和均值：

```rust
pub fn var(&self) -> f64 {
    let mean = self.mean();

    let ssq: f64 = self.base.iter().map(|i| (i -
    mean).powi(2)).sum();
    return ssq / self.base.len() as f64;
```

```rust
}

pub fn std(&self) -> f64 {
    self.var().sqrt()
}

pub fn mean(&self) -> f64 {
    let sum: f64 = self.base.iter().sum();

    sum / self.base.len() as f64
}
```

作为最后一个操作,我们增加了中位数计算:

```rust
pub fn median(&self) -> f64 {
    let mut clone = self.base.to_vec();

    //.sort() is not implemented for floats
    clone.sort_by(|a, b| a.partial_cmp(b).unwrap());

    let m = clone.len() /2;
    if clone.len() % 2 == 0 {
        clone[m]
    } else {
        (clone[m] + clone[m - 1]) /2.0
    }
}
```

(5) 好了!下面需要一些测试来确保一切与预想的一样。首先给出几个辅助函数,并为计算均值提供一个测试:

```rust
#[cfg(test)]
mod tests {

    use super::*;

    ///
    ///a normal distribution created with numpy, with mu =
    ///42 and
    ///sigma = 3.14
```

```rust
///
fn numpy_normal_distribution() -> Vec<f64> {
    vec![
        43.67221552, 46.40865622, 43.44603147,
        43.16162571,
        40.94815816, 44.585914 , 45.84833022,
        37.77765835,
        40.23715928, 48.08791899, 44.80964938,
        42.13753315,
        38.80713956, 39.16183586, 42.61511209,
        42.25099062,
        41.2240736 , 44.59644304, 41.27516889,
        36.21238554
    ]
}
#[test]
fn mean_tests() {
    //testing some aspects of the mean function
    assert_eq!(mean(&vec![1.0, 2.0, 3.0]), Some(2.0));
    assert_eq!(mean(&vec![]), None);
    assert_eq!(mean(&vec![0.0, 0.0, 0.0, 0.0, 0.0, 0.0, 0.0]),
    Some(0.0));
}
```

然后，对 new 函数完成一些测试：

```rust
#[test]
fn statisticstoolkit_new() {
    //require >= 3 elements in an array for a
    //plausible normal distribution
    assert!(StatisticsToolkit::new(&vec![]).is_none());
    assert!(StatisticsToolkit::new(&vec![2.0,
    2.0]).is_none());

    //a working example
    assert!(StatisticsToolkit::new(&vec![1.0, 2.0,
    1.0]).is_some());
```

```rust
    //not a normal distribution, but we don't mind
    assert!(StatisticsToolkit::new(&vec![2.0, 1.0,
    2.0]).is_some());
}
```

接下来测试具体统计。在一个函数中，首先给出一些特殊的输入数据：

```rust
#[test]
fn statisticstoolkit_statistics() {
    //simple best case test
    let a_sample = vec![1.0, 2.0, 1.0];
    let nd = StatisticsToolkit::
     new(&a_sample).unwrap();
    assert_eq!(nd.var(), 0.2222222222222222);
    assert_eq!(nd.std(), 0.4714045207910317);
    assert_eq!(nd.mean(), 1.3333333333333333);
    assert_eq!(nd.median(), 1.0);

    //no variance
    let a_sample = vec![1.0, 1.0, 1.0];
    let nd = StatisticsToolkit::
     new(&a_sample).unwrap();
    assert_eq!(nd.var(), 0.0);
    assert_eq!(nd.std(), 0.0);
    assert_eq!(nd.mean(), 1.0);
    assert_eq!(nd.median(), 1.0);
```

为了检查更复杂的输入数据（例如，偏倚分布或边界情况），下面进一步扩展这个测试：

```rust
    //double check with a real library
    let a_sample = numpy_normal_distribution();
    let nd =
     StatisticsToolkit::new(&a_sample).unwrap();
    assert_eq!(nd.var(), 8.580276516670548);
    assert_eq!(nd.std(), 2.9292109034124785);
    assert_eq!(nd.mean(), 42.36319998250001);
    assert_eq!(nd.median(), 42.61511209);
    //skewed distribution
    let a_sample = vec![1.0, 1.0, 5.0];
```

第 2 章 高级 Rust 进阶

```
        let nd = 
        StatisticsToolkit::new(&a_sample).unwrap();
        assert_eq!(nd.var(), 3.555555555555556);
        assert_eq!(nd.std(), 1.8856180831641267);
        assert_eq!(nd.mean(), 2.3333333333333335);
        assert_eq!(nd.median(), 1.0);
        //median with even collection length
        let a_sample = vec![1.0, 2.0, 3.0, 4.0];
        let nd = 
        StatisticsToolkit::new(&a_sample).unwrap();
        assert_eq!(nd.var(), 1.25);
        assert_eq!(nd.std(), 1.118033988749895);
        assert_eq!(nd.mean(), 2.5);
        assert_eq!(nd.median(), 3.0);
    }
}
```

（6）使用 **cargo test** 运行测试，并验证测试是成功的：

```
$ cargo test
    Compiling lifetimes v0.1.0 (Rust-Cookbook/Chapter02/lifetimes)
     Finished dev [unoptimized + debuginfo] target(s) in 1.16s
      Running target/debug/deps/lifetimes-69291f4a8f0af715

running 3 tests
test tests::mean_tests ... ok
test tests::statisticstoolkit_new ... ok
test tests::statisticstoolkit_statistics ... ok

test result: ok. 3 passed; 0 failed; 0 ignored; 0 measured; 0 filtered out

   Doc-tests lifetimes

running 0 tests

test result: ok. 0 passed; 0 failed; 0 ignored; 0 measured; 0 filtered out
```

处理生命周期很复杂，下面来分析原理从而更好地理解代码。

2.9.2 工作原理

在这个技巧中,我们创建了一个简单的统计工具箱,允许快速准确地分析正态分布样本。不过,选择这个例子只是为了说明生命周期在很多方面很有用,而且相当简单。在步骤 2 中,我们创建一个函数来计算给定集合的均值。因为可以使用函数/变量推断生命周期,显式指定生命周期是可选的。不过,这个函数还是显式地将输入参数的生命周期与函数的生命周期绑定,这要求传入的引用比 **mean()** 的寿命长。

步骤 3 和步骤 4 显示了如何处理结构体及其实现的生命周期。由于类型实例很可能比它们存储的引用寿命更长(而且甚至可能分别需要不同的生命周期),因此显式地指定生命周期就变得很有必要。每一步都必须明确生命周期,包括结构体声明中、**impl** 块中以及在使用这些结构体的函数中。生命周期名将它们绑定在一起。在某种程度上,这会创建绑定到类型实例生命周期的一个虚拟作用域。

生命周期注解很有用,但很冗长,这使得有时使用引用会有些笨拙。不过,一旦有了注解,程序会更为高效,接口也会方便得多,可以删除 **clone()** 方法和其他一些内容。

生命周期名选择'a 很常见,但这是任意的。除了预定义的'static 之外,任何单词都可以,选择可读性更好的名字当然更好。

处理显式生命周期并不太难,对不对?建议你再做些实验,直到可以继续学习下一个技巧。

2.10 用 trait 绑定强制行为

构建复杂的架构时,前置行为相当常见。在 Rust 中,这意味着不能建立泛型或其他类型而不要求其符合某些前置条件,或者换句话说,我们要能够指定哪些 trait 是必要的。trait 绑定就是实现这一点的一种方法,其实前面已经使用过这种方法,即使你跳过了之前的很多技巧,也应该已经见过很多这样的例子。

2.10.1 实现过程

通过以下步骤来更多地了解 trait:

(1) 使用 cargo new trait-bounds 创建一个新项目,并在你喜欢的编辑器中打开这个项目。

(2) 编辑 src/main.rs 来增加以下代码,这里我们可以很容易地打印一个变量的调试格式,因为编译时这个格式的实现是必要的:

```
///
```

第 2 章 高级 Rust 进阶

```
///A simple print function for printing debug formatted variables
///
fn log_debug<T: Debug>(t: T) {
    println!("{:?}", t);
}
```

（3）如果要用一个自定义类型[如 **struct AnotherType（usize）**]调用这个代码，编译器会很快报错：

```
$ cargo run
    Compiling trait-bounds v0.1.0 (Rust-Cookbook/Chapter02/traitbounds)
error[E0277]: 'AnotherType' doesn't implement 'std::fmt::Debug'
  --> src/main.rs:35:5
   |
35 | log_debug(b);
   | ^^^^^^^^^ 'AnotherType' cannot be formatted using '{:?}'
   |
   = help: the trait 'std::fmt::Debug' is not implemented for 'AnotherType'
   = note: add '#[derive(Debug)]' or manually implement 'std::fmt::Debug'
note: required by 'log_debug'
  --> src/main.rs:11:1
   |
11 | fnlog_debug<T: Debug>(t: T) {
   | ^^^^^^^^^^^^^^^^^^^^^^^^^^^^

error: aborting due to previous error

For more information about this error, try 'rustc -- explain E0277'.
error: Could not compile 'trait-bounds'.

To learn more, run the command again with -- verbose.
```

（4）为了修复这个问题，如错误消息中指出的，可以实现或派生 **Debug** trait。派生实现对于标准类型的组合相当常见。不过对于 trait，trait 绑定会更有意思：

```
///
///An interface that can be used for quick and easy logging
///
```

```rust
pub trait Loggable: Debug + Sized {
    fn log(self) {
        println!("{:?}", &self)
    }
}
```

(5) 然后可以创建和实现一个合适的类型：

```rust
#[derive(Debug)]
struct ArbitraryType {
    v: Vec<i32>
}

impl ArbitraryType {
    pub fn new() -> ArbitraryType {
        ArbitraryType {
            v: vec![1,2,3,4]
        }
    }
}

impl Loggable for ArbitraryType {}
```

(6) 接下来，在 **main** 函数中汇总这些代码：

```rust
fn main() {
    let a = ArbitraryType::new();
    a.log();
    let b = AnotherType(2);
    log_debug(b);
}
```

(7) 执行 **cargo run**，确定输出与你预期的是否一致：

```
$ cargo run
    Compiling trait-bounds v0.1.0 (Rust-Cookbook/Chapter02/traitbounds)
     Finished dev [unoptimized + debuginfo] target(s) in 0.38s
      Running 'target/debug/trait-bounds'
ArbitraryType { v: [1, 2, 3, 4] }
AnotherType(2)
```

创建一个示例程序之后，下面来研究 trait 绑定的原理。

2.10.2 工作原理

trait 绑定为实现者指定了实现需求。通过这种方式,我们可以在泛型类型上调用函数,而不需要更深入地了解它的结构。

在步骤 2 中,我们要求所有参数类型实现 **std::fmt::Debug** trait,从而能使用调试格式进行打印。不过,这不能很好地泛化,我们还需要所有其他函数的实现。正是因为这个原因,在步骤 4 中,我们要求实现 **Loggable** trait 的任何类型也要实现 **Debug**。

这样一来,我们就可以在这个 trait 的函数中使用所有必要的 trait,这使得扩展更容易,并且使得所有类型能够实现兼容的 trait。在步骤 5 中,为我们创建的类型实现了 **Loggable** trait,并在后面的步骤中使用这个 trait。

要决定有哪些必要的 trait,这对于公共 API 以及编写设计良好而且可维护的代码来说都很重要。通过明确哪些类型是真正必要的以及如何提供,这会得到更好的接口和类型。还要注意两个类型绑定之间的+,实现 **Loggable** 时,这要求两个 trait 都要有(如果增加更多+号,则要有更多 trait)。

我们已经了解了如何用 trait 绑定强制行为。现在来看下一个技巧。

2.11 使用泛型数据类型

与其他语言相比,Rust 的函数重载更奇特一些。不是重新定义有不同类型签名的相同函数,你可以为一个泛型实现指定具体类型来得到相同的结果。泛型是提供更通用接口的一种好方法,而且由于有很有帮助的编译器消息,实现起来也不会太复杂。

在这个技巧中,我们将用泛型方式实现一个动态数组(如 Vec<T>)。

2.11.1 实现过程

可以通过几个步骤来了解如何使用泛型:

(1)首先使用 **cargo new generics -- lib** 创建一个新的库项目,并在 Visual Studio Code 中打开项目文件夹。

(2)动态数组是我们很多人每天都使用的一个数据结构。在 Rust 中,这个实现名为 **Vec<T>**,其他语言中则称为 **ArrayList** 或 **List**。首先建立基本结构:

```
use std::boxed::Box;
use std::cmp;
use std::ops::Index;
```

```rust
const MIN_SIZE: usize = 10;

type Node<T> = Option<T>;

pub struct DynamicArray<T>
where
    T: Sized + Clone,
{
    buf: Box<[Node<T>]>,
    cap: usize,
    pub length: usize,
}
```

(3) 如这个 **struct** 定义所示。主要元素是一个 **T** 类型的 Box，这是一个泛型类型。下面来看具体实现：

```rust
impl<T> DynamicArray<T>
where
    T: Sized + Clone,
{
    pub fn new_empty() -> DynamicArray<T> {
        DynamicArray {
            buf: vec![None; MIN_SIZE].into_boxed_slice(),
            length: 0,
            cap: MIN_SIZE,
        }
    }
    fn grow(&mut self, min_cap: usize) {
        let old_cap = self.buf.len();
        let mut new_cap = old_cap + (old_cap >> 1);
        new_cap = cmp::max(new_cap, min_cap);
        new_cap = cmp::min(new_cap, usize::max_value());
        let current = self.buf.clone();
        self.cap = new_cap;

        self.buf = vec![None; new_cap].into_boxed_slice();
        self.buf[..current.len()].clone_from_slice(&current);
    }
    pub fn append(&mut self, value: T) {
```

```rust
        if self.length == self.cap {
            self.grow(self.length + 1);
        }
        self.buf[self.length] = Some(value);
        self.length += 1;
    }

    pub fn at(&mut self, index: usize) -> Node<T> {
        if self.length > index {
            self.buf[index].clone()
        } else {
            None
        }
    }
}
```

（4）到目前为止都很简单。不是指定类型名，我们只是使用 **T**。如果想为一个泛型定义实现一个特定操作要怎么做呢？下面来为 **usize** 类型实现 **Index** 操作（Rust 中的一个 trait）。另外，将来 **clone** 操作可能很有帮助。所以下面还会增加这个操作：

```rust
impl<T> Index<usize> for DynamicArray<T>
where
    T: Sized + Clone,
{
    type Output = Node<T>;

    fn index(&self, index: usize) -> &Self::Output {
        if self.length > index {
            &self.buf[index]
        } else {
            &None
        }
    }
}

impl<T> Clone for DynamicArray<T>
where
    T: Sized + Clone,
```

```rust
{
    fn clone(&self) -> Self {
        DynamicArray {
            buf: self.buf.clone(),
            cap: self.cap,
            length: self.length,
        }
    }
}
```

（5）为了确保所有这些都能正常工作，而且我们没有出错，下面先对实现的各个函数提供一些测试：

```rust
#[cfg(test)]
mod tests {
    use super::*;

    #[test]
    fn dynamic_array_clone() {
        let mut list = DynamicArray::new_empty();
        list.append(3.14);
        let mut list2 = list.clone();
        list2.append(42.0);
        assert_eq!(list[0], Some(3.14));
        assert_eq!(list[1], None);
        assert_eq!(list2[0], Some(3.14));
        assert_eq!(list2[1], Some(42.0));
    }

    #[test]
    fn dynamic_array_index() {
        let mut list = DynamicArray::new_empty();
        list.append(3.14);

        assert_eq!(list[0], Some(3.14));
        let mut list = DynamicArray::new_empty();
        list.append("Hello");
        assert_eq!(list[0], Some("Hello"));
        assert_eq!(list[1], None);
```

}

再来增加更多测试：

```rust
#[test]
fn dynamic_array_2d_array() {
    let mut list = DynamicArray::new_empty();
    let mut sublist = DynamicArray::new_empty();
    sublist.append(3.14);
    list.append(sublist);

    assert_eq!(list.at(0).unwrap().at(0), Some(3.14));
    assert_eq!(list[0].as_ref().unwrap()[0], Some(3.14));
}

#[test]
fn dynamic_array_append() {
    let mut list = DynamicArray::new_empty();
    let max: usize = 1_000;
    for i in 0..max {
        list.append(i as u64);
    }
    assert_eq!(list.length, max);
}

#[test]
fn dynamic_array_at() {
    let mut list = DynamicArray::new_empty();
    let max: usize = 1_000;
    for i in 0..max {
        list.append(i as u64);
    }
    assert_eq!(list.length, max);
    for i in 0..max {
        assert_eq!(list.at(i), Some(i as u64));
    }
    assert_eq!(list.at(max + 1), None);
}
}
```

（6）一旦实现了测试，可以用 cargo test 成功地运行这些测试：

```
$ cargo test
    Compiling generics v0.1.0 (Rust-Cookbook/Chapter02/generics)
    Finished dev [unoptimized + debuginfo] target(s) in 0.82s
     Running target/debug/deps/generics-0c9bbd42843c67d5

running 5 tests
test tests::dynamic_array_2d_array ... ok
test tests::dynamic_array_index ... ok
test tests::dynamic_array_append ... ok
test tests::dynamic_array_clone ... ok
test tests::dynamic_array_at ... ok

test result: ok. 5 passed; 0 failed; 0 ignored; 0 measured; 0 filtered out

   Doc-tests generics

running 0 tests

test result: ok. 0 passed; 0 failed; 0 ignored; 0 measured; 0 filtered out
```

下面来了解使用泛型的原理。

2.11.2 工作原理

在 Rust 中泛型很好用，除了记法有些冗长之外，它们非常方便。事实上，你会发现到处都在使用泛型，随着进一步使用 Rust，你会越来越需要更好、更通用的接口。

在步骤 2 中，我们创建了一个修改后的动态数组（取自于《*Hands-On Data Structures and Algorithms with Rust*》一书：https://www.packtpub.com/application-development/hands-data-structures-and-algorithms-rust），它使用了一个泛型类型。在代码中使用泛型类型与使用任何其他类型是类似的，但要写 T 而不是 i32。不过，正如前一个技巧中讨论的，编译器期望 T 类型有某些行为，比如实现 Clone，这在结构体和实现的 where 子句中指定。在更复杂的用例中，对于 T 实现 Clone 和不实现 Clone 可能会有多个块，不过这超出了这个技巧的范围。步骤 3 展示了动态数组类型的泛型实现，以及 Clone 和 Sized trait 的使用。

步骤 4 中实现 Index trait 时，有些方面就更清楚了。首先，我们为 trait 实现首部指定了 usize 类型。因此，只有当有人使用 usize 变量（或常量/字面量）索引时，才会实现这个

trait，这就排除了所有负值。第二个方面是关联类型，它本身有一个泛型类型。

泛型的另一个重要方面是 **Sized**。编译时大小已知时，Rust 中的变量就是 **Sized**，这样编译器会知道要分配多少内存。Unsized 类型在编译时大小未知，也就是说，它们是动态分配的，而且可能在运行时扩大。这方面的例子包括 **str** 或［**T**］类型的切片。它们的实际大小可能改变，正是因为这个原因，总是把它们放在固定大小的引用（指针）后面。如果 **Sized** 是必要的，那么只能使用 Unsized 类型的引用（**&str**，**&**［**T**］），不过也可以用？**Sized** 使这种行为可选。

然后步骤 5 和 6 创建并运行了一些测试。测试表明，动态数组的主要函数会继续正常工作，另外建议你尝试解决在代码中发现的任何问题。

如果想了解有关动态数组的更多细节，以及为什么它能扩大/如何扩大（它能将大小加倍，就像 Java 的 **ArrayList** 一样），可以查看《*Hands-On Data Structures and Algorithms with Rust*》一书，其中更详细地解释了动态数组和其他数据类型。

第 3 章　用 Cargo 管理项目

cargo 是 Rust 特有的卖点之一。它能让人更愉快地创建、开发、打包、维护和测试应用代码或工具并部署到生产环境，从而使开发人员的生活更轻松。**cargo** 设计为是一个适用于任何类型 Rust 项目的首选工具，可以用于多个阶段，包括：

- 项目创建和管理。
- 配置和执行构建。
- 依赖库安装和维护。
- 测试。
- 基准测试。
- 与其他工具交互。
- 打包和发布。

尤其是在系统编程领域，类似 **cargo** 的工具仍然很少，正是因为这个原因，很多大型用户开发了他们自己的版本。作为一个年轻的语言，Rust 借鉴了其他工具的一些好的方面：**npm** 的通用性和中央存储库（对于 Node.js）、**pip** 的易用性（对于 Python）等。最后，**cargo** 提供了很多增强 Rust 体验的好方法，对于希望采用这种语言的开发人员来说，这是一个重要的影响因素。

在这一章中，我们将介绍一些技巧，使开发人员能够利用 **cargo** 的所有特性来创建生产级别的 Rust 项目。这些基本技巧可以作为引用依赖库、调整编译器行为、定制工具以及日常 Rust 开发中常见的很多工作的构建块。

在本章中，我们将介绍以下技巧：

- 利用工作空间组织大型项目。
- 上传到 **crates.io**（https://crates.io）。
- 使用依赖和外部 crate。
- 用子命令扩展 **cargo**。
- 用 **cargo** 测试你的项目。
- 使用 **cargo** 持续集成。
- 定制构建。

3.1 利用工作空间组织大型项目

创建一个单独的项目很容易：只需要运行 **cargo new my-crate** 就可以了。**cargo** 可以轻松地创建从文件夹结构到小源文件（或单元测试）等所有内容。不过，如果是包括多个较小 crate 和一个可执行文件的更大的项目呢？或者如果是相关库的一个集合呢？为此，**cargo** 工具给出的答案称为工作空间（**workspaces**）。

3.1.1 实现过程

按照以下步骤创建你自己的工作空间来管理多个项目：

（1）在一个终端窗口中（Windows PowerShell 或 macOS/Linux 上的 Terminal），运行以下命令切换到将包含这个工作空间的一个目录：

```
$ mkdir -p my-workspace
$ cd my-workspace
```

（2）使用 **cargo new** 命令，后面加上项目名，来创建一个项目：

```
$ cargo new a-project
    Created binary (application) 'a-project' package
```

（3）既然我们在讨论多个项目，下面再增加另一个可以使用的库项目：

```
$ cargo new a-lib --lib
    Created library 'a-lib' package
```

（4）编辑 **a-project/src/main.rs** 来包含以下代码：

```
use a_lib::stringify;
use rand::prelude::*;

fn main() {
    println!("{{ \"values\": {}, \"sensor\": {} }}",
    stringify(&vec![random::<f64>(); 6]), stringify(&"temperature"));
}
```

（5）然后，为 **a-lib/src/lib.rs** 增加一些代码，（使用 **Debug** trait）字符串化（**stringify**）收到的变量。显然，还需要一些测试来展示这个函数能正常工作。下面增加一些测试，来比较用 **stringify** 得到的数字格式化和序列格式化输出：

```
use std::fmt::Debug;
```

```rust
pub fn stringify<T: Debug>(v: &T) -> String {
    format!("{:#?}", v)
}

#[cfg(test)]
mod tests {
    use rand::prelude::*;
    use super::stringify;
    #[test]
    fn test_numbers() {
        let a_nr: f64 = random();
        assert_eq!(stringify(&a_nr), format!("{:#?}", a_nr));
        assert_eq!(stringify(&1i32), "1");
        assert_eq!(stringify(&1usize), "1");
        assert_eq!(stringify(&1u32), "1");
        assert_eq!(stringify(&1i64), "1");
    }

    #[test]
    fn test_sequences() {
        assert_eq!(stringify(&vec![0, 1, 2]), "[\n 0,\n 1,\n 2,\n]");
        assert_eq!(
            stringify(&(1, 2, 3, 4)),
            "(\n 1,\n 2,\n 3,\n 4,\n)"
        );
    }
}
```

(6) 为各个项目的 **Cargo.toml** 文件增加一些配置来引用依赖项：

```
$ cat a-project/Cargo.toml
[package]
name = "a-project"
version = "0.1.0"
authors = ["<git user email address>"]
edition = "2018"

[dependencies]
```

```
a-lib = { path = "../a-lib" }
rand = "0.5"

$ cat a-lib/Cargo.toml
[package]
name = "a-lib"
version = "0.1.0"
authors = ["<git user email address>"]
edition = "2018"

[dev-dependencies]
rand = "*"
```

a-project 现在使用了 **a-lib** 库,但是如果同时开发这两个项目,这种来回切换(例如,修改之后测试 **a-lib**)很快会变得很麻烦。这里就引入了工作空间。

(7) 为了同时在两个项目上使用 **cargo**,必须在 **my-workspace** 中(这是 **a-lib** 和 **a-project** 的父目录)创建 **Cargo.toml**。这个文件只包含两行:

```
[workspace]

members = [ "a-lib", "a-project" ]
```

(8) 有了这个文件,**cargo** 可以同时在两个项目上执行命令,因此处理会更容易。下面编译 **cargo test** 并查看在运行哪些测试,以及相应的(测试)结果:

```
$ cargo test
    Compiling a-project v0.1.0 (my-workspace/a-project)
    Finished dev [unoptimized + debuginfo] target(s) in 0.30s
     Running target/debug/deps/a_lib-bfd9c3226a734f51

running 2 tests
test tests::test_sequences ... ok
test tests::test_numbers ... ok

test result: ok. 2 passed; 0 failed; 0 ignored; 0 measured; 0 filtered out

     Running target/debug/deps/a_project-914dbee1e8606741

running 0 tests

test result: ok. 0 passed; 0 failed; 0 ignored; 0 measured; 0
```

filtered out

   Doc-tests a-lib

running 0 tests

test result: ok. 0 passed; 0 failed; 0 ignored; 0 measured; 0 filtered out

（9）由于只有一个项目有测试（**a-lib**），会运行这些测试。下面编译 **cargo run** 来看运行这个二进制可执行项目的输出：

```
$ cargo run
   Compiling a-project v0.1.0 (my-workspace/a-project)
    Finished dev [unoptimized + debuginfo] target(s) in 0.41s
     Running 'target/debug/a-project'
{"values":[
    0.6798204591148014,
    0.6798204591148014,
    0.6798204591148014,
    0.6798204591148014,
    0.6798204591148014,
    0.6798204591148014,
],"sensor":"temperature"}
```

下面来分析原理从而更好地理解代码。

3.1.2 工作原理

在这个技巧中，我们创建了一个简单的二进制项目（步骤 2 和步骤 4）以及一个库项目（步骤 3），它们相互依赖。在步骤 6 中，我们在它们的 **Cargo.toml** 文件中指定了这些依赖项，步骤 7 中创建的工作空间可以帮助我们将这些项目连接在一起。现在就可以在这些项目上运行它们支持的任何命令了。

通过构建这个项目（使用 **cargo run**、**cargo test** 或 **cargo build**），这个工具会创建一个文件，其中包含当前依赖树（名为 **Cargo.lock**）。作为一个工作空间，二进制项目的输出目录（**target/**）也位于这个工作空间目录，而不是在单个项目的目录中。下面检查这些目录的内容，来看看其中包含什么，另外在哪里可以找到编译得到的输出（在下面已做强调）：

```
$ ls -alh
total 28K
```

```
drwxr-xr-x. 5 cm cm 4.0K Apr 11 17:29 ./
drwx------. 63 cm cm 4.0K Apr 10 12:06 ../
drwxr-xr-x. 4 cm cm 4.0K Apr 10 00:42 a-lib/
drwxr-xr-x. 4 cm cm 4.0K Apr 11 17:28 a-project/
-rw-r--r--. 1 cm cm 187 Apr 11 00:05 Cargo.lock
-rw-r--r--. 1 cm cm 48 Apr 11 00:05 Cargo.toml
drwxr-xr-x. 3 cm cm 4.0K Apr 11 17:29 target/

$ ls -alh target/debug/
total 1.7M
drwxr-xr-x. 8 cm cm 4.0K Apr 11 17:31 ./
drwxr-xr-x. 3 cm cm 4.0K Apr 11 17:31 ../
-rwxr-xr-x. 2 cm cm 1.7M Apr 11 17:31 a-project*
-rw-r--r--. 1 cm cm 90 Apr 11 17:31 a-project.d
drwxr-xr-x. 2 cm cm 4.0K Apr 11 17:31 build/
-rw-r--r--. 1 cm cm 0 Apr 11 17:31 .cargo-lock
drwxr-xr-x. 2 cm cm 4.0K Apr 11 17:31 deps/
drwxr-xr-x. 2 cm cm 4.0K Apr 11 17:31 examples/
drwxr-xr-x. 4 cm cm 4.0K Apr 11 17:31 .fingerprint/
drwxr-xr-x. 4 cm cm 4.0K Apr 11 17:31 incremental/
-rw-r--r--. 1 cm cm 89 Apr 11 17:31 liba_lib.d
-rw-r--r--. 2 cm cm 3.9K Apr 11 17:31 liba_lib.rlib
drwxr-xr-x. 2 cm cm 4.0K Apr 11 17:31 native/
```

工作空间的另一个方面是依赖项管理。cargo 会在 Cargo.lock 文件中为工作空间中包含的每一个项目同步外部项目依赖。因此，所有外部 crate 在每个项目中尽可能有相同的版本。增加 **rand** crate 作为一个依赖项时，会为两个项目选择相同的版本（由于 **a-lib** 中的 * 版本）。下面是所得到的 Cargo.lock 文件的一部分：

```
# This file is automatically @generated by Cargo.
# It is not intended for manual editing.
[[package]]
name = "a-lib"
version = "0.1.0"
dependencies = [
"rand 0.5.6 (registry+https://github.com/rust-lang/crates.io-index)",
]
```

```
[[package]]
name = "a-project"
version = "0.1.0"
dependencies = [
 "a-lib 0.1.0",
 "rand 0.5.6 (registry+https://github.com/rust-lang/crates.io-index)",
]
[...]
```

cargo 工作空间是一种处理更大项目的方法，会在一个更高层次打包一些操作，而把大部分配置都留给单个 crate 和应用。这个配置很简单，可以得到可预测的行为，使用户可以基于此完成处理（例如，从工作空间的 **target**/目录收集所有二进制文件）。

另一个有意思的方面是，**cargo** 在执行命令之前会向上遍历找到最高层父 **Cargo.toml** 文件。因此，尽管看起来是从一个特定项目的目录中运行它的测试，但实际上会运行这个工作空间中的所有测试。因此，现在命令必须更为特定，例如，要使用 **cargo test-p a-lib**。

我们已经了解了如何用工作空间组织大项目，现在来看下一个技巧！

3.2　上传到 crates.io

crates.io（https://crates.io）是 Rust 社区 crate 的公共存储库。它会关联依赖库、支持发现并允许用户搜索包。对于 crate 维护者，这里会提供使用统计，并提供了一个位置来存放 **readme** 文件。**cargo** 支持快速、轻松地发布 crate 以及处理更新。下面来看这是如何做到的。

3.2.1　准备工作

在这个技巧中，我们将发布一个有最小功能的 crate。如果你有可用的源代码（也就是说，你自己的项目），那么完全可以用你现有的项目。如果没有，可以使用 **cargo new public-crate - - lib** 创建一个新的库项目，并在 VS Code 中打开这个项目（见图 3-1）。

访问 https://crates.io 并登录你的账号（使用 https://github.com）。然后访问 **Account Settings**（账户设置）页面创建一个新令牌（按照页面上的说明）。使用你自己的令牌在命令行上登录（见图 3-2）。

下面来看向 **crates.io**（https://crates.io）完成上传所需的步骤。

3.2.2　实现过程

登录了 **cargo** 并准备就绪后，按照以下步骤将库发布到存储库：

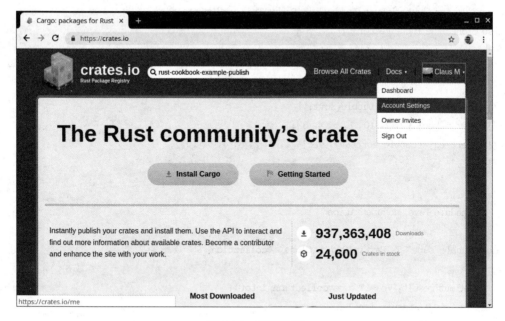

图 3-1 项目界面

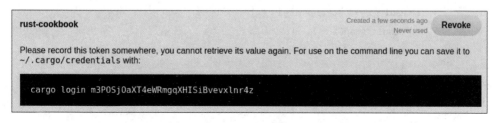

图 3-2 创建令牌

（1）打开 **src/lib.rs** 并增加一些代码。这个技巧中的 crate 只是要发布效率不高的冒泡排序算法！

 目前，**crates.io** 只使用名字作为标识符，这意味着你不能再使用 **bubble-sort** 这个名字。不过，不是要选择一个新名字，我们希望你不要用一个不同的名字发布这个 crate 的副本，而应该集中精力开发对社区有用的 crate。

下面是《*Hands-On Data Structures and Algorithmswith Rust*》（https://www.packtpub.com/application-development/hands-data-structures-and-algorithms-rust）中的实现：

```
//! This is a non-optimized implementation of the [bubble sort]
```

algorithm for the book Rust Cookbook by Packt. This implementation also clones the input vector.

```rust
//!
//! # Examples
//! ```
//! # use bubble_sort::bubble_sort;
//! let v = vec![2, 2, 10, 1, 5, 4, 3];
//! assert_eq!(bubble_sort(&v), vec![1, 2, 2, 3, 4, 5, 10]);
//! ```

///
///See module level documentation.
///
pub fn bubble_sort<T: PartialOrd + Clone>(collection: &[T]) -> Vec<T> {
    let mut result: Vec<T> = collection.into();
    for _ in 0..result.len() {
        let mut swaps = 0;
        for i in 1..result.len() {
            if result[i - 1] > result[i] {
                result.swap(i - 1, i);
                swaps += 1;
            }
        }
        if swaps == 0 {
            break;
        }
    }
    result
}
```

这个实现还提供了测试:

```rust
#[cfg(test)]
mod tests {
    use super::bubble_sort;
    #[test]
    fn test_bubble_sort() {
```

```
        assert_eq!(bubble_sort(&vec![9, 8, 7, 6]), vec![6, 7, 8,
9]);
        assert_eq!(bubble_sort(&vec![9_f32, 8_f32, 7_f32, 6_f32]),
vec!
[6_f32, 7_f32, 8_f32, 9_f32]);
        assert_eq!(bubble_sort(&vec!['c','f','a','x']), vec!['a',
'c', 'f', 'x']);
        assert_eq!(bubble_sort(&vec![6, 8, 7, 9]), vec![6, 7, 8,
9]);
        assert_eq!(bubble_sort(&vec![2, 1, 1, 1, 1]), vec![1, 1, 1,
1, 2]);
    }
}
```

(2)此外,**cargo** 允许使用 **Cargo.toml** 中的不同字段定制 **crates.io** 的登录页面。登录页面应该告知 crate 用户有关的信息,包括许可(如果没有许可,这意味着所有人都必须获得你的允许才能使用代码),在哪里可以找到更多信息,甚至还会有一个示例。不仅如此,(很炫的) badge 还会提供关于 crate 构建状态、测试覆盖率等信息。将 **Cargo.toml** 的内容替换为以下代码段(如果需要,你还可以定制):

```
[package]
name = "bubble-sort"
description = "A quick and non-optimized, cloning version of the
bubble sort algorithm. Created as a showcase for publishing crates
in the Rust Cookbook 2018"
version = "0.1.0"
authors = ["Claus Matzinger<claus.matzinger+kb@gmail.com>"]
edition = "2018"
homepage = "https://blog.x5ff.xyz"
repository = "https://github.com/PacktPublishing/Rust-
            Programming-Cookbook"
license = "MIT"
categories = [
    "Algorithms",
    "Support"
]
```

```
keywords = [
    "cookbook",
    "packt",
    "x5ff",
    "bubble",
    "sort",
]
readme = "README.md"
maintenance = { status = "experimental" }
```

(3) 得出所有元数据之后,下面运行 **cargo package** 来看这个包是否满足形式要求:

```
$ cargo package
error: 2 files in the working directory contain changes that were
not yet committed into git:

Cargo.toml
README.md

to proceed despite this, pass the '--allow-dirty' flag
```

(4) 友情提示:**cargo** 会确保只打包提交的更改,使得存储库与 **crates.io** 同步。提交更改(如果不知道如何提交,请参见 Git:https://git-scm.com)并且再次运行 **cargo package**:

```
$ cargo package
    Packaging bubble-sort v0.1.0 (publish-crate)
    Verifying bubble-sort v0.1.0 (publish-crate)
    Compiling bubble-sort v0.1.0 (publishcrate/
target/package/bubble-sort-0.1.0)
    Finished dev [unoptimized + debuginfo] target(s) in 0.68s
```

(5) 现在,有了一个已授权的 **cargo**,下面将公开我们的 crate 并运行 **cargo publish**:

```
$ cargo publish
    Updating crates.io index
    Packaging bubble-sort v0.2.0 (Rust-Cookbook/Chapter03/publishcrate)
    Verifying bubble-sort v0.2.0 (Rust-Cookbook/Chapter03/publishcrate)
    Compiling bubble-sort v0.2.0 (Rust-Cookbook/Chapter03/publishcrate/
target/package/bubble-sort-0.2.0)
    Finished dev [unoptimized + debuginfo] target(s) in 6.09s
    Uploading bubble-sort v0.2.0 (Rust-Cookbook/Chapter03/publishcrate)
```

（6）一旦成功，可以查看 https：//crates.io/crates/bubble-sort 页面，如图 3-3 所示。

图 3-3　bubble-sort 页面

下面来分析原理从而更好地理解代码。

3.2.3　工作原理

发布 crate 是获得 Rust 社区认可的一个好办法，而且可以让更广泛的用户使用你创建的代码。为了让社区能够快速接受你的 crate，要确保使用适当的关键词和类别，还应当提供示例和测试，从而能清晰明了地轻松使用你的 crate，如步骤 1 和步骤 2 中所示。与以往指定的选项相比，这里 **Cargo.toml** 提供了更多的选项，更多信息请参阅文档 https：//doc.rust-lang.org/cargo/reference/manifest.html#packagemetadata。

这个文件中最重要的属性是包名，它唯一地标识了 crate。已经存在一些抢注和出售 crate 名的事件，这通常很让人厌恶，社区正在努力寻找解决办法。

打包之后（步骤 3 和步骤 4），**cargo** 创建了一个 **target/package** 目录，其中包含将上传到 **crates.io** 的所有内容。在这个目录里，不仅有源代码，还有一个额外的二进制文件，名为 **project_name-version.crate**。如果你不想上传所有内容，比如想保留视频或庞大的示例数据，**Cargo.toml** 还支持排除过滤器。默认情况下，会包含这个目录中的所有内容，但保持最小规模是一个很好的实践做法！

 要保证你的 API 令牌是秘密的，不受源代码控制。如果不确定某个令牌是否已被破坏，就干脆将它撤销！

在步骤 5 中，我们上传了这个新的 crate。不过，**crates.io** 并没有接受任何上传，下面是你可能遇到的一些错误示例（请观察错误消息以便修复）：

```
error: api errors (status 200 OK): crate version '0.1.0' is already uploaded
error: api errors (status 200 OK): invalid upload request: invalid length 6, expected at most 5 keywords per crate at line 1 column 667
error: 1 files in the working directory contain changes that were not yet committed into git:
error: api errors (status 200 OK): A verified email address is required to publish crates to crates.io. Visit https://crates.io/me to set and verify your email address.
```

这些其实是很好的提醒，因为这些"阻碍"会帮助程序员避免简单的错误，减少垃圾代码，从而提高质量。如果满足这些要求，类似于步骤 6 所示页面，你会看到你自己的项目的相应页面。

我们已经了解了如何上传到 https://crates.io。现在来看下一个技巧！

3.3 使用依赖和外部 crate

在软件工程中，重用其他库是一个常见的任务，正因如此，**cargo** 从一开始就内建有易用的依赖管理。第三方依赖库（称为 **crate**）存储在名为 **crates.io**（https://crates.io）的存储库中，这是一个允许用户寻找和发现 crate 的公共平台。另外从 Rust 1.34 开始，还提供了一些私有存储库。以 **Cargo.toml** 为中心，下面来详细说明如何指定依赖项。

3.3.1 实现过程

通过以下步骤来看如何完成依赖管理：

（1）由于我们要在命令行上打印，下面使用 **cargo new external-deps** 创建一个新的二进制应用，并在 VS Code 中打开。

（2）打开 **Cargo.toml** 文件来增加一些依赖项：

```
[package]
name = "external-deps"
version = "0.1.0"
authors = ["Claus Matzinger<claus.matzinger+kb@gmail.com>"]
edition = "2018"
```

```
[dependencies]
regex = { git = "https://github.com/rust-lang/regex" } # bleeding
edge libraries

# specifying crate features
serde = { version = "1", features = ["derive"] }
serde_json = "*" # pick whatever version

[dev-dependencies]
criterion = "0.2.11"

[[bench]]
name = "cooking_with_rust"
harness = false
```

(3) 增加了这些依赖项之后,还需要为 **src/main.rs** 文件增加一些代码:

```
use regex::Regex;
use serde::Serialize;

#[derive(Serialize)]
struct Person {
    pub full_name: String,
    pub call_me: String,
    pub age: usize,
}

fn main() {
    let a_person = Person {
        full_name: "John Smith".to_owned(),
        call_me: "Smithy".to_owned(),
        age: 42,
    };
    let serialized = serde_json::to_string(&a_person).unwrap();
    println! ("A serialized Person instance: {}", serialized);

    let re = Regex::new(r"(?x)(?P<year>\d{4})-(?P<month>\d{2})-(?P<day>\d{2})").unwrap();
    println! ("Some regex parsing:");
    let d = "2019-01-31";
```

```rust
    println!("Is {} valid? {}", d, re.captures(d).is_some());
    let d = "9999-99-00";
    println!("Is {} valid? {}", d, re.captures(d).is_some());
    let d = "2019-1-10";
    println!("Is {} valid? {}", d, re.captures(d).is_some());
}
```

（4）还有一个 **dev-dependency**，可以用它使用稳定的 Rust 编译器创建基准测试。为此，在 **src**/同一级上创建一个新的文件夹，并在其中增加一个文件 **cooking_with_rust.rs**。在 VS Code 中打开这个文件，并增加以下代码来运行一个基准测试：

```rust
#[macro_use]
extern crate criterion;

use criterion::black_box;
use criterion::Criterion;

pub fn bubble_sort<T: PartialOrd + Clone>(collection: &[T]) -> Vec<T> {
    let mut result: Vec<T> = collection.into();
    for _ in 0..result.len() {
        let mut swaps = 0;
        for i in 1..result.len() {
            if result[i - 1] > result[i] {
                result.swap(i - 1, i);
                swaps += 1;
            }
        }
        if swaps == 0 {
            break;
        }
    }
    result
}

fn bench_bubble_sort_1k_asc(c: &mut Criterion) {
    c.bench_function("Bubble sort 1k descending numbers", |b| {
        let items: Vec<i32> = (0..1_000).rev().collect();
        b.iter(|| black_box(bubble_sort(&items)))
```

```
    });
}

criterion_group!(benches, bench_bubble_sort_1k_asc);
criterion_main!(benches);
```

（5）下面将使用这些依赖库，来看 **cargo** 如何完成集成。首先执行 **cargo run**：

```
$ cargo run
    Compiling proc-macro2 v0.4.27
    Compiling unicode-xid v0.1.0
    Compiling syn v0.15.30
    Compiling libc v0.2.51
    Compiling memchr v2.2.0
    Compiling ryu v0.2.7
    Compiling serde v1.0.90
    Compiling ucd-util v0.1.3
    Compiling lazy_static v1.3.0
    Compiling regex v1.1.5 (https://github.com/rustlang/
      regex#9687986d)
    Compiling utf8-ranges v1.0.2
    Compiling itoa v0.4.3
    Compiling regex-syntax v0.6.6 (https://github.com/rustlang/
      regex#9687986d)
    Compiling thread_local v0.3.6
    Compiling quote v0.6.12
    Compiling aho-corasick v0.7.3
    Compiling serde_derive v1.0.90
    Compiling serde_json v1.0.39
    Compiling external-deps v0.1.0 (Rust-Cookbook
      /Chapter03/external-deps)
      Finished dev [unoptimized + debuginfo] target(s) in 24.56s
        Running 'target/debug/external-deps'
A serialized Person instance: {"full_name":"John Smith","call_me":"Smithy","age":42}
Some regex parsing:
    Is 2019-01-31 valid? true
    Is 9999-99-00 valid? true
```

Is 2019-1-10 valid? false

（6）它会下载和编译很多 crate（这里省略了下载部分，因为只会下载一次），不过，你能看出少了什么吗？这里没有看到指定为 **dev-dependency** 的 **criterion** crate，只有开发（**test/bench/..**）操作才需要这个 crate。下面运行 **cargo bench** 来查看 crate 的基准测试结果，包括 **criterion** 提供的一些基本趋势（这里对输出做了编辑）：

```
$ cargo bench
    Compiling proc-macro2 v0.4.27
    Compiling unicode-xid v0.1.0
    Compiling arrayvec v0.4.10
    [...]
    Compiling tinytemplate v1.0.1
    Compiling external-deps v0.1.0 (Rust-Cookbook
      /Chapter03/external-deps)
    Compiling criterion v0.2.11
     Finished release [optimized] target(s) in 1m 32s
      Running target/release/deps/external_deps-09d742c8de9a2cc7
```

running 0 tests

test result: ok. 0 passed; 0 failed; 0 ignored; 0 measured; 0 filtered out

      Running target/release/deps/cooking_with_rust-b879dc4675a42592
Gnuplot not found, disabling plotting
Bubble sort 1k descending numbers
                  time: [921.90 us 924.39 us 927.17 us]
Found 12 outliers among 100 measurements (12.00%)
  6 (6.00%) high mild
  6 (6.00%) high severe

Gnuplot not found, disabling plotting

下面来分析原理从而更好地理解代码。

3.3.2 工作原理

通过在 **Cargo.toml** 中指定版本和名字，**cargo** 可以下载和编译所需的 crate，并根据需要把它们链接到项目中。实际上，**cargo** 为 **crates.io** 上的 crate 和原始 **git** 依赖库维护了一个缓存（检查~/.cargo 目录），会在这里存放最近使用的 crate。这正是前几个步骤中所做的，我们增加了不同 crate 来源的依赖库。

其中一个来源是 **git** 存储库，不过也可以使用目录的本地路径。另外，通过传递一个对象（如步骤 2 中的 **regex** crate 所示），我们可以为一个 crate 指定特性（如步骤 2 中的 **serde** 依赖项）或者使用完整的一节（名为 **dev-dependencies**）指定目标输出中不体现的依赖库。结果是一个依赖树，这会串行化到 **Cargo.lock** 中。**dev-dependency criterion** 的使用如步骤 6 所示。其余步骤显示了如何使用外部依赖库和由 **cargo** 下载和编译的各个版本。

Cargo.toml 中的版本规范有自己的微语言，这只是补充了一些限制：

- 一个数指定主版本（Rust 中必须采用<**major**>.<**minor**>.<**patch**>模式），而其他部分由 **cargo** 决定（通常是最新版本）。
- 版本越精确，为解释留出的空间就越小。
- * 表示所有可用版本，最新的版本优先。

版本串中还可以放入更多字符和符号，不过这些通常就足够了。可以查阅 https://doc.rust-lang.org/cargo/reference/specifyingdependencies.html 了解更多例子。**cargo upgrade** 命令还会检查规范允许的最新版本并相应地更新。如果计划构建一个要由其他人使用的 crate，建议每隔一段时间运行一次 **cargo upgrade**，查看是否漏了安全/补丁更新。Rust 项目甚至建议把 **Cargo.lock** 文件加入源代码控制，以避免无意破坏 crate。

一个好的实践做法是尽可能减少所需的 crate 数量，并尽量保持更新。你的用户也希望如此。

3.3.3 参考资料

在 1.34 中，Rust 还允许有私有存储库。有关的更多内容请参阅以下博客文章：https://blog.rust-lang.org/2019/04/11/Rust-1.34.0.html#alternative-cargo-registries。我们已经了解了如何使用依赖和外部 crate，现在来看下一个技巧！

3.4 用子命令扩展 cargo

如今，一切都是可扩展的。不论被称为插件、扩展、附件还是子命令，都与定制（开发人员）体验有关。**cargo** 提供了一种非常简单的方法来实现这一点：使用二进制文件名。这允许快速扩展 **cargo** 基，可以加入特定于你自己的用例或工作方式的函数。这个技巧将构建我们自己的扩展。

3.4.1 准备工作

在这个技巧中，我们将使用命令行，这里会使用一个简单二进制项目的示例代码，所以打开一个 Terminal/PowerShell（我们将使用 Windows 上的 PowerShell 特性）来运行这个技巧中的命令。

3.4.2 实现过程

扩展 **cargo** 极为容易。为此，可以完成以下步骤：

（1）用以下命令创建一个新的 Rust 二进制应用项目：

```
cargo new cargo-hello
```

（2）用 **cd cargo-hello** 切换到这个目录，并使用 **cargo build** 构建项目。

（3）在 **PATH** 变量中增加当前项目的 **target/debug** 文件夹。在 Linux 和 Mac（使用 bash）上，可以如下设置：

```
export PATH = $PATH:/path/to/cargo-hello/target/debug
```

在 Windows 上，可以使用 PowerShell 利用以下代码脚本实现同样的目标：

```
$ env:Path + = ";C:/path/to/cargo-hello/target/debug"
```

（4）在同一个窗口中，现在应该能够从这个计算机上的任何目录运行 **cargo-hello**（Windows 上的 **cargo-hello.exe**）。

（5）另外，现在 **cargo** 能运行 **hello** 作为一个子命令。试着在计算机上的任意目录运行 **cargo hello**。由此可以看到以下输出：

```
$ cargo hello
Hello, world!
```

下面来分析原理从而更好地理解代码。

3.4.3 工作原理

cargo 会选出 **PATH** 环境变量所列目录中以 **cargo-** 开头的所有可执行文件。在 *nix 系统中，将使用其中所列的目录来发现命令行可执行文件。

为了让 **cargo** 无缝地集成这些扩展，它们的名字必须满足几个条件：
- 这些二进制文件必须是当前平台上可执行的文件。
- 名字以 **cargo-** 开头。
- 包含这个文件的文件夹必须列在 **PATH** 变量中。

在 Linux/macOS 上，可执行文件还可以是 shell 脚本，这对于改进开发工作流非常有用。不过，这些脚本必须看上去像是一个二进制文件，因此没有文件扩展名。这样一来，不用执行多个命令，如 **cargo publish**、**git tag** 和 **git push**、**cargo shipit** 可以大大提高速度和一致性。

另外，所有 **cargo** 子命令都可以接受在命令后面传入的命令行参数，默认地，工作目录就是运行命令的目录。有了这些知识，现在你应该能扩展 **cargo** 特性了！

我们已经了解了如何用子命令扩展 cargo，现在来看下一个技巧！

3.5 用 cargo 测试你的项目

之前的一个技巧中我们主要关注编写测试，这个技巧则有关于运行测试。测试是软件工程中一个重要的部分，因为这会确保我们站在用户的立场上反复检查我们创建的产品是否有效。尽管很多其他语言还需要一个单独的测试运行工具，**cargo** 则不同，它自带了这个功能！

在这个技巧中我们探讨 **cargo** 如何帮助完成这个过程。

3.5.1 实现过程

为了研究 **cargo** 的测试功能，来完成以下步骤：

（1）在命令行使用 **cargo new test-commands - - lib** 命令创建一个新项目，并在 VS Code 中打开得到的文件夹。

（2）接下来，将 **src/lib.rs** 中的内容替换为以下代码：

```rust
#[cfg(test)]
mod tests {
    use std::thread::sleep;
    use std::time::Duration;

    #[test]
    fn it_works() {
        assert_eq!(2 + 2, 4);
    }

    #[test]
    fn wait_10secs() {
        sleep(Duration::from_secs(10));
```

```rust
        println!("Waited for 10 seconds");
        assert_eq!(2 + 2, 4);
    }

    #[test]
    fn wait_5secs() {
        sleep(Duration::from_secs(5));
        println!("Waited for 5 seconds");
        assert_eq!(2 + 2, 4);
    }

        #[test]
        #[ignore]
        fn ignored() {
            assert_eq!(2 + 2, 4);
        }
    }
}
```

(3) 与其他技巧中一样，可以用 **cargo test** 命令执行所有测试：

```
$ cargo test
    Compiling test-commands v0.1.0 (Rust-Cookbook/Chapter03/testcommands)
     Finished dev [unoptimized + debuginfo] target(s) in 0.37s
      Running target/debug/deps/test_commands-06e02dadda81dfcd

running 4 tests
test tests::ignored ... ignored
test tests::it_works ... ok
test tests::wait_5secs ... ok
test tests::wait_10secs ... ok

test result: ok. 3 passed; 0 failed; 1 ignored; 0 measured; 0 filtered out

   Doc-tests test-commands

running 0 tests

test result: ok. 0 passed; 0 failed; 0 ignored; 0 measured; 0 filtered out
```

（4）为了快速迭代，**cargo** 还允许我们使用 **cargo test <test-name>** 执行一个特定测试：

```
$ cargo test tests::it_works
    Finished dev [unoptimized + debuginfo] target(s) in 0.05s
     Running target/debug/deps/test_commands-06e02dadda81dfcd

running 1 test
test tests::it_works ... ok

test result: ok. 1 passed; 0 failed; 0 ignored; 0 measured; 3 filtered out
```

（5）运行测试的另一种有用的方式是不捕获这些测试的输出。默认地，测试工具不会从测试内部打印任何内容。不过有时有一些测试输出可能很有用，下面使用 **cargo test - - - - nocapture** 来查看输出：

```
$ cargo test - - - - nocapture
    Finished dev [unoptimized + debuginfo] target(s) in 0.01s
     Running target/debug/deps/test_commands-06e02dadda81dfcd

running 4 tests
test tests::ignored ... ignored
test tests::it_works ... ok
Waited for 5 seconds
test tests::wait_5secs ... ok
Waited for 10 seconds
test tests::wait_10secs ... ok

test result: ok. 3 passed; 0 failed; 1 ignored; 0 measured; 0 filtered out

   Doc - tests test - commands

running 0 tests

test result: ok. 0 passed; 0 failed; 0 ignored; 0 measured; 0 filtered out
```

（6）所有测试都并行运行，有时这会导致意外的结果。要调整这种行为，我们可以使用 **cargo test - - - - test-threads <no-ofthreads>** 来控制线程数。下面比较使用 4 个线程和 1 个线程的情况，看看二者的差别。我们将使用 **time** 程序显示运行时间（如果你没有 **time**，这是可选的），这里以秒为单位。先来看 4 个线程的情况：

```
$ time -f "%e" cargo test ---- --test-threads 4
    Compiling test-commands v0.1.0 (/home/cm/workspace/Mine/Rust-Cookbook/Chapter03/test-commands)
     Finished dev [unoptimized + debuginfo] target(s) in 0.35s
      Running target/debug/deps/test_commands-06e02dadda81dfcd

running 4 tests
test tests::ignored ... ignored
test tests::it_works ... ok
test tests::wait_5secs ... ok
test tests::wait_10secs ... ok

test result: ok. 3 passed; 0 failed; 1 ignored; 0 measured; 0 filtered out

   Doc-tests test-commands

running 0 tests

test result: ok. 0 passed; 0 failed; 0 ignored; 0 measured; 0 filtered out
10.53
```

相对于使用 1 个线程，这个测试速度很快：

```
$ time -f "%e" cargo test ---- --test-threads 1
     Finished dev [unoptimized + debuginfo] target(s) in 0.03s
      Running target/debug/deps/test_commands-06e02dadda81dfcd

running 4 tests
test tests::ignored ... ignored
test tests::it_works ... ok
test tests::wait_10secs ... ok
test tests::wait_5secs ... ok

test result: ok. 3 passed; 0 failed; 1 ignored; 0 measured; 0 filtered out

   Doc-tests test-commands
```

```
running 0 tests

test result: ok. 0 passed; 0 failed; 0 ignored; 0 measured; 0
filtered out
```

15.17

（7）最后，还可以过滤多个测试，如所有以 **wait** 开头的测试：

```
$ cargo test wait
    Finished dev [unoptimized + debuginfo] target(s) in 0.03s
     Running target/debug/deps/test_commands-06e02dadda81dfcd
running 2 tests
test tests::wait_5secs ... ok
test tests::wait_10secs ... ok
```

下面来分析原理从而更好地理解代码。

3.5.2 工作原理

Rust 的内置测试库名为 **libtest**，这正是 **cargo** 调用的测试库。不论创建的项目是何种类型（二进制应用或库项目），**libtest** 都会运行相关的测试并输出结果。在这个技巧中，我们分析了如何为之前创建的项目运行测试。不过，显然这些步骤适用于任何带测试的项目。

在步骤 2 中，我们创建了一个很小的库，它包含 4 个测试，其中两个测试在等待几秒时间（5 秒和 10 秒）之后向命令行打印某些内容。这使我们能显示多线程测试的运行情况，默认地这个测试工具会捕获输出。

除了过滤项目中的一组可用测试（如步骤 4 和步骤 7 所示），**libtest** 还接受命令行参数来定制输出、日志记录、线程和更多其他内容。可以调用 **cargo test ---- help** 了解更多信息。请注意这里的双短横线（--），它告诉 **cargo** 要把后面的参数传递到 **libtest**。

从选项可以看出：所有测试都并行运行，除非另外说明。我们在步骤 6 中更改了一个选项，得到了明显不同的结果（单线程运行时间为 15 秒，而多线程运行时间为 10 秒，就像最长休眠时间）。可以使用这个选项调试竞态条件或其他运行时行为。

步骤 5 使用一个选项来显示标准输出，显示的顺序与我们编写测试函数的顺序不同。这是并发执行的结果，因此结合限制线程数和捕获输出的选项可以线性地执行测试。在这些步骤的最后，步骤 7 中过滤了多个测试。

我们已经了解了如何用 **cargo** 测试我们的项目。现在来看下一个技巧！

3.6 使用 cargo 持续集成

自动化是当今软件工程的一个重要方面。无论是"基础设施即代码"还是"函数即服务",很多领域都希望能自动完成预期工作。不过,原来采用的是基于某些规则的集中测试和部署基础设施,这个概念比较老(这称为 ALM,即应用生命周期管理,**Application Lifecycle Management**),利用现代工具,这会非常容易。建立 **cargo** 就是为了支持这种有合理默认值的无状态基础设施,而且提供一个易用的接口来进行定制。

在这个技巧中,我们将介绍如何使用 Microsoft 的 Azure DevOps 平台(作为例子)来构建 Rust 应用。

3.6.1 准备工作

尽管任何人都可以访问 Azure DevOps 存储库(https://azure.microsoft.com/en-us/services/devops/?nav=min),但强烈建议创建一个 Microsoft 账户,并使用免费套餐重新生成这个示例。访问 https://azure.microsoft.com/en-us/services/devops/,并按照说明来完成。

为了有一个可以处理的准备好的项目,我们将重用这一章前面"3.2 上传到 *crates.io*"技巧中的 **bubble-sort** crate,并把它上传到一个源代码托管服务,如 Azure DevOps 或 GitHub。

3.6.2 实现过程

打开一个浏览器窗口,导航到 https://dev.azure.com,登录并找到你创建的项目。然后完成以下步骤:

(1) Azure DevOps 是一个完成项目管理的一体化解决方案,我们要把源代码推送到可用的存储库。可以按照存储库创建指南来完成这个工作。

(2) 流水线(Pipeline)是 Azure DevOps 的持续集成部分。它们会协调构建代理(运行构建的机器),并提供一个可视化界面来完成一个循序渐进的构建过程。首先从一个空作业模板创建一个新流水线,如图 3-4 所示。

(3) 在每个流水线中,可以有多个作业,即在同一个代理上运行的多个步骤,不过我们只需要一个。点击预定义 **Agent job 1** 右边的＋号,搜索名为 **rust** 的构建任务,如图 3-5 所示。

(4) 由于这个特定的构建任务可以在 Marketplace 上得到(感谢 Sylvain Pontoreau: https://github.com/spontoreau/rust-azure-devops),我们要把它增加到我们的项目中。

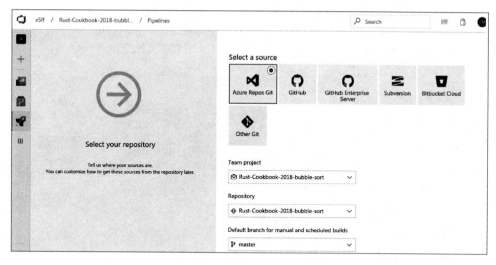

图 3-4　创建新流水线

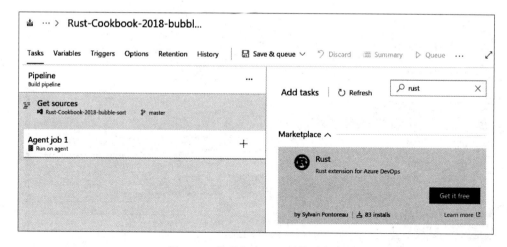

图 3-5　搜索名为 rust 的构建任务

（5）购买（*purchasing*）任务蓝图之后（不过其实这是免费的），可以把它增加到我们的流水线并进行配置。有一个运行测试的构建很有用，不过 CI 系统非常灵活，你可以有很多创意。现在你的屏幕应该如图 3-6 所示。

（6）直接使用第一个任务（不需要配置），因为这只是使用 **rustup** 来安装工具。第二个任务只是运行 **cargo test**，如图 3-7 所示。

图 3-6　显示界面

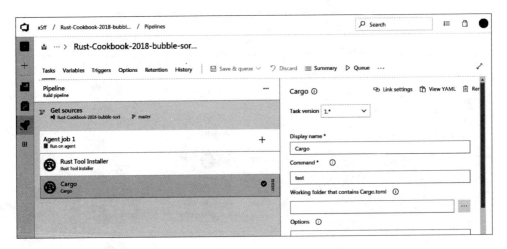

图 3-7　运行 cargo test

（7）作为最后一个步骤，将这个构建入队并检查其进度。如果完全遵循这个技巧，你会得到一个成功的构建，可以用它来检查拉取请求，在 **crates.io** 上增加 badge，以及完成更多其他工作，如图 3-8 所示。

下面来分析原理从而更好地理解代码。

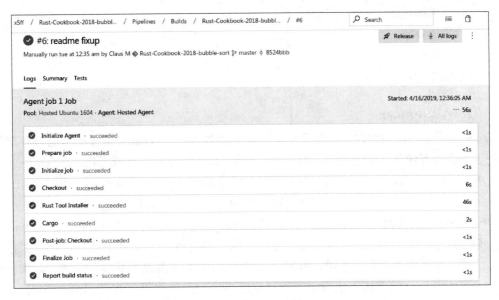

图 3-8 在 crates.io 上增加 badge

3.6.3 工作原理

Azure DevOps 是一个完整的集成解决方案，可以用于项目管理、问题跟踪、源代码托管以及构建和部署解决方案。类似的产品还有 GitHub（也归 Microsoft 所有）、GitLab（https://about.gitlab.com）或 Atlassian 的 Bitbucket（https://bitbucket.org）。结合 CircleCI（https://circleci.com）或 Travis CI（https://travis-ci.org/），这些平台提供了很强大的工具，使团队能确保每次新的部署都能可靠地满足其目标，而不会有太大管理开销。

基本思想很简单：通过在一个中立的平台上完成构建，可以避免本地运行相同测试时可能出现的大多数明显错误（缺少依赖库或依赖于环境特定细节）。不仅如此，对于大型项目，可能要求运行每一个测试，专用的基础设施可以负责完成这个工作。

由于计算机是出了名的挑剔，运行测试的结果也可见，可以用来禁止某些动作，比如在测试失败时仍部署到生产环境中。在某种程度上，持续集成系统会让开发人员对他们的规则（测试）负责。

作为无状态系统中的"好公民"，**cargo** 支持是隐式的。如果某些条件没有得到满足，它不会失败，而是会尝试避免终止，而且开始时只需要很少的配置。它能很容易地处理和增加依赖项，另外对子命令的支持也使它成为跨平台构建的一个好方法。

除了运行 **cargo test**，下面给出了一些可以尝试的想法：

- 运行基准测试。
- 运行集成测试。
- 格式化代码。
- 只在成功测试时接受 PR。
- 生成文档。
- 完成静态代码分析。

Azure DevOps 还支持发布流水线，这要用于诸如发布到 **crates.io**（或其他包存储库）、更新托管文档等等任务。阅读 Azure DevOps 文档（https://docs.microsoft.com/en-us/azure/devops/?view=azure-devops）来了解如何完成这些任务。如果你更喜欢用 YAML（https://yaml.org/）文件配置 CI 流水线，Azure DevOps 也同样支持。

多亏了 Sylvain Pontoreau 在创建易用的任务模板方面所做的工作（https://twitter.com/bla），我们能快速地设置构建、测试或其他流水线。要为每一个平台手动完成这个工作可能很困难，对于大多数开发人员来说，维护下载包和 shell 脚本都是很头疼的事情。如果你使用了 Sylvain Pontoreau 的工作，他很乐于听到你的反馈，例如你可以在 Twitter（https://twitter.com/spontoreau）上与他互动。

我们已经了解了如何用 **cargo** 持续集成，现在来看下一个技巧！

3.7 定制构建

cargo 的用途很广泛，这一章前面的技巧已经表明了这一点。不过，我们还没有谈到配置 **cargo** 用来编译和运行 Rust 项目的工具。对此有多种方法，它们分别适用于不同的领域。

在这个技巧中，我们将通过定制新项目的构建来研究两种方法。

3.7.1 实现过程

可以如下定制一个构建：

（1）使用 **cargo new custom-build** 创建一个新的二进制项目，并使用 VS Code 打开项目文件夹。

（2）打开 **src/main.rs**，并把 hello world 代码替换为以下代码：

```
fn main() {
    println!("Overflow! {}", 128u8 + 129u8);
}
```

（3）现在这个二进制项目中的代码会创建一个溢出情况，编译器能很容易地捕获这个问题。不过，默认的发布构建会关闭这个特性。运行 **cargo run -- release** 来查看实际的运行：

```
$ cargo run -- release
  Finished release [optimized] target(s) in 0.02s
   Running 'target/release/custom-build'
Overflow! 1
```

（4）如果想要改变这一点，即发布模式中编译器要在编译时检查溢出错误（尽管溢出可能很有用，例如在硬件驱动器中），我们必须编辑 **Cargo.toml**，为 **release** 构建（以及其他构建，例如 **dev** 和 **test**）定制概要。在这个文件中，还可以修改另外一些选项来实现更快的构建（这对于较大的项目很重要）：

```
# Let's modify the release build
[profile.release]
opt-level = 2
incremental = true # default is false
overflow-checks = true
```

（5）现在运行 **cargo run -- release** 时，输出会改变：

```
$ cargo run -- release
    Compiling custom-build v0.1.0 (Rust-Cookbook/Chapter03/custombuild)
error: attempt to add with overflow
  --> src/main.rs:2:30
   |
 2 | println!("Overflow! {}", 128u8 + 129u8);
   |                          ^^^^^^^^^^^^^
   |
   = note: #[deny(const_err)] on by default

error: aborting due to previous error

error: Could not compile 'custom-build'.
To learn more, run the command again with --verbose.
```

（6）这很容易，不过还不只如此！在项目的根目录创建一个 **.cargo** 目录，并在这个目录中增加一个 **config** 文件。由于这个文件（和目录）在这个项目中，这就是它的作用域。不过，通过将 **.cargo** 目录上移几层，它就可以用于更多的项目。要知道用户的主目录表示全局作用域（*global scope*），这意味着 **cargo** 配置可以应用于这个用户的所有项目。下面的设置将默认构建目标切换到 WASM 输出（https://webassembly.org/），并把构建工件目录重命名为 **out**

（默认为 **target**）：

```
[build]
target = "wasm32-unknown-unknown"  # the new default target
target-dir = "out"                  # custom build output directory
```

（7）下面从 **src/main.rs** 中去除溢出：

```
fn main() {
    println!("Overflow! {}", 128 + 129);
}
```

（8）用 **cargo build** 编译，并运行 **cargo run** 来看会发生什么：

```
$ cargo build
   Compiling custom-build v0.1.0 (Rust-Cookbook/Chapter03/custombuild)
    Finished dev [unoptimized + debuginfo] target(s) in 0.37s
$ cargo run
   Compiling custom-build v0.1.0 (Rust-Cookbook/Chapter03/custombuild)
    Finished dev [unoptimized + debuginfo] target(s) in 0.15s
     Running 'out/wasm32-unknown-unknown/debug/custom-build.wasm'
out/wasm32-unknown-unknown/debug/custom-build.wasm:
   out/wasm32-unknown-unknown/debug/custom-build.wasm: cannot
     execute binary file
```

下面来分析原理从而更好地理解代码。

3.7.2 工作原理

一个项目有许多方面可以配置，其中大多数对于较小的程序和库是不需要的（除非对于特殊的架构）。这个技巧只能展示几个简单的例子，不过在 **cargo** 书中有更多关于配置（https://doc.rust-lang.org/cargo/reference/config.html）和清单（https://doc.rust-lang.org/cargo/reference/manifest.html#the-profilesections）的例子。

在前几个步骤中，通过改变 **cargo** 配置中的一个标志，将 **cargo** 配置为忽略溢出错误。虽然乍一看这一步似乎没有道理，不过有时可能有必要允许溢出，使得驱动程序或其他低级电子设备能操作。

很多其他选项可以定制开发人员的体验（例如，为新项目设置名字和电子邮件地址、别名等），还有一些选项已经证明在非标准设置中很有用，例如，为特定硬件创建设备驱动程序、操作系统或实时软件时。稍后在第 9 章"简化系统编程"中我们会用到其中一些选项。

不过，改变 **build** 节（如 **cargo build** 中）会产生严重的后果，因为它表示项目的标准输出格式。把它改为诸如 WASM 等输出似乎有些随意，但是作为默认设置，这样开发人员在设置开发环境时可以省去很多步骤，或者可以使 CI 构建脚本不那么繁琐。

总之，**cargo** 非常灵活而且很容易配置，不过要为各个项目单独定制。查看清单和文档，来了解 **cargo** 如何帮助你更容易地完成项目（并让你的生活更轻松）。

第 4 章 无 畏 并 发

并发性和并行性是现代编程的重要组成部分，Rust 完全能够应对这些挑战。借用和所有权模型对于防止数据竞争非常有用［在数据库中这称为异常（**anomalies**）］，因为默认情况下变量是不可变的，如果需要可变性，这个数据就不能有任何其他引用。这保证了 Rust 中的各种并发安全性，而且不太复杂（与许多其他语言相比）。

在这一章中，我们将介绍几种采用并发解决问题的方法，还会介绍将来可能有的一些内容（写这本书时，这些内容还没有包含在这个语言中）。如果你将来读这本书（没有双关的意思），那些内容可能已经是核心语言的一部分了，可以参考 "4.10 *使用 future 的异步编程*" 技巧作为历史参考。

在这一章中，我们将介绍以下技巧：
- 将数据移入线程。
- 管理多个线程。
- 线程间传递消息。
- 共享可变状态。
- 多进程。
- 使顺序代码变为并行。
- 向量中的并发数据处理。
- 共享不可变状态。
- Actor 和异步消息。
- 使用 future 的异步编程。

4.1 将数据移入线程

Rust 线程的操作与所有其他语言一样，同样在作用域中操作。所有其他作用域（比如闭包）可以很容易地从父作用域借用变量，因为很容易确定是否删除变量以及何时删除变量。不过，创建一个线程时，相比于其父线程的生命周期，无法知道这个线程的生命周期，因此引用可能会在任何时间变得无效。

为了解决这个问题，线程作用域可以获得其变量的所有权，内存要移动到（**moved**）线程的作用域。下面来看这要如何做到！

4.1.1 实现过程

按照以下步骤来看如何在线程间移动内存：

(1) 使用 **cargo new simple-threads** 创建一个新的应用项目，并在 Visual Studio Code 中打开这个目录。

(2) 编辑 **src/main.rs**，创建一个简单的线程，它没有将数据移动到其作用域。由于这是最简单的线程，下面在命令行上打印一些内容并等待：

```rust
use std::thread;
use std::time::Duration;

fn start_no_shared_data_thread() -> thread::JoinHandle<()> {
    thread::spawn(|| {
        //since we are not using a parent scope variable in here
        //no move is required
        println!("Waiting for three seconds.");
        thread::sleep(Duration::from_secs(3));
        println!("Done")
    })
}
```

(3) 下面从 **fn main()** 调用这个新函数，将 **hello world** 代码段替换为以下代码：

```rust
let no_move_thread = start_no_shared_data_thread();
for _ in 0..10 {
    print!(":");
}

println!("Waiting for the thread to finish...{:?}",
no_move_thread.join());
```

(4) 运行这个代码，来看它是否能正确工作：

```
$ cargo run
    Compiling simple-threads v0.1.0 (Rust-Cookbook/Chapter05/simplethreads)
    Finished dev [unoptimized + debuginfo] target(s) in 0.35s
     Running 'target/debug/simple-threads'
::::::::::Waiting for three seconds.
Done
```

```
Waiting for the thread to finish...Ok(())
```

(5) 下面将一些数据移入一个线程。为 **src/main.rs** 增加另一个函数：

```
fn start_shared_data_thread(a_number: i32, a_vec: Vec<i32>) ->
thread::JoinHandle<Vec<i32>> {
    //thread::spawn(move || {
    thread::spawn(|| {
        print!("a_vec ---> [");
        for i in a_vec.iter() {
            print!("{} ", i);
        }
        println!("]");
        println!("A number from inside the thread: {}", a_number);
        a_vec //let's return ownership
    })
}
```

(6) 为了说明在底层发生了什么，现在去掉了 **move** 关键字。扩展 **main** 函数来包含以下代码：

```
let a_number = 42;
let a_vec = vec![1,2,3,4,5];

let move_thread = start_shared_data_thread(a_number, a_vec);

println!("We can still use a Copy-enabled type: {}", a_number);
println!("Waiting for the thread to finish...{:?}", 
move_thread.join());
```

(7) 它能正常工作吗？运行 **cargo run** 试试看：

```
$ cargo run
Compiling simple-threads v0.1.0 (Rust-Cookbook/Chapter04/simplethreads)
error[E0373]: closure may outlive the current function, but it
borrows 'a_number', which is owned by the current function
  --> src/main.rs:22:20
   |
22 |     thread::spawn(|| {
   |                   ^^ may outlive borrowed value 'a_number'
...
```

```
29 |     println!(" A number from inside the thread: {}", a_number);
   |                                                       --------
'a_number' is borrowed here
   |
note: function requires argument type to outlive 'static'
  --> src/main.rs:22:6
   |
23 |  /thread::spawn(|| {
24 | |    print!(" a_vec ---> [");
25 | |    for i in a_vec.iter() {
...  |
30 | |    a_vec //let's return ownership
31 | | })
   | |___^
help: to force the closure to take ownership of 'a_number' (and any
other referenced variables), use the 'move' keyword
   |
23 |   thread::spawn(move || {
   |                 ~~~~

error: aborting due to previous error

For more information about this error, try 'rustc - - explain E0373'.
error: Could not compile 'simple-threads'.

To learn more, run the command again with - - verbose.
```

（8）可以看到：要将某类数据移入一个线程作用域，需要使用 **move** 关键字将这个值移动到这个作用域来转移所有权。下面按照编译器的指示修改代码：

```
///
///Starts a thread moving the function's input parameters
///
fn start_shared_data_thread(a_number: i32, a_vec: Vec<i32>) ->
thread::JoinHandle<Vec<i32>> {
    thread::spawn(move || {
    //thread::spawn(|| {
        print!(" a_vec ---> [");
        for i in a_vec.iter() {
```

```
            print!("{}", i);
        }
        println!("]");
        println!("A number from inside the thread: {}", a_number);
        a_vec //let's return ownership
    })
}
```

(9) 再运行 **cargo run** 试试看:

```
$ cargo run
    Compiling simple-threads v0.1.0 (Rust-Cookbook/Chapter04/simplethreads)
     Finished dev [unoptimized + debuginfo] target(s) in 0.38s
      Running 'target/debug/simple-threads'
::::::::::Waiting for three seconds.
Done
Waiting for the thread to finish...Ok(())
We can still use a Copy-enabled type: 42
    a_vec --->[ 1 2 3 4 5 ]
    A number from inside the thread: 42
Waiting for the thread to finish...Ok([1, 2, 3, 4, 5])
```

下面来分析原理从而更好地理解代码。

4.1.2　工作原理

Rust 中线程的行为与常规函数很类似:它们可以获得所有权,并使用与闭包相同的语法来操作(|| {} 是一个无参数的空/**noop** 函数)。因此,我们必须像对待函数一样对待线程,要从所有权和借用的角度考虑 Rust 线程,或者更特定地,要从生命周期来考虑。如果将一个引用传递到这个线程函数(这是默认行为),这会使编译器无法跟踪引用的有效性,这对代码安全来说是一个问题。Rust 通过引入 **move** 关键字解决了这个问题。

使用 **move** 关键字会改变借用的默认行为,将把每个变量的所有权移动到这个作用域。因此,除非这些值实现了 **Copy** trait(如 **i32**),或者借用时这些值比线程的生命周期更长(比如 **str** 字面量的'static 生命周期),否则它们将对线程的父作用域不可用。

拿回所有权的方式也与函数中类似,也是通过 **return** 语句。[使用 **join**()]等待另一个线程的线程可以通过解包 join()的结果来获取返回值。

Rust 中的线程是各个操作系统的原生线程,有自己的本地状态和执行堆栈。它们发生 panic(恐慌)时,只是线程停止,而不是整个程序停止。

我们已经可以将数据移入线程。现在来看下一个技巧。

4.2 管理多个线程

单个线程很好，但在现实中，很多用例都要求大量线程并行地处理大规模的数据集。这是由映射/归约模式推广的，尽管映射/归约是几年前发布的模式，不过仍然是处理某些特定内容的一个好方法，比如并行处理多个文件、数据库结果中的记录行以及很多其他内容。不论是什么来源，只要处理不相互依赖，都可以对其进行分块和映射（**mapped**），Rust 可以很容易地完成这两个工作，而且可以避免数据竞态条件。

4.2.1 实现过程

在这个技巧中，我们将增加更多线程来完成映射式数据处理。完成以下步骤：

（1）运行 **cargo new multiple-threads** 来创建一个新的应用项目，并在 Visual Studio Code 中打开这个目录。

（2）在 **src/main.rs** 中，在 **main()** 上面增加以下函数：

```
use std::thread;

///
///Doubles each element in the provided chunks in parallel and
returns the results.
///
fn parallel_map(data: Vec<Vec<i32>>) ->
Vec<thread::JoinHandle<Vec<i32>>> {
    data.into_iter()
        .map(|chunk| thread::spawn(move ||
            chunk.into_iter().map(|c|
            c * 2).collect()))
        .collect()
}
```

（3）在这个函数中，我们为传入的每个块派生一个线程。这个线程只是将数字翻倍，因此函数会为每个块返回 Vec<**i32**>，其中包含这个转换结果。现在我们要创建输入数据并调用这个函数。下面扩展 **main** 来完成这个工作：

```
fn main() {
```

```rust
//Prepare chunked data
let data = vec![vec![1, 2, 3], vec![4, 4, 5], vec![6, 7, 7]];

//work on the data in parallel
let results: Vec<i32> = parallel_map(data.clone())
    .into_iter() //an owned iterator over the results
    .flat_map(|thread| thread.join().unwrap()) //join each thread
    .collect(); //collect the results into a Vec

//flatten the original data structure
let data: Vec<i32> = data.into_iter().flat_map(|e| e)
    .collect();

//print the results
println!("{:?} -> {:?}", data, results);
}
```

(4)执行 **cargo run**,现在可以看到结果:

```
$ cargo run
    Compiling multiple-threads v0.1.0 (Rust-Cookbook/Chapter04/multiple-threads)
    Finished dev [unoptimized + debuginfo] target(s) in 0.45s
     Running 'target/debug/multiple-threads'
[1, 2, 3, 4, 4, 5, 6, 7, 7] -> [2, 4, 6, 8, 8, 10, 12, 14, 14]
```

下面来分析原理从而更好地理解代码。

4.2.2 工作原理

必须承认,在 Rust 中处理多个线程就像处理单个线程一样,因为没有便利方法来连接一个线程列表或完成类似的操作。实际上,我们可以利用 Rust 迭代器的强大功能,用一种表达力很强的方式实现这一点。利用这些函数式构造,原来需要的 **for** 循环可以代之以一组串链的函数,这些函数采用懒方式处理集合,使得代码更容易处理,效率更高。

在步骤 1 中创建项目之后,我们实现了一个多线程函数对每个块应用一个操作。这些块是一个向量的一部分,可以为任意类型的任务完成一个操作,在本例中,这是一个将输入变量加倍的简单函数。步骤 3 展示了如何调用多线程映射(**mapping**)函数,以及如何采用一种future/promise (http://dist-prog-book.com/chapter/2/futures.html)方式使用 **JoinHandle** 得到结果。步骤 4 将加倍后的块输出为一个平面列表,从而说明它确实能按预期工作。

克隆数据的次数也很有意思。由于只有将值移动到每个线程的内存空间才能将数据传递到线程中,因此克隆通常是解决这些共享问题的唯一方法。不过,我们将介绍一个方法,它类似于本章后面一个技巧(见 4.8 共享不可变状态)中的多个 **Rc**,现在来看下一个技巧。

4.3 使用通道在线程间通信

在很多标准库和编程语言中,线程间传递消息都很成问题,因为很多都依赖用户应用锁定机制。这会导致死锁,使新手心生畏惧,正因如此,当初 Go 推广通道的概念时,很多开发人员都非常兴奋,Rust 中也可以看到这个概念。利用 Rust 的通道,只用几行代码就可以设计一个安全的事件驱动的应用,而不需要任何显式的锁定。

4.3.1 实现过程

下面创建一个简单的应用,在命令行上可视化显示收到的值:

(1)运行 `cargo new channels` 创建一个新的应用项目,并在 Visual Studio Code 中打开这个目录。

(2)首先来看基础部分。打开 **src/main.rs**,并为这个文件增加导入语句和一个 **enum** 结构:

```
use std::sync::mpsc::{Sender, Receiver};
use std::sync::mpsc;
use std::thread;

use rand::prelude::*;
use std::time::Duration;
enum ChartValue {
    Star(usize),
    Pipe(usize),
}
```

(3)然后在 main 函数中,我们用 `mpsc::channel()` 函数创建一个通道,并提供两个负责发送的线程。之后,我们要用两个线程向主线程发送消息,这里有一个可变的延迟。下面给出代码:

```
fn main() {
    let (tx, rx): (Sender<ChartValue>, Receiver<ChartValue>) =
```

```
    mpsc::channel();

let pipe_sender = tx.clone();
thread::spawn(move || {
    loop {
        pipe_sender.send(ChartValue::Pipe(random::<usize>() %
          80)).unwrap();
        thread::sleep(Duration::from_millis(random::<u64>() %
          800));
    }
});

let star_sender = tx.clone();
thread::spawn(move || {
    loop {
        star_sender.send(ChartValue::Star(random::<usize>() %
          80)).unwrap();
        thread::sleep(Duration::from_millis(random::<u64>() %
          800));
    }
});
```

(4)这两个线程都是向通道发送数据,所以这里还缺少通道接收端来负责接收输入数据。接收者提供了两个函数 recv() 和 recv_timeout(),它们都会阻塞调用线程,直到接收到一个元素(或者已经达到超时时间)。我们将打印这个字符,将它重复指定的次数(次数由传入值指定):

```
    while let Ok(val) = rx.recv_timeout(Duration::from_secs(3)) {
        println!("{}", match val {
            ChartValue::Pipe(v) => "|".repeat(v + 1),
            ChartValue::Star(v) => "*".repeat(v + 1)
        });
    }
}
```

(5)最终运行程序时,为了使用 **rand**,还需要在 **Cargo.toml** 中增加以下依赖项:

```
[dependencies]
rand = "^0.5"
```

（6）最后来看这个程序的运行情况，它会无限运行下去。要停止程序，需要按 Ctrl+C。下面使用 **cargo run** 运行程序：

```
$ cargo run
    Compiling channels v0.1.0 (Rust-Cookbook/Chapter04/channels)
    Finished dev [unoptimized + debuginfo] target(s) in 1.38s
     Running 'target/debug/channels'
||||||||||||||||||||||||||||||||||||||||||||||||||||||||||||||||||||||||||||
|
***************************
||||||||||||||||||||||||||||||||||||||||||||||||||||||||||||||||||||||||||||
|||||||||||
************************************************************
|||||||||||||||||||||||||||
************************************************************
****************************
||||||||||||||||
**********
||||||||||||||||||||||||||||||||||||||||||||||||||||||||||||||||||||||||||||
*******************************
|||||||||||||||||||||||||||||||||||||||
*****************************************************************
|||||||||||||||||||||||||||||||||||||||||||||||||||||||||||||||||||||||||
********************************
****************************************************************************
*****
*******************
***************************************************
||||||||||||||||||||||||||||||||||||||||||||||||||||||||||||||||||||||||||||
|||||||||||
||||||||||||||||||||||||||||||||||||||||||||||
****************************************************
*
```

这是怎么做到的？下面来分析原理从而更好地理解代码。

4.3.2 工作原理

通道是多生产者-单消费者（**multi-producer-single-consumer**）数据结构，包括多个发送者（有一个轻量级克隆），但只有一个接收者。在底层，通道没有锁定，而是依赖于一个 **unsafe** 数据结构，允许检测和管理流的状态。通道可以很好地处理跨线程发送数据，而且可以用于创建一个 actor 式框架或一个响应型映射−归约式数据处理引擎。

这是 Rust 无畏并发（**fearless concurrency**）的一个示例：传入的数据由通道拥有，直到接收者获取数据，此时会有一个新的所有者接管。通道还充当一个队列，可以保存元素，直到元素被获取。这样一来，不仅开发人员不必实现交换，而且还免费为常规队列增加了并发性。

我们在这个技巧的步骤 3 创建了通道，并将发送者传递到不同的线程，这些线程开始向接收者发送之前（在步骤 2 中）定义的 **enum** 类型，使接收者能够打印。打印在步骤 4 完成，为此会循环处理阻塞迭代器（超时时间为 3 秒）。然后，步骤 5 展示了如何向 **Cargo.toml** 增加依赖项，在步骤 6 中，我们看到了输出：这里会打印多行，每行有随机数量的元素（可能是 * 或 |）。

我们已经介绍了如何使用通道在线程间轻松地通信，现在来看下一个技巧。

4.4 共享可变状态

Rust 的所有权和借用模型大大简化了不可变数据的访问和传输，不过共享的状态呢？很多应用需要从多个线程可变地访问共享资源。我们来看这是怎么做的！

4.4.1 实现过程

在这个技巧中，我们将创建一个非常简单的仿真：

（1）运行 **cargo new black-white** 来创建一个新的应用项目，并在 Visual Studio Code 中打

(2) 打开 **src/main.rs** 增加一些代码。首先，需要一些导入和一个 **enum**，使我们的仿真更有趣一些：

```rust
use std::sync::{Arc, Mutex};
use std::thread;
use std::time::Duration;

///
///A simple enum with only two variations: black and white
///
#[derive(Debug)]
enum Shade {
    Black,
    White,
}
```

(3) 为了显示两个线程间的共享状态，显然我们需要一个完成某些工作的线程。这是一个着色任务，如果前一个元素是黑色，每个线程就向一个向量增加白色，反之，如果前一个元素是白色，则为这个向量增加黑色。因此，每个线程都需要读取并（根据输出）写入一个共享向量。下面来看完成这个工作的代码：

```rust
fn new_painter_thread(data: Arc<Mutex<Vec<Shade>>>) -> thread::JoinHandle<()> {
    thread::spawn(move || loop {
        {
            //create a scope to release the mutex as quickly as
            //possible
            let mut d = data.lock().unwrap();
            if d.len() > 0 {
                match d[d.len() - 1] {
                    Shade::Black => d.push(Shade::White),
                    Shade::White => d.push(Shade::Black),
                }
            } else {
                d.push(Shade::Black)
            }
            if d.len() > 5 {
```

```
            break;
        }
    }
    //slow things down a little
    thread::sleep(Duration::from_secs(1));
}))
}
```

（4）这个阶段其余的工作就是创建多个线程，并向这些线程传递所处理数据的一个 Arc 实例：

```
fn main() {
    let data = Arc::new(Mutex::new(vec![]));
    let threads: Vec<thread::JoinHandle<()>> =
        (0..2)
        .map(|_| new_painter_thread(data.clone()))
        .collect();

    let _: Vec<()> = threads
        .into_iter()
        .map(|t| t.join().unwrap())
        .collect();

    println!("Result: {:?}", data);
}
```

（5）下面用 **cargo run** 运行这个代码：

```
$ cargo run
    Compiling black-white v0.1.0 (Rust-Cookbook/Chapter04/blackwhite)
    Finished dev [unoptimized + debuginfo] target(s) in 0.35s
     Running 'target/debug/black-white'
Result: Mutex { data: [Black, White, Black, White, Black, White, Black] }
```

下面来分析原理从而更好地理解代码。

4.4.2 工作原理

Rust 的所有权原则是一把双刃剑：一方面，这可以防止意想不到的后果，并支持编译时内存管理；另一方面，实现可变访问会困难得多。虽然管理会更复杂，但是共享的可变访问对性能很有好处。

 Arc 表示原子引用计数器（**Atomic Reference Counter**）。所以它们非常类似常规的引用计数器（**Rc**），只不过 Arc 使用一个原子增量（*atomic increment*）来完成它的工作，这是线程安全的。因此，Arc 是完成跨线程引用计数的唯一选择。

在 Rust 中，这采用一种类似内部可变性的方式来实现（https://doc.rust-lang.org/book/ch15-05-interior-mutability.html），不过会使用 **Arc** 和 **Mutex** 类型（而不是 **Rc** 和 **RefCell**）。在这里，**Mutex** 拥有限制访问的实际内存部分（在步骤 3 的代码段中，我们创建了这样的 **Vec**）。如步骤 2 所示，要获得值的一个可变引用，严格要求锁定 **Mutex** 实例，并且只有在所返回的数据实例删除后（例如，作用域结束时）才返回 **Mutex** 实例。因此，要保持 **Mutex** 的作用域尽可能小（注意步骤 2 中额外的 {...}），这很重要！

在很多用例中，基于通道的方法可以达到同样的目标，而不必处理 **Mutex**，也不用担心出现死锁（几个 **Mutex** 锁相互等待解锁）。

我们已经了解了如何使用通道来共享可变状态。现在来看下一个技巧。

4.5 Rust 中的多进程

线程对于进程内的并发非常有用，当然也是将工作负载分摊到多个内核的首选方法。需要调用其他程序或者需要完成一个独立的重量级任务时，子进程则是最好的选择。随着编排工具类应用（Kubernetes、Docker Swarm、Mesos 和很多其他应用）的兴起，管理子进程也成为了一个越发重要的主题。在这个技巧中，我们将与子进程通信并管理子进程。

4.5.1 实现过程

按照以下步骤创建一个搜索文件系统的简单应用：

（1）使用 **cargo new child-processes** 创建一个新项目，并在 Visual Studio Code 中打开。

（2）在 Windows 上，从一个 PowerShell 窗口执行 **cargo run**（最后一步），因为它包含所有必要的二进制库。

（3）导入一些（标准库）依赖之后，下面编写保存结果数据的基本 **struct**。把它增加到 **main** 函数上面：

```
use std::io::Write;
use std::process::{Command, Stdio};

#[derive(Debug)]
```

```rust
struct SearchResult {
    query: String,
    results: Vec<String>,
}
```

(4) 调用 **find** 二进制库（完成具体搜索）的函数将结果转换为步骤 1 中的 **struct**。这个函数如下所示：

```rust
fn search_file(name: String) -> SearchResult {
    let ps_child = Command::new("find")
        .args(&[".", "-iname", &format!("{}", name)])
        .stdout(Stdio::piped())
        .output()
        .expect("Could not spawn process");

    let results = String::from_utf8_lossy(&ps_child.stdout);
    let result_rows: Vec<String> = results
        .split("\n")
        .map(|e| e.to_string())
        .filter(|s| s.len() > 1)
        .collect();

    SearchResult {
        query: name,
        results: result_rows,
    }
}
```

(5) 太棒了！现在我们知道如何调用一个外部二进制库，并传入参数，以及将 **stdout** 输出转发到 Rust 程序。那么如何写入外部程序的 **stdin** 呢？我们将增加以下函数来完成这个工作：

```rust
fn process_roundtrip() -> String {
    let mut cat_child = Command::new("cat")
        .stdin(Stdio::piped())
        .stdout(Stdio::piped())
        .spawn()
        .expect("Could not spawn process");

    let stdin = cat_child.stdin.as_mut().expect("Could
```

```rust
            not attach to stdin");
        stdin
            .write_all(b"datadatadata")
            .expect("Could not write to child process");
        String::from_utf8(
            cat_child
                .wait_with_output()
                .expect("Something went wrong")
                .stdout
                .as_slice()
                .iter()
                .cloned()
                .collect(),
        )
        .unwrap()
}
```

（6）要看这些函数的实际使用，还需要在程序的 **main()** 部分调用这些函数。将默认的 **main()** 函数的内容替换为以下代码：

```rust
fn main() {
    println!("Reading from /bin/cat > {:?}", process_roundtrip());
    println!(
        "Using 'find' to search for '*.rs': {:?}",
        search_file("*.rs".to_owned())
    )
}
```

（7）现在通过执行 **cargo run** 可以看到它是否能正常工作：

```
$ cargo run
    Compiling child-processes v0.1.0 (Rust-Cookbook/Chapter04/childprocesses)
    Finished dev [unoptimized + debuginfo] target(s) in 0.59s
    Running 'target/debug/child-processes'
Reading from /bin/cat > "datadatadata"
Using 'find' to search for '*.rs': SearchResult{ query: "*.rs", results: ["./src/main.rs"] }
```

下面来分析原理从而更好地理解代码。

4.5.2 工作原理

Rust 能运行子进程并管理其输入和输出,利用 Rust 的这个能力,可以很容易地将现有应用集成到新程序的工作流中。为做到这一点,在步骤 1 中,我们使用了 **find** 程序并提供参数,并且将输出解析为我们自己的数据结构。

在步骤 3 中,我们进一步将数据发送到一个子进程,并恢复相同的文本(用类似回显的方式使用 **cat**)。你会注意到每个函数中的字符串解析,这是必要的,因为 Windows 和 Linux/macOS 使用不同的字节大小来完成字符编码(分别为 UTF-16 和 UTF-8)。类似的,b"string" 将字面量转换为适合当前平台的字节字面量。

这些操作的关键部分是管道(**piping**),这个操作可以在命令行上使用 |(管道)符号完成。建议你还可以尝试 **Stdio** 结构体的其他形式,看看会有什么结果!

我们已经了解了 Rust 中的多进程,现在来看下一个技巧。

4.6 使顺序代码变为并行

在很多技术和语言中,从头开始创建高度并发的应用相当简单。不过,如果多个开发人员必须基于已有的某些工作(遗留或非遗留),创建高度并发的应用就会变得很复杂。由于不同语言之间存在 API 差异、最佳实践或技术限制,如果不深入分析,现有的顺序操作就不能并行运行。如果潜在的好处不大,谁会去做呢?利用 Rust 强大的迭代器,我们能不能并行运行操作而不对代码做重大改变?回答是肯定的!

4.6.1 实现过程

这个技巧显示了如何使用 **rayon-rs** 并行运行一个应用,而不会太费劲,这里只需要几步:

(1)使用 **cargo new use-rayon - - lib** 创建一个新项目,并在 Visual Studio Code 中打开这个目录。

(2)打开 **Cargo.toml**,为这个项目增加必要的依赖项。我们将在 **rayon** 之上构建,并使用 **criterion** 的基准测试功能:

```
# replace the default [dependencies] section...
[dependencies]
rayon = "1.0.3"

[dev-dependencies]
criterion = "0.2.11"
```

```
rand = "^0.5"

[[bench]]
name = "seq_vs_par"
harness = false
```

(3) 作为一个示例算法，我们将使用归并排序，这是一个复杂的分而治之的算法，类似于快速排序（https://www.geeksforgeeks.org/quick-sort-vs-merge-sort/）。下面首先来看顺序版本，在 **src/lib.rs** 中增加 **merge_sort_seq()** 函数：

```
///
///Regular, sequential merge sort implementation
///
pub fn merge_sort_seq<T: PartialOrd + Clone + Default>(collection:
&[T]) ->Vec<T> {
    if collection.len() > 1 {
        let (l, r) = collection.split_at(collection.len()/2);
        let (sorted_l, sorted_r) = (merge_sort_seq(l),
         merge_sort_seq(r));
        sorted_merge(sorted_l, sorted_r)
    } else {
        collection.to_vec()
    }
}
```

(4) 从高层来看归并排序很简单：就是将集合一分为二，直到再无法这样划分为止，然后按有序的顺序合并这两半。分解部分已经完成，现在还缺少合并部分。将以下代码段插入 **lib.rs**：

```
///
///Merges two collections into one.
///
fn sorted_merge<T: Default + Clone + PartialOrd>(sorted_l: Vec<T>,
sorted_r: Vec<T>) ->Vec<T> {
    let mut result: Vec<T> = vec![Default::default();
sorted_l.len()
        + sorted_r.len()];

    let (mut i, mut j) = (0, 0);
```

```rust
        let mut k = 0;
        while i<sorted_l.len() && j<sorted_r.len() {
            if sorted_l[i] <= sorted_r[j] {
                result[k] = sorted_l[i].clone();
                i += 1;
            } else {
                result[k] = sorted_r[j].clone();
                j += 1;
            }
            k += 1;
        }
        while i<sorted_l.len() {
            result[k] = sorted_l[i].clone();
            k += 1;
            i += 1;
        }
        while j<sorted_r.len() {
            result[k] = sorted_r[j].clone();
            k += 1;
            j += 1;
        }
        result
}
```

（5）之后，必须导入 **rayon**，这个 crate 用于很容易地创建并行应用，然后增加修改后的归并排序的一个并行版本：

```rust
use rayon;
```

（6）接下来，增加归并排序的一个修改版本：

```rust
///
///Merge sort implementation using parallelism.
///
pub fn merge_sort_par<T>(collection: &[T]) -> Vec<T>
where
    T: PartialOrd + Clone + Default + Send + Sync,
{
```

```rust
    if collection.len() > 1 {
        let (l, r) = collection.split_at(collection.len() /2);
        let (sorted_l, sorted_r) = rayon::join(||
merge_sort_par(l),
            || merge_sort_par(r));
        sorted_merge(sorted_l, sorted_r)
    } else {
        collection.to_vec()
    }
}
```

(7) 真不错，看出变化了吗？为了确保这两个版本提供同样的结果，下面来增加一些测试：

```rust
#[cfg(test)]
mod tests {
    use super::*;

    #[test]
    fn test_merge_sort_seq() {
        assert_eq!(merge_sort_seq(&vec![9, 8, 7, 6]), vec![6, 7, 8, 9]);
        assert_eq!(merge_sort_seq(&vec![6, 8, 7, 9]), vec![6, 7, 8, 9]);
        assert_eq!(merge_sort_seq(&vec![2, 1, 1, 1, 1]), vec![1, 1, 1, 1, 2]);
    }

    #[test]
    fn test_merge_sort_par() {
        assert_eq!(merge_sort_par(&vec![9, 8, 7, 6]), vec![6, 7, 8, 9]);
        assert_eq!(merge_sort_par(&vec![6, 8, 7, 9]), vec![6, 7, 8, 9]);
        assert_eq!(merge_sort_par(&vec![2, 1, 1, 1, 1]), vec![1, 1, 1, 1, 2]);
    }
}
```

(8)运行 **cargo test**,应该能看到成功的测试:

```
$ cargo test
    Compiling use-rayon v0.1.0 (Rust-Cookbook/Chapter04/use-rayon)
     Finished dev [unoptimized + debuginfo] target(s) in 0.67s
      Running target/debug/deps/use_rayon-1fb58536866a2b92

running 2 tests
test tests::test_merge_sort_seq ... ok
test tests::test_merge_sort_par ... ok

test result: ok. 2 passed; 0 failed; 0 ignored; 0 measured; 0 filtered out

   Doc-tests use-rayon

running 0 tests

test result: ok. 0 passed; 0 failed; 0 ignored; 0 measured; 0 filtered out
```

(9)不过,我们其实对基准测试很感兴趣,这个并行版本会更快吗?为此,创建一个 **benches** 文件夹,其中包含一个 **seq_vs_par.rs** 文件。打开这个文件,并增加以下代码:

```rust
#[macro_use]
extern crate criterion;

use criterion::black_box;
use criterion::Criterion;
use rand::prelude::*;
use std::cell::RefCell;
use use_rayon::{merge_sort_par, merge_sort_seq};

fn random_number_vec(size: usize) -> Vec<i64> {
    let mut v: Vec<i64> = (0..size as i64).collect();
    let mut rng = thread_rng();
    rng.shuffle(&mut v);
    v
}

thread_local!(static ITEMS: RefCell<Vec<i64>> = RefCell::new(random_number_vec(100_000)));
```

```rust
fn bench_seq(c: &mut Criterion) {
    c.bench_function("10k merge sort (sequential)", |b| {
        ITEMS.with(|item| b.iter(||
            black_box(merge_sort_seq(&item.borrow()))))
    });
}

fn bench_par(c: &mut Criterion) {
    c.bench_function("10k merge sort (parallel)", |b| {
        ITEMS.with(|item| b.iter(||
            black_box(merge_sort_par(&item.borrow()))))
    });
}

criterion_group!(benches, bench_seq, bench_par);

criterion_main!(benches);
```

(10) 运行 **cargo bench** 时,我们会得到一些具体的数字来比较并行和顺序实现(这里的改变是指相对于之前运行同一个基准测试):

```
$ cargo bench
    Compiling use-rayon v0.1.0 (Rust-Cookbook/Chapter04/use-rayon)
     Finished release [optimized] target(s) in 1.84s
      Running target/release/deps/use_rayon-eb085695289744ef

running 2 tests
test tests::test_merge_sort_par ... ignored
test tests::test_merge_sort_seq ... ignored

test result: ok. 0 passed; 0 failed; 2 ignored; 0 measured; 0 filtered out

     Running target/release/deps/seq_vs_par-6383ba0d412acb2b
Gnuplot not found, disabling plotting
10k merge sort (sequential)
                        time:   [13.815 ms 13.860 ms 13.906 ms]
                        change: [-6.7401% -5.1611% -3.6593%] (p = 0.00 < 0.05)
                        Performance has improved.
```

Found 5 outliers among 100 measurements (5.00%)
  3 (3.00%) high mild
  2 (2.00%) high severe

10k merge sort (parallel)
                    time: [10.037 ms 10.067 ms 10.096 ms]
                    change: [-15.322% -13.276% -11.510%] (p = 0.00 < 0.05)
                    Performance has improved.
Found 6 outliers among 100 measurements (6.00%)
  1 (1.00%) low severe
  1 (1.00%) high mild
  4 (4.00%) high severe
Gnuplot not found, disabling plotting

下面来分析这些是什么意思，并揭开代码的面纱。

4.6.2 工作原理

rayon-rs（https://github.com/rayon-rs/rayon）是一个流行的数据并行化 crate，只需要稍做一些修改就可以在代码中引入自动的并行性。在这个例子中，我们要使用 **rayon::join** 操作创建常用的归并排序算法的一个并行版本。

在步骤 1 中，我们要为基准测试增加依赖项（[**dev-dependencies**]），并具体构建这个库（[**dependencies**]）。不过，在步骤 2 和步骤 3 中，我们要实现一个常规的归并排序算法。一旦在步骤 4 中增加 **rayon** 依赖项，就可以在步骤 5 中增加 **rayon::join** 来运行各个分支（对左部分和右部分排序），这会尽可能在其自己的闭包中并行运行（|/* **no params** */| {/* **do work** */} 或简写为 |/* **no params** */| /* **do work** */）。**join** 的相关文档参见 https://docs.rs/rayon/1.2.0/rayon/fn.join.html，从中可以了解它实现加速的有关细节。

在步骤 8 中，我们创建了 criterion 要求的一个基准测试。这个库会编译 src/ 目录外的一个文件，从而在基准测试中运行并输出数（如步骤 9 所示），从这些数可以看到，通过增加一行代码，性能得到了轻微但持续的改进。在基准测试文件中，我们对同一个随机向量的副本（包含 100,000 个随机数）进行排序（**thread local!()** 有些类似于 **static**）。

我们已经了解了如何将顺序的代码变为并行，现在来看下一个技巧。

4.7 向量中的并发数据处理

Rust 的 **Vec** 是一个非常好的数据结构，不仅可以用于保存数据，还可以作为排序的一个管理工具。在这一章前面的一个技巧中（"4.2 管理多个线程"），我们看到了在 **Vec** 中捕获多个线程的句柄，然后使用 **map()** 函数来连接这些线程。这一次，我们将重点讨论常规 **Vec** 实例的并发处理而没有额外的开销。在之前的技巧中，我们已经看到 **rayon-rs** 的强大功能，现在我们要用它实现数据处理的并行化。

4.7.1 实现过程

在下面的步骤中再来使用 **rayon-rs**：

（1）使用 **cargo new concurrent-processing --lib** 创建一个新项目，并在 Visual Studio Code 中打开。

（2）首先，要在 **Cargo.toml** 中增加一些代码行来增加 **rayon** 依赖项。另外，**rand** crate 和完成基准测试的 **criterion** 在后面会很有用，所以还要增加这些依赖项并相应地配置：

```
[dependencies]
rayon = "1.0.3"

[dev-dependencies]
criterion = "0.2.11"
rand = "~0.5"

[[bench]]
name = "seq_vs_par"
harness = false
```

（3）由于我们要增加一个显著统计误差度量，即误差平方和，所以打开 **src/lib.rs**，在顺序版本中，我们只是简单地遍历预测值和原始值来得出二者之差，然后计算这个差的平方，再将这些结果求和。下面把这个函数增加到文件：

```rust
pub fn nssqe_sequential(y: &[f32], y_predicted: &[f32]) -> Option<f32> {
    if y.len() == y_predicted.len() {
        let y_iter = y.iter();
        let y_pred_iter = y_predicted.iter();

        Some(
            y_iter
                .zip(y_pred_iter)
                .map(|(y, y_pred)| (y - y_pred).powi(2))
                .sum()
```

```rust
    )
} else {
    None
}
}
```

(4) 这看起来很容易并行化，**rayon** 为我们提供了相应的工具。下面创建的代码几乎相同，不过这里使用了并行：

```rust
use rayon::prelude::*;

pub fn ssqe(y: &[f32], y_predicted: &[f32]) -> Option<f32> {
    if y.len() == y_predicted.len() {
        let y_iter = y.par_iter();
        let y_pred_iter = y_predicted.par_iter();

        Some(
            y_iter
                .zip(y_pred_iter)
                .map(|(y, y_pred)| (y - y_pred).powi(2))
                .reduce(|| 0.0, |a, b| a + b),
        ) //or sum()
    } else {
        None
    }
}
```

(5) 虽然与顺序代码只有很微小的差异，但这些改变会对执行速度带来重大影响！在继续后面的操作之前，我们要增加一些测试，来查看实际调用这些函数的结果。首先来看并行版本：

```rust
#[cfg(test)]
mod tests {
    use super::*;

    #[test]
    fn test_sum_of_sq_errors() {
        assert_eq!(
```

```
            ssqe(&[1.0, 1.0, 1.0, 1.0], &[2.0, 2.0, 2.0, 2.0]),
            Some(4.0)
        );
        assert_eq!(
            ssqe(&[-1.0, -1.0, -1.0, -1.0], &[-2.0, -2.0, -2.0,
            -2.0]),
            Some(4.0)
        );
        assert_eq!(
            ssqe(&[-1.0, -1.0, -1.0, -1.0], &[2.0, 2.0, 2.0, 2.0]),
            Some(36.0)
        );
        assert_eq!(
            ssqe(&[1.0, 1.0, 1.0, 1.0], &[2.0, 2.0, 2.0, 2.0]),
            Some(4.0)
        );
        assert_eq!(
            ssqe(&[1.0, 1.0, 1.0, 1.0], &[2.0, 2.0, 2.0, 2.0]),
            Some(4.0)
        );
}
```

(6)顺序代码应该能得到相同的结果,下面对这个代码的顺序版本重复同样的测试:

```
#[test]
fn test_sum_of_sq_errors_seq() {
    assert_eq!(
        ssqe_sequential(&[1.0, 1.0, 1.0, 1.0], &[2.0, 2.0, 2.0,
        2.0]),
        Some(4.0)
    );
    assert_eq!(
        ssqe_sequential(&[-1.0, -1.0, -1.0, -1.0], &[-2.0,
        -2.0, -2.0, -2.0]),
        Some(4.0)
    );
    assert_eq!(
```

            ssqe_sequential(&[-1.0, -1.0, -1.0, -1.0], &[2.0, 2.0,
                2.0, 2.0]),
            Some(36.0)
        );
        assert_eq!(
            ssqe_sequential(&[1.0, 1.0, 1.0, 1.0], &[2.0, 2.0, 2.0,
                2.0]),
            Some(4.0)
        );
        assert_eq!(
            ssqe_sequential(&[1.0, 1.0, 1.0, 1.0], &[2.0, 2.0, 2.0,
                2.0]),
            Some(4.0)
        );
    }
}
```

(7) 为了检查一切都能按预期工作，下面运行 **cargo test**：

```
$ cargo test
    Compiling concurrent-processing v0.1.0 (Rust-
    Cookbook/Chapter04/concurrent-processing)
     Finished dev [unoptimized + debuginfo] target(s) in 0.84s
      Running target/debug/deps/concurrent_processing-
      250eef41459fd2af

running 2 tests
test tests::test_sum_of_sq_errors_seq ... ok
test tests::test_sum_of_sq_errors ... ok

test result: ok. 2 passed; 0 failed; 0 ignored; 0 measured; 0
filtered out

   Doc-tests concurrent-processing

running 0 tests

test result: ok. 0 passed; 0 failed; 0 ignored; 0 measured; 0
filtered out
```
```

（8）来看 rayon 的另一个强大功能，在 src/lib.rs 中增加另外一些函数。这一次，这些函数都是要统计 str 中的字母数字字符：

```rust
pub fn seq_count_alpha_nums(corpus: &str) -> usize {
    corpus.chars().filter(|c| c.is_alphanumeric()).count()
}

pub fn par_count_alpha_nums(corpus: &str) -> usize {
    corpus.par_chars().filter(|c| c.is_alphanumeric()).count()
}
```

（9）下面来看哪一个性能更好，我们要增加一个基准测试。为此，在 src/ 之外创建一个 benches/ 目录，其中包含一个 seq_vs_par.rs 文件。增加以下基准测试和辅助函数，来查看速度有多大的提升。首先给出一些函数，它们定义了基准测试要处理的基本数据：

```rust
#[macro_use]
extern crate criterion;

use concurrent_processing::{ssqe, ssqe_sequential,
seq_count_alpha_nums, par_count_alpha_nums};
use criterion::{black_box, Criterion};
use std::cell::RefCell;
use rand::prelude::*;

const SEQ_LEN: usize = 1_000_000;
thread_local!(static ITEMS: RefCell<(Vec<f32>, Vec<f32>)> = {
    let y_values: (Vec<f32>, Vec<f32>) = (0..SEQ_LEN).map(|_|
        (random::<f32>(), random::<f32>()))
        .unzip();
    RefCell::new(y_values)
});

const MAX_CHARS: usize = 100_000;
thread_local!(static CHARS: RefCell<String> = {
    let items: String = (0..MAX_CHARS).map(|_| random::<char>
        ()).collect();
    RefCell::new(items)
});
```

（10）接下来，我们要创建基准测试本身：

```rust
fn bench_count_seq(c: &mut Criterion) {
    c.bench_function("Counting in sequence", |b| {
        CHARS.with(|item| b.iter(||
            black_box(seq_count_alpha_nums(&item.borrow()))))
    });
}

fn bench_count_par(c: &mut Criterion) {
    c.bench_function("Counting in parallel", |b| {
        CHARS.with(|item| b.iter(||
            black_box(par_count_alpha_nums(&item.borrow()))))
    });
}
```

(11) 下面创建另一个基准测试:

```rust
fn bench_seq(c: &mut Criterion) {
    c.bench_function("Sequential vector operation", |b| {
        ITEMS.with(|y_values| {
            let y_borrowed = y_values.borrow();
            b.iter(|| black_box(ssqe_sequential(&y_borrowed.0,
            &y_borrowed.1)))
        })
    });
}

fn bench_par(c: &mut Criterion) {
    c.bench_function("Parallel vector operation", |b| {
        ITEMS.with(|y_values| {
            let y_borrowed = y_values.borrow();
            b.iter(|| black_box(ssqe(&y_borrowed.0,
            &y_borrowed.1)))
        })
    });
}

criterion_group!(benches, bench_seq, bench_par, bench_count_par,
bench_count_seq);
```

第 4 章 无畏并发

```
criterion_main!(benches);
```

（12）有了这些基准测试，运行 **cargo bench**，（过一会之后）检查输出，查看改进情况和计时结果（改变的部分是指相对于同一个基准测试之前运行的变化）：

```
$ cargo bench
    Compiling concurrent-processing v0.1.0 (Rust-
    Cookbook/Chapter04/concurrent-processing)
     Finished release [optimized] target(s) in 2.37s
      Running target/release/deps/concurrent_processingeedf0fd3b1e51fe0

running 2 tests
test tests::test_sum_of_sq_errors ... ignored
test tests::test_sum_of_sq_errors_seq ... ignored

test result: ok. 0 passed; 0 failed; 2 ignored; 0 measured; 0 filtered out

Running target/release/deps/seq_vs_par-ddd71082d4bd9dd6
Gnuplot not found, disabling plotting
Sequential vector operation
                        time:   [1.0631 ms 1.0681 ms 1.0756 ms]
                        change: [-4.8191% -3.4333% -2.3243%] (p = 0.00 < 0.05)
                        Performance has improved.
Found 4 outliers among 100 measurements (4.00%)
  2 (2.00%) high mild
  2 (2.00%) high severe
Parallel vector operation
                        time:   [408.93 us 417.14 us 425.82 us]
                        change: [-9.5623% -6.0044% -2.2126%] (p = 0.00 < 0.05)
                        Performance has improved.
Found 15 outliers among 100 measurements (15.00%)
  2 (2.00%) low mild
  7 (7.00%) high mild
  6 (6.00%) high severe

Counting in parallel time: [552.01 us 564.97 us 580.51 us]
```

```
                    change:[+2.3072%  +6.9101%  +11.580%](p =
                    0.00 < 0.05)
                    Performance has regressed.
Found 4 outliers among 100 measurements (4.00%)
  3 (3.00%) high mild
  1 (1.00%) high severe

Counting in sequence time:[992.84 us 1.0137 ms 1.0396 ms]
                    change:[+9.3014%  +12.494%  +15.338%](p =
                    0.00 < 0.05)
                    Performance has regressed.
Found 4 outliers among 100 measurements (4.00%)
  4 (4.00%) high mild

Gnuplot not found, disabling plotting
```

下面来分析原理从而更好地理解代码。

4.7.2 工作原理

同样，**rayon-rs** 是一个很棒的库，只改变一行代码，（并行版本相对于顺序版本）基准测试性能就能提高大约 50%。这对于很多应用都有重大的意义，尤其是机器学习。在机器学习中，算法的损失函数需要在一个训练周期中运行数百或数千次。将这个时间减半会直接对生产力产生重大影响。

完成所有设置之后，在前几步中（步骤 3、步骤 4 和步骤 5），我们创建了误差平方和的顺序和并行实现（https://hlab.stanford.edu/brian/error_sum_of_squares.html），唯一的区别是有些测试中包含 **par_iter**() 调用，有些则包含 **iter**() 调用。然后，我们向基准测试套件中增加了一些更常见的计数函数，步骤 7 和步骤 8 中创建并调用了这些函数。同样地，顺序和并行算法每次都处理完全相同的数据集，以避免任何意外事件。

我们已经了解了如何并发地处理向量中的数据，现在来看下一个技巧。

4.8 共享不可变状态

有时，一个程序在多个线程上运行时，对于这些线程来说，当前版本的设置等信息可以作为唯一的事实。在 Rust 中，只要变量是不可变的，并且类型标记为可以安全地共享，在线程之间共享状态就很简单。为了将类型标记为是线程安全的，重要的是具体实现要确保能访问信息而不会导致任何不一致。

Rust 使用两种标记 trait（**Send** 和 **Sync**）来管理这些选项。下面来看如何实现。

4.8.1 实现过程

可以通过以下步骤来研究不可变状态：

（1）运行 **cargo new immutable-states** 创建一个新的应用项目，并在 Visual Studio Code 中打开这个目录。

（2）首先，我们将在 **src/main.rs** 文件中增加导入和一个 **noop** 函数：

```
use std::thread;
use std::rc::Rc;
use std::sync::Arc;
use std::sync::mpsc::channel;

fn noop<T>(_: T) {}
```

（3）下面来研究如何在线程间共享不同的类型。**mpsc::channel** 类型提供了一个很好的"开箱即用"的共享状态示例。下面先来看能按预期正常工作的一个基准：

```
fn main() {
    let (sender, receiver) = channel::<usize>();

    thread::spawn(move || {
        let thread_local_read_only_clone = sender.clone();
        noop(thread_local_read_only_clone);
    });
}
```

（4）要看它的实际工作，可以执行 **cargo build**。编译器会发现有关非法状态共享的所有错误：

```
$ cargo build
    Compiling immutable-states v0.1.0 (Rust-Cookbook/Chapter04
    /immutable-states)
warning: unused import: 'std::rc::Rc'
 --> src/main.rs:2:5
  |
2 | use std::rc::Rc;
  |     ^^^^^^^^^^^
  |
```

```
       = note: #[warn(unused_imports)] on by default

warning: unused import: 'std::sync::Arc'
  --> src/main.rs:3:5
   |
 3 | use std::sync::Arc;
   |     ^^^^^^^^^^^^^^

warning: unused variable: 'receiver'
  --> src/main.rs:10:18
   |
10 | let (sender, receiver) = channel::<usize>();
   |              ^^^^^^^^ help: consider prefixing with an underscore: '_receiver'
   |
       = note: #[warn(unused_variables)] on by default

Finished dev [unoptimized + debuginfo] target(s) in 0.58s
```

（5）下面对接收者做同样的处理。它能正常工作吗？把这个代码增加到 **main** 函数：

```
let c = Arc::new(receiver);
thread::spawn(move || {
    noop(c.clone());
});
```

（6）运行 **cargo build** 会得到更多消息：

```
$ cargo build
    Compiling immutable-states v0.1.0 (Rust-Cookbook/Chapter04
    /immutable-states)
warning: unused import: 'std::rc::Rc'
  --> src/main.rs:2:5
   |
 2 | use std::rc::Rc;
   |     ^^^^^^^^^^^
   |
       = note: #[warn(unused_imports)] on by default
error[E0277]: 'std::sync::mpsc::Receiver<usize>' cannot be shared between threads safely
```

```
  --> src/main.rs:26:5
   |
26 |     thread::spawn(move || {
   |     ^^^^^^^^^^^^^ `std::sync::mpsc::Receiver<usize>` cannot be shared between threads safely
   |
   = help: the trait `std::marker::Sync` is not implemented for `std::sync::mpsc::Receiver<usize>`
   = note: required because of the requirements on the impl of `std::marker::Send` for `std::sync::Arc<std::sync::mpsc::Receiver<usize>>`
   = note: required because it appears within the type `[closure@src/main.rs:26:19: 28:6 c:std::sync::Arc<std::sync::mpsc::Receiver<usize>>]`
   = note: required by `std::thread::spawn`

error: aborting due to previous error

For more information about this error, try `rustc --explain E0277`.
error: Could not compile `immutable-states`.

To learn more, run the command again with --verbose.
```

(7) 由于接收者只是让单个线程从通道获取数据,可以使用 Arc 无法避免这个错误。类似地,也不能简单地将 Rc 包装到 Arc 中在线程之间使用。增加以下代码来看这个错误:

```
let b = Arc::new(Rc::new(vec![]));
thread::spawn(move || {
    let thread_local_read_only_clone = b.clone();
    noop(thread_local_read_only_clone);
});
```

(8) **cargo build** 会再次发现问题,这个错误指出不能在线程间发送这个类型:

```
$ cargo build
    Compiling immutable-states v0.1.0 (Rust-Cookbook/Chapter04
    /immutable-states)
error[E0277]: `std::rc::Rc<std::vec::Vec<_>>` cannot be sent between threads safely
  --> src/main.rs:19:5
```

```
19 | thread::spawn(move || {
   | ^^^^^^^^^^^^^ 'std::rc::Rc<std::vec::Vec<_>>' cannot be sent between threads safely
   |
   = help: the trait 'std::marker::Send' is not implemented for 'std::rc::Rc<std::vec::Vec<_>>'
   = note: required because of the requirements on the impl of 'std::marker::Send' for 'std::sync::Arc<std::rc::Rc<std::vec::Vec<_>>>'
   = note: required because it appears within the type '[closure@src/main.rs:19:19: 22:6 b:std::sync::Arc<std::rc::Rc<std::vec::Vec<_>>>]'
   = note: required by 'std::thread::spawn'

error[E0277]: 'std::rc::Rc<std::vec::Vec<_>>' cannot be shared between threads safely
  --> src/main.rs:19:5
   |
19 | thread::spawn(move || {
   | ^^^^^^^^^^^^^ 'std::rc::Rc<std::vec::Vec<_>>' cannot be shared between threads safely
   |
   = help: the trait 'std::marker::Sync' is not implemented for 'std::rc::Rc<std::vec::Vec<_>>'
   = note: required because of the requirements on the impl of 'std::marker::Send' for 'std::sync::Arc<std::rc::Rc<std::vec::Vec<_>>>'
   = note: required because it appears within the type '[closure@src/main.rs:19:19: 22:6 b:std::sync::Arc<std::rc::Rc<std::vec::Vec<_>>>]'
   = note: required by 'std::thread::spawn'

error: aborting due to 2 previous errors

For more information about this error, try 'rustc --explain E0277'.
error: Could not compile 'immutable-states'.
```

To learn more, run the command again with - -verbose.

下面来分析原理从而更好地理解代码。

4.8.2 工作原理

这个技巧实际上不能正确构建，它在最后一步指出了一个错误消息，怎么回事？我们学习了 **Send** 和 **Sync**。你可能会在最关键的情况下遇到这些标记 trait 和这些类型的错误。使用这些标记 trait 时，由于它们会无缝地工作，所以我们必须创建一个失败的示例来介绍它完成的魔法以及它们是如何做到的。

在 Rust 中，标记 trait（https://doc.rust-lang.org/std/marker/index.html）会向编译器发出某种信号。对于并发性，就是要指出跨线程共享的能力。几乎所有默认数据结构都实现了 **Sync** trait（多线程的共享访问）和 **Send** trait（所有权可以从一个线程安全地转移到另一个线程），但如果需要 **unsafe** 代码，则必须手动增加标记 trait，这也是 **unsafe** 的。

因此，大多数数据结构都能够从其属性继承 **Send** 和 **Sync**，这就是步骤 2 和步骤 3 所做的。大多数情况下，还会把你的实例包装在 **Arc** 中以便于处理。不过，多个 **Arc** 实例要求其包含的类型实现 **Send** 和 **Sync**。在步骤 4 和步骤 6 中，我们尝试将一些可用类型放入 **Arc**，但没有实现 **Sync** 或 **Send**。步骤 5 和步骤 7 显示了试图这样做时编译器给出的错误消息。如果你想了解更多，以及如何为自定义类型增加标记（**marker**）trait（https://doc.rust-lang.org/std/marker/index.html），可以查看 https://doc.rust-lang.org/nomicon/send-andsync.html 上的文档。

我们已经了解了有关 **Send** 和 **Sync** 的更多内容，在并发程序中共享状态已经不那么神秘了。现在来看下一个技巧。

4.9 使用 actor 处理异步消息

基于诸如 Akka（https://akka.io/）等框架，可伸缩架构和异步编程带来了 actor 和基于 actor 的设计（https://mattferderer.com/what-is-the-actor-model-and-whenshould-you-use-it）。尽管 Rust 提供了强大的并发特性，但是要正确使用 Rust 中的 actor 仍然很有难度，而且它们缺乏很多其他库都有的文档。在这个技巧中，我们将研究 **actix** 的基础，这是 Akka 之后创建的 Rust 的 actor 框架。

4.9.1 实现过程

通过以下几个步骤，可以实现一个基于 actor 的传感器数据读取器：

（1）使用 **cargo new actors** 创建一个新的二进制应用，并在 Visual Studio Code 中打开这个目录。

（2）在 **Cargo.toml** 配置文件中包含必要的依赖项：

```
[package]
name = "actors"
version = "0.1.0"
authors = ["Claus Matzinger<claus.matzinger+kb@gmail.com>"]
edition = "2018"

[dependencies]
actix = "^0.8"
rand = "0.5"
```

（3）打开 **src/main.rs**，在 **main** 函数前面增加以下代码。首先增加导入语句：

```
use actix::prelude::*;
use std::thread;
use std::time::Duration;
use rand::prelude::*;
```

（4）为了创建一个 actor 系统，必须考虑应用的结构。可以把 actor 想成是一个消息接收者，它有一个邮箱，消息会堆积在邮箱里，直到得到处理。为简单起见，我们来模拟一些传感器数据作为消息，每个消息包括一个 u64 时间戳和一个 **f32** 值：

```
///
///A mock sensor function
///
fn read_sensordata() -> f32 {
    random::<f32>() * 10.0
}

#[derive(Debug, Message)]
struct Sensordata(pub u64, pub f32);
```

（5）在一个典型系统中，我们会使用一个 I/O 循环按预定间隔从传感器读取数据。由于 **actix**（https://github.com/actix/actix）建立在 Tokio（https://tokio.rs/）之上，你可以在这个技巧之外继续探索有关内容。为了模拟这些快速读取和慢速处理的步骤，我们将把它实现为一个 **for** 循环：

第 4 章 无畏并发

```rust
fn main() -> std::io::Result<()> {
    System::run(|| {
        println!(">> Press Ctrl-C to stop the program");
        //start multi threaded actor host (arbiter) with 2 threads
        let sender = SyncArbiter::start(N_THREADS, || DBWriter);
        //send messages to the actor
        for n in 0..10_000 {
            let my_timestamp = n as u64;
            let data = read_sensordata();
            sender.do_send(Sensordata(my_timestamp, data));
        }
    })
}
```

（6）下面来实现最重要的部分：actor 的消息处理。**actix** 要求实现 **Handler\<T\>** trait。在 **main** 函数前面增加以下实现：

```rust
struct DBWriter;

impl Actor for DBWriter {
    type Context = SyncContext<Self>;
}
impl Handler<Sensordata> for DBWriter {
    type Result = ();

    fn handle(&mut self, msg: Sensordata, _: &mut Self::Context) ->
     Self::Result {
        //send stuff somewhere and handle the results
        println!("{:?}", msg);
        thread::sleep(Duration::from_millis(300));
    }
}
```

（7）使用 **cargo run** 运行程序，查看它如何生成模拟的传感器数据（如果你不想等待程序完成，可以按 *Ctrl* + *C* 结束）。

```
$ cargo run
    Compiling actors v0.1.0 (Rust-Cookbook/Chapter04/actors)
```

```
    Finished dev [unoptimized + debuginfo] target(s) in 2.05s
      Running 'target/debug/actors'
>> Press Ctrl-C to stop the program
    Sensordata(0, 2.2577233)
    Sensordata(1, 4.039347)
    Sensordata(2, 8.981095)
    Sensordata(3, 1.1506838)
    Sensordata(4, 7.5091066)
    Sensordata(5, 2.5614727)
    Sensordata(6, 3.6907816)
    Sensordata(7, 7.907603)
    ^C
```

下面来分析原理从而更好地理解代码。

4.9.2 工作原理

actor 模型解决了使用面向对象方法在线程间传递数据的缺点。通过利用一个隐式队列来存放发送到 actor 以及从 actor 接收的消息，可以避免昂贵的锁定和破坏状态。关于这个主题内容很丰富，例如，可以参阅 Akka 的文档（https://doc.akka.io/docs/akka/current/guide/actors-intro.html）。

前两个步骤做好项目准备之后，步骤 3 显示了 **Message** trait 的实现，这里使用了一个宏（[#derive()]）。有了这个 trait，下面继续建立主系统（*system*），即在后台完成 actor 调度和消息传递的主循环。

actix 使用 **Arbiters** 运行不同的 actor 和任务。常规仲裁器（Arbiter）实际上是一个单线程事件循环，对于非并发环境中的工作很有帮助。另外，**SyncArbiter** 是一个多线程版本，允许跨线程使用 actor。在本例中，我们使用了 3 个线程。

在步骤 5 中，我们看到了处理器所需的最小实现。使用 **SyncArbiter** 不允许通过返回值发回消息，正是因为这个原因，现在的结果是一个空元组。处理器还特定于消息类型，handle 函数通过执行 **thread::sleep** 来模拟一个运行时间很长的操作。这是可行的，因为它是这个特定线程中运行的唯一 actor。

关于 **actix** 的功能，我们只是稍稍触及了一点皮毛（更不用说全能的 Tokio 任务和流）。可以参见有关这个主题的书（https://actix.rs/book/actix/）及其 GitHub 存储库中的例子。

我们已经了解了如何用 actor 处理异步消息，现在来看下一个技巧。

4.10 使用 future 的异步编程

使用 future 是 JavaScript、TypeScript、C#和类似语言中的一种常见技术，这种技术通过在语法中增加 **async/await** 关键字而流行起来。简而言之，future（或 promise）是一个函数所做的保证，它保证会在某个时候处理这个句柄并返回实际的值。不过，至于什么时候发生则没有明确的时间，但是你可以安排整个 promise（承诺）链，这些承诺会相继处理。在 Rust 中这是如何实现的？下面我们从这个技巧中找到答案。

写这本书时，**async/await** 还在努力开发中。取决你什么时候读这本书，这些例子可能已经不能正常工作。在这种情况下，你可以在本书配套存储库中开一个 issue，以便我们修复这些问题。对于更新，请查看 Rust **async** 工作组的存储库（https://github.com/rustasync/team）。

4.10.1 实现过程

通过以下步骤，我们能够在 Rust 中使用 async 和 await 实现无缝的并发性。

（1）使用 **cargo new async-await** 创建一个新的二进制应用，并在 Visual Studio Code 中打开这个目录。

（2）与以往一样，集成一个库时，必须在 **Cargo.toml** 中增加依赖项：

```
[package]
name = "async-await"
version = "0.1.0"
authors = ["Claus Matzinger<claus.matzinger+kb@gmail.com>"]
edition = "2018"

[dependencies]
runtime = "0.3.0-alpha.6"
surf = "1.0"
```

（3）在 **src/main.rs** 中，必须导入这些依赖库。在文件最上面增加以下代码行：

```
use surf::Exception;
use surf::http::StatusCode;
```

（4）经典的例子是等待一个 Web 请求完成。这是出了名地难以判断，因为 Web 资源和/或其间的网络属于其他人，可能无法正常工作。**surf**（https://github.com/rustasync/surf）默认为 async，因此需要大量使用 .await 语法。下面声明一个 async 函数来完成获取：

```
async fn response_code(url: &str) -> Result<StatusCode, Exception>
{
    let res = surf::get(url).await?;
    Ok(res.status())
}
```

（5）现在我们需要一个 async main 函数来调用这个 response_code() async 函数：

```
#[runtime::main]
async fn main() -> Result<(), Exception> {
    let url = "https://www.rust-lang.org";
    let status = response_code(url).await?;
    println!("{} responded with HTTP {}", url, status);
    Ok(())
}
```

（6）通过运行 cargo run 来看这个代码是否能正常工作（希望得到 200 OK）：

```
$ cargo +nightly run
    Compiling async-await v0.1.0 (Rust-Cookbook/Chapter04/async-await)
     Finished dev [unoptimized + debuginfo] target(s) in 1.81s
      Running 'target/debug/async-await'
https://www.rust-lang.org responded with HTTP 200 OK
```

Rust 社区研究 async 和 await 已经有很长时间。下面来看这个技巧是如何工作的。

4.10.2 工作原理

Future［常称为 promise（承诺）］一般会完全集成到语言，并提供一个内置的运行时库。在 Rust 中，Rust 团队则选择了一种更雄心勃勃的方法，将运行时库留给社区来实现（目前是这样）。现在的两个项目是 Tokio 和 Romio（https://github.com/withoutboats/romio），另外 juliex（https://github.com/withoutboats/juliex）为 future 提供了最复杂的支持。随着最近 Rust 2018 的语法中增加了 **async/await**，各种实现的成熟只是时间问题。

在步骤 1 中设置依赖项之后，步骤 2 显示了，我们不用启用这些 async 和 await 宏/语法就能在代码中使用，这是长期以来的一个需求。然后，导入所需的 crate。巧合的是，在我们忙着写这本书时，Rust async 工作组构建了一个新的异步 Web 库（名为 **surf**）。由于这个 crate 是完全异步的，所以相比更成熟的 crate［如 **hyper**（https://hyper.rs）］，我们更喜欢这

个 **surf** crate。

在步骤 3 中，我们声明了一个 **async** 函数，它自动返回一个 **Future**（https://doc.rust-lang.org/std/future/trait.Future.html）类型，而且只能从另一个 **async** 作用域调用。步骤 4 显示了由 **async** main 函数创建这样一个作用域。就这些吗？不—＃［**runtime::main**］属性指出：会无缝地启动并分配一个运行时库执行异步工作。

runtimecrate（https://docs.rs/runtime/0.3.0-alpha.7/runtime/）不依赖于具体的实现，默认为基于 **romio** 和 **juliex** 的一个原生运行时库（查看你的 **Cargo.lock** 文件），不过你还可以启用有更多功能的 tokio 运行时库，支持 async 上的流、计时器等。

在 **async** 函数中，可以利用与 **Future** 实现器（https://doc.rust-lang.org/std/future/trait.Future.html）关联的 **await** 关键字，如 **surf** 请求（https://github.com/rustasync/surf/blob/master/src/request.rs＃L563），运行时库会调用 **poll()**，直到有一个可用的结果。也可能会得到一个错误，这说明我们还必须处理错误，这通常用？操作符完成。**surf** 还提供了一个泛型 **Exception** 类型（https://docs.rs/surf/1.0.2/surf/type.Exception.html）别名来处理可能发生的情况。

在快速发展的 Rust 生态系统中，尽管很多方面还在变化，但最终会使用 **async/await**，而不再需要很不稳定的 crate。这会使 Rust 的实用性有一个显著的提升。接下来进入下一章。

第 5 章 处理错误和其他结果

在每个编程语言中,处理错误通常都是一个很有意思的挑战。处理错误有很多可用的方式:返回数值、异常(软件中断)、结果(result)和选项(option)类型,等等。每种方法需要不同的架构,并且对性能、可读性和可维护性有影响。与很多函数式编程语言一样,Rust 采用的方法也是基于将失败集成到常规工作流中。这意味着,无论返回值是什么,错误并不是特殊情况,而是要集成到正常处理中。**Option** 和 **Result** 是允许返回结果和错误的核心类型。**panic!** 是一个额外的宏,如果线程无法继续/不应继续时,可以利用这个宏立即停止线程。

在本章中,我们将介绍一些基本的技巧和架构来有效地使用 Rust 的错误处理,使你的代码易于阅读、理解和维护。为此,在本章中你将学习以下技巧:

- 负责任地恐慌。
- 处理多个错误。
- 处理异常结果。
- 无缝的错误处理。
- 定制错误。
- 弹性编程。
- 使用外部 crate 来完成错误处理。
- Option 和 Result 间移动。

5.1 负责任地恐慌

有时,一个线程无法继续执行,原因可能是无效的配置文件、无响应的对等节点或服务器等问题,或者是操作系统相关的错误。Rust 有很多引起恐慌的方式,包括显式或隐式方式。最常见的可能是对多个 **Option** 类型和相关类型调用 **unwrap()**,这就会在出现错误或 **None** 时引发 panic。不过,对于比较复杂的程序,必须控制恐慌[例如,避免多个 **unwrap()** 调用以及使用了 **unwrap()** 调用的库],这很重要,**panic!** 宏可以提供支持。

5.1.1 实现过程

下面来分析如何控制多个 **panic!** 实例:

(1) 用 **cargo new panicking-responsibly - - lib** 创建一个新项目,并用 VS Code 打开这个目录。

(2) 打开 **src/lib.rs**,并把默认测试替换为一个常规的简单 panic 实例:

```
#[cfg(test)]
mod tests {

    #[test]
    #[should_panic]
    fn test_regular_panic() {
        panic!();
    }
}
```

(3) 还有很多其他方法可以中止程序。下面再增加另一个 test 实例:

```
#[test]
#[should_panic]
fn test_unwrap() {
    //panics if "None"
    None::<i32>.unwrap();
}
```

(4) 不过,这些 panic 都有一个通用的错误消息,对于应用在做什么并不能提供太多信息。通过使用 **expect()**,你可以提供一个错误消息来解释错误的原因:

```
#[test]
#[should_panic(expected = "Unwrap with a message")]
fn test_expect() {
    None::<i32>.expect("Unwrap with a message");
}
```

(5) **panic!** 宏提供了一种类似的方法来解释突然中止:

```
#[test]
#[should_panic(expected = "Everything is lost!")]
fn test_panic_message() {
    panic!("Everything is lost!");
}
```

```
#[test]
```

```rust
#[should_panic(expected = "String formatting also works")]
fn test_panic_format() {
    panic!("{} formatting also works.", "String");
}
```

（6）这个宏还可以返回数值，这对于 UNIX 类的操作系统非常重要，它们可以检查这些值。增加另一个测试来返回一个整数码，指示一个特定的失败：

```rust
#[test]
#[should_panic]
fn test_panic_return_value() {
    panic!(42);
}
```

（7）要基于无效值中止程序，另一个好办法是使用 **assert!** 宏。编写测试时应该都知道这个宏，下面增加一些 **assert!** 宏来看 Rust 的做法：

```rust
#[test]
#[should_panic]
fn test_assert() {
    assert!(1 == 2);
}

#[test]
#[should_panic]
fn test_assert_eq() {
    assert_eq!(1, 2);
}

#[test]
#[should_panic]
fn test_assert_neq() {
    assert_ne!(1, 1);
}
```

（8）最后一步与以往一样，同样要使用 **cargo test** 编译和运行我们刚才编写的代码。输出会显示这些测试是否通过（它们应该能通过）：

```
$ cargo test
    Compiling panicking-responsibly v0.1.0 (Rust-Cookbook/Chapter05
```

```
/panicking-responsibly)
Finished dev [unoptimized + debuginfo] target(s) in 0.29s
Running target/debug/deps/panicking_responsibly-6ec385e96e6ee9cd

running 9 tests
test tests::test_assert ... ok
test tests::test_assert_eq ... ok
test tests::test_assert_neq ... ok
test tests::test_panic_format ... ok
test tests::test_expect ... ok
test tests::test_panic_message ... ok
test tests::test_panic_return_value ... ok
test tests::test_regular_panic ... ok
test tests::test_unwrap ... ok

test result: ok. 9 passed; 0 failed; 0 ignored; 0 measured; 0 filtered out

   Doc-tests panicking-responsibly

running 0 tests

test result: ok. 0 passed; 0 failed; 0 ignored; 0 measured; 0 filtered out
```

不过这怎么能让我们负责任地恐慌呢？下面来看它是如何工作的。

5.1.2 工作原理

由于 Rust 能检查 panic 结果，我们可以验证消息，并确认出现了 panic 这一事实。从步骤 2～步骤 4，我们分别使用不同的（常见）方法引发 panic，如 **unwrap()**（https://doc.rust-lang.org/std/option/enum.Option.html#method.unwrap）或 **panic!()**（https://doc.rust-lang.org/std/macro.panic.html）。这些方法会返回 'called 'Option::unwrap()' on a 'None' value', src/libcore/option.rs: **347**: **21** 或 **panicked at** 'explicit panic', src/lib.rs: **64**: **9** 等消息，并不容易调试。

不过，**unwrap()** 有一个变体叫作 **expect()**，它接受一个 **&str** 参数，这是一个简单的消息，可以帮助用户进一步调试出现的问题。步骤 4～步骤 6 显示了如何结合消息和返回值。在步骤 7 中，我们介绍了额外的 **assert!** 宏，这在测试中经常看到，不过也会在生产系统中用来防范稀有和不可恢复的值。

应当把中止线程或程序的执行作为最后手段，特别是在创建供其他人使用的库时。可以想想看，一些 bug 可能导致第三方库中出现一个意外值，这会引发 panic，导致服务立即意外中止。想象一下，这是否是因为调用 **unwrap()**（而没有使用更健壮的方法）造成的。

我们已经了解了如何负责任地恐慌，现在来看下一个技巧。

5.2 处理多个错误

当应用变得更复杂并包括第三方框架时，需要一致地处理各种类型的错误，而不是分别设置各个错误的条件。例如，一个 Web 服务可能出现大量错误，处理器可以处理这些错误，将它们转换为提供提示性消息的 HTTP 代码。可能出现的这些错误包括解析器错误、无效的认证细节、失败的数据库连接或应用特定的错误（有一个错误码）。在这个技巧中，我们将介绍如何使用包装器（wrapper）处理这样一些错误。

5.2.1 实现过程

通过下面几个步骤创建一个错误包装器：

（1）在 VS Code 中打开用 **cargo new multiple-errors** 创建的项目。

（2）打开 **src/main.rs**，在最上面增加一些导入语句：

```
use std::fmt;
use std::io;
use std::error::Error;
```

（3）在我们的应用中，我们要处理 3 个用户自定义的错误。在导入语句后面声明这些错误：

```
#[derive(Debug)]
pub struct InvalidDeviceIdError(usize);
#[derive(Debug)]
pub struct DeviceNotPresentError(usize);
#[derive(Debug)]
pub struct UnexpectedDeviceStateError {}
```

（4）对于包装器：由于我们要处理某个对象的多个变体，所以 **enum** 会很适合：

```
#[derive(Debug)]
pub enum ErrorWrapper {
    Io(io::Error),
```

```rust
        Db(InvalidDeviceIdError),
        Device(DeviceNotPresentError),
        Agent(UnexpectedDeviceStateError)
}
```

(5)不过,最好能与其他错误有相同的接口,所以下面来实现 **std::error::Error** trait:

```rust
impl Error for ErrorWrapper {
    fn description(&self) ->&str {
        match *self {
            ErrorWrapper::Io(ref e) => e.description(),
            ErrorWrapper::Db(_) | ErrorWrapper::Device(_) => "No
                device present with this id, check formatting.",
            _ => "Unexpected error. Sorry for the inconvenience."
        }
    }
}
```

(6)这个 trait 还要求实现 **std::fmt::Display**,以下给出下一个 **impl** 块:

```rust
impl fmt::Display for ErrorWrapper {
    fn fmt(&self, f: &mut fmt::Formatter<'_>) ->fmt::Result {
        match *self {
            ErrorWrapper::Io(ref e) => write!(f, "{} [{}]", e,
                self.description()),
            ErrorWrapper::Db(ref e) => write!(f, "Device with id \"
                {}\" not found [{}]", e.0, self.description()),
            ErrorWrapper::Device(ref e) => write!(f, "Device with
                id\"{}\" is currently unavailable [{}]", e.0,
                self.description()),
            ErrorWrapper::Agent(_) => write!(f, "Unexpected device
                state [{}]", self.description())
        }
    }
}
```

(7)现在我们想看看以上工作的结果。将现有的 **main** 函数替换为以下代码:

```rust
fn main() {
    println!("{}",
```

```rust
        ErrorWrapper::Io(io::Error::from(io::ErrorKind::InvalidData)));
    println!("{}", ErrorWrapper::Db(InvalidDeviceIdError(42)));
    println!("{}", ErrorWrapper::Device
        (DeviceNotPresentError(42)));
    println!("{}", ErrorWrapper::Agent(UnexpectedDeviceStateError
        {}));
}
```

(8) 最后，执行 **cargo run** 来看输出与我们之前预想的是否一致：

```
$ cargo run
    Compiling multiple-errors v0.1.0 (Rust-Cookbook/Chapter05
/multiple-errors)
    Finished dev [unoptimized + debuginfo] target(s) in 0.34s
    Running 'target/debug/multiple-errors'
invalid data [invalid data]
Device with id "42" not found [No device present with this id,
check formatting.]
Device with id "42" is currently unavailable [No device present
with this id, check formatting.]
Unexpected device state [Unexpected error. Sorry for the
inconvenience.]
```

下面来分析原理从而更好地理解代码。

5.2.2　工作原理

多个错误最初看起来可能不是太大的问题，但对于一个简洁、可读的架构，必须用某种方式解决这些错误。可以用一个枚举（enum）包装可能的变体，这被视为最实用的解决方案，而且，通过实现 **std::error::Error**（和所要求的 **std::fmt::Display**），应该可以无缝地处理新的错误类型。在步骤 3～步骤 6 中，我们用一种简化方式展示了所需 trait 的一个示例实现。步骤 7 显示了如何使用包装 enum，以及如何使用 **Display** 和 **Error** 实现来帮助匹配变体。

实现 **Error** trait 还允许将来实现一些有趣的方面，包括递归嵌套。可以查看文档（https://doc.rust-lang.org/std/error/trait.Error.html#method.source）来了解更多有关内容。一般地，我们会尽可能避免创建这些错误变体，因此有一些外部支持 crate 负责提供所有样板代码，我们将在这一章另一个技巧中介绍这个内容。

现在来看下一个技巧，来完善我们处理多个错误的新技能！

5.3 处理异常结果

除了 Option 类型之外，Result 类型可以有两个自定义类型，这意味着 Result 提供了关于错误原因的额外信息。这比返回 Option 表达力更强，后者只是返回单个类型实例或 None。但是，这个 None 实例可能表示从处理失败到错误输入等各种问题。因此，可以把 Result 类型视为与其他语言中的异常类似，不过它们是程序正常工作流的一部分。搜索就是这样一个例子，可能会发生多种情况：
- 发现所需的值。
- 未发现所需的值。
- 集合是非法的。
- 值是非法的。

如何有效地使用 Result 类型？可以在这个技巧中找出答案！

5.3.1 实现过程

下面是使用 Result 和 Option 的一些步骤：

（1）用 cargo new exceptional-results - - lib 创建一个新项目，并用 VS Code 打开。

（2）打开 src/lib.rs 并在 test 模块前面增加一个函数：

```
///
///Finds a needle in a haystack, returns -1 on error
///
pub fn bad_practice_find(needle: &str, haystack: &str) -> i32 {
    haystack.find(needle).map(|p| p as i32).unwrap_or(-1)
}
```

（3）从名字可以看出，这不是 Rust 中表示失败的最佳方法。不过，更好的方法是什么？一个答案是利用 Option enum。在第一个函数下面再增加另外一个函数：

```
///
///Finds a needle in a haystack, returns None on error
///
pub fn better_find(needle: &str, haystack: &str) -> Option<usize> {
    haystack.find(needle)
}
```

（4）这样能得出期望的返回值，不过 Rust 还支持表达力更好的方法，如 Result 类型。在当前这组函数后面增加以下代码：

```rust
#[derive(Debug, PartialEq)]
pub enum FindError {
    EmptyNeedle,
    EmptyHaystack,
    NotFound,
}

///
///Finds a needle in a haystack, returns a proper Result
///
pub fn best_find(needle: &str, haystack: &str) -> Result<usize, FindError> {
    if needle.len() <= 0 {
        Err(FindError::EmptyNeedle)
    } else if haystack.len() <= 0 {
        Err(FindError::EmptyHaystack)
    } else {
        haystack.find(needle).map_or(Err(FindError::NotFound), |n| Ok(n))
    }
}
```

（5）我们实现了同一个函数的多个版本，下面来测试这些函数。对于第一个函数，为 **test** 模块增加以下代码，并替换现有的（默认）测试：

```rust
use super::*;

#[test]
fn test_bad_practice() {
    assert_eq!(bad_practice_find("a", "hello world"), -1);
    assert_eq!(bad_practice_find("e", "hello world"), 1);
    assert_eq!(bad_practice_find("", "hello world"), 0);
    assert_eq!(bad_practice_find("a", ""), -1);
}
```

（6）其他测试函数看起来也很类似。为了得到一致的结果，并显示返回类型之间的区别，为 **test** 模块增加以下代码：

```rust
#[test]
fn test_better_practice() {
    assert_eq!(better_find("a", "hello world"), None);
    assert_eq!(better_find("e", "hello world"), Some(1));
    assert_eq!(better_find("", "hello world"), Some(0));
    assert_eq!(better_find("a", ""), None);
}

#[test]
fn test_best_practice() {
    assert_eq!(best_find("a", "hello world"),
        Err(FindError::NotFound));
    assert_eq!(best_find("e", "hello world"), Ok(1));
    assert_eq!(best_find("", "hello world"),
        Err(FindError::EmptyNeedle));
    assert_eq!(best_find("e", ""),
        Err(FindError::EmptyHaystack));
}
```

(7) 下面运行 **cargo test** 来看测试结果：

```
$ cargo test
Compiling exceptional-results v0.1.0 (Rust-Cookbook/Chapter05
 /exceptional-results)
 Finished dev [unoptimized + debuginfo] target(s) in 0.53s
  Running target/debug/deps/exceptional_results-97ca0d7b67ae4b8b

running 3 tests
test tests::test_best_practice ... ok
test tests::test_bad_practice ... ok
test tests::test_better_practice ... ok

test result: ok. 3 passed; 0 failed; 0 ignored; 0 measured; 0 filtered out

   Doc-tests exceptional-results

running 0 tests

test result: ok. 0 passed; 0 failed; 0 ignored; 0 measured; 0
```

```
filtered out
```

下面来分析原理从而更好地理解代码。

5.3.2 工作原理

Rust 和很多其他编程语言使用 **Result** 类型一次传递多个函数结果。采用这种方式，函数可以按设计返回，而不会出现类似异常机制的（意外）跳转。

在这个技巧的步骤 3 中，我们展示了其他语言（例如 Java）中常见的一种传递错误的方法。不过，正如我们在测试中看到的（步骤 6），对空字符串的结果出人意料（是 0 而不是 -1）。在步骤 3 中，我们定义了一个更好的返回类型，但是这就足够了吗？不，还不够。在步骤 4 中，我们实现了这个函数的最佳版本，在这里每个 **Result** 类型都易于解释，而且定义很明确。

可以在标准库中找到使用 **Result** 的一个更好的例子，即 **slice** trait 上的 **quick_search** 函数，它会返回 Ok () 以及找到元素的位置，或者返回 Err () 和本应找到元素的位置。查看文档 https://doc.rust-lang.org/std/primitive.slice.html#method.binary_search 来了解更多详细信息。

一旦你掌握了使用多个 **Result** 和 **Option** 类型来传递结果（而不只是简单的成功和失败），你提供的 API 会有很好的表达力，肯定会受到其他人的喜爱。下面继续学习下一个技巧。

5.4 无缝的错误处理

在很多程序中，异常表示一种特殊情况：它们有自己的执行路径，程序可以在任何时候跳转到这个路径。不过，这是理想的做法吗？这要取决于 **try** 块（或者也可以是其他名字）的大小，其中可能包含多个语句，调试运行时异常时，很快就会变得不那么有趣了。要实现安全的错误处理，一种更好的方法是将错误集成到函数调用的结果中，这种做法在 C 函数中已经可以看到，其中参数完成数据传输，返回码指示成功/失败。更新的函数式范式建议采用类似于 Rust 中 **Result** 类型的做法，即提供函数来妥善地处理各种结果。这使得错误成为函数的预期结果，并支持平滑的错误处理，而无需为每个调用增加额外的 **if** 条件。

在这个技巧中，我们将介绍几种无缝处理错误的方法。

5.4.1 实现过程

完成下面的步骤来无缝地处理错误：

（1）用 **cargo new exceptional-results --lib** 创建一个新项目，并用 VS Code 打开。

(2) 打开 **src/lib.rs** 并把现有的测试替换为一个新测试：

```
#[test]
fn positive_results() {
    //code goes here
}
```

(3) 顾名思义，我们将在这个函数的体中增加一些能得到正面结果的测试。首先是一个声明和一些简单的语句。将前面的 **//code goes here** 部分替换为以下代码：

```
let ok: Result<i32, f32> = Ok(42);

assert_eq!(ok.and_then(|r| Ok(r + 1)), Ok(43));
assert_eq!(ok.map(|r| r + 1), Ok(43));
```

(4) 下面再增加更多操作，因为多个 Result 类型可以表现得像布尔值。在 **good_results** 测试中增加更多代码：

```
//Boolean operations with Results. Take a close look at
//what's returned
assert_eq!(ok.and(Ok(43)), Ok(43));
let err: Result<i32, f32> = Err(-42.0);
assert_eq!(ok.and(err), err);
assert_eq!(ok.or(err), ok);
```

(5) 不过，有好的结果，也会有不好的结果！对于 Result 类型，就是会有 Err 变体。增加另一个空测试，名为 **negative_results**：

```
#[test]
fn negative_results() {
    //code goes here
}
```

(6) 与前面一样，将 **//code goes here** 注释替换为以下的具体测试：

```
let err: Result<i32, f32> = Err(-42.0);
let ok: Result<i32, f32> = Ok(-41);

assert_eq!(err.or_else(|r| Ok(r as i32 + 1)), ok);
assert_eq!(err.map(|r| r + 1), Err(-42.0));
assert_eq!(err.map_err(|r| r + 1.0), Err(-41.0));
```

(7) 除了正面结果，负面结果通常会有自己单独的函数，如 **map_err**。与之不同，布尔函数有一致的行为,将把 **Err** 结果处理为 false。为 **negative_results** 测试增加以下代码:

```
let err2: Result<i32, f32> = Err(43.0);
let ok: Result<i32, f32> = Ok(42);
assert_eq!(err.and(err2), err);
assert_eq!(err.and(ok), err);
assert_eq!(err.or(ok), ok);
```

(8) 最后一步运行 **cargo test** 来看测试结果:

```
$ cargo test
Compiling seamless-errors v0.1.0 (Rust-Cookbook/Chapter05
 /seamless-errors)
Finished dev [unoptimized + debuginfo] target(s) in 0.37s
Running target/debug/deps/seamless_errors-7a2931598a808519
running 2 tests
test tests::positive_results ... ok
test tests::negative_results ... ok

test result: ok. 2 passed; 0 failed; 0 ignored; 0 measured; 0 filtered out

   Doc-tests seamless-errors

running 0 tests

test result: ok. 0 passed; 0 failed; 0 ignored; 0 measured; 0 filtered out
```

还想了解更多?请继续阅读工作原理。

5.4.2 工作原理

如果代码要将所有可能的函数结果集成到正常工作流中,**Result** 类型对于创建这种代码非常重要。这样就不再需要对异常进行特殊的处理,会使代码更简洁,更容易分析。因为这些类型预先已知,函数库还可以提供专用函数,这正是这个技巧要讨论的内容。

在前几个步骤中(步骤2~步骤4),我们处理的是正面结果,这表示包装在 **Ok** enum 变体中的值。首先,我们介绍了 **and_then** 函数,它提供了多个函数的串链,只有在初始 **Result** 为 **Ok** 时才执行这些函数。如果链中某个函数有 **Err** 返回值,会传递这个 **Err** 结果并跳过正面结果处理函数(如 **and_then** 和 **map**)。类似地,**map()** 支持 **Result** 类型转换。**map** 和 **and** _then 只允许将 Result＜i32，i32＞转换为 Result＜MyOwnType，i32＞，而不是单独的 MyOwnType。最后，这个测试涵盖了表 5-1 中总结的多个 Result 类型的布尔操作。

表 5-1　　　　　　　　　　　　　多个 Rusule 类型的布尔操作

A	B	A and B
Ok	Ok	Ok（B）
Ok	Err	Err
Err	Ok	Err
Err	Err	Err（A）
Ok	Ok	Ok（A）

其余步骤（步骤 5～步骤 7）过程相同，不过会处理一个负面结果类型：**Err**。类似于 **map()** 只处理 Ok 结果，同样地，**map_err()** 会转换 Err。这里的一个特殊情况是 **or_else()** 函数，只要返回 Err，它就会执行所提供的闭包。测试的最后部分覆盖了多个 Result 类型的一些布尔函数，展示了它们如何处理各个 Err 参数。

我们已经看到了处理 Ok 和 Err 的多种不同方法，下面继续看下一个技巧。

5.5　定制错误

尽管 **Result** 类型并不关心它在 **Err** 分支中返回的类型，不过为错误消息返回 **String** 实例也不是理想做法。一般的错误需要考虑几个方面：
- 有没有根本原因或错误？
- 错误消息是什么？
- 是否需要输出更深入的消息？

标准库的错误都遵循 `std::error::Error` 的一个通用 trait，下面来看如何实现。

5.5.1　实现过程

定义错误类型并不难，只需要遵循以下步骤：

（1）用 **cargo new custom-errors** 创建一个新项目，并用 VS Code 打开。

（2）使用 VS Code 打开 **src/main.rs**，并创建一个基本结构体，名为 **MyError**：

```
use std::fmt;
use std::error::Error;

#[derive(Debug)]
```

```rust
pub struct MyError {
    code: usize,
}
```

(3) 可以如下实现 **Error** trait：

```rust
impl Error for MyError {
    fn description(&self) -> &str {
        "Occurs when someone makes a mistake"
    }
}
```

(4) 不过，这个 trait 要求我们（除了派生的 **Debug**）还要实现 **std::fmt::Display**：

```rust
impl fmt::Display for MyError {
    fn fmt(&self, f: &mut fmt::Formatter<'_>) -> fmt::Result {
        write!(f, "Error code {:#X}", self.code)
    }
}
```

(5) 最后，来看这些 trait 的实际使用，并替换 **main** 函数：

```rust
fn main() {
    println!("Display: {}", MyError{ code: 1535 });
    println!("Debug: {:?}", MyError{ code: 42 });
    println!("Description: {:?}", (MyError{ code: 42
}).description());
}
```

(6) 然后，可以使用 **cargo run** 查看所有这些的工作情况：

```
$ cargo run
Compiling custom-errors v0.1.0 (Rust-Cookbook/Chapter05/customerrors)
 Finished dev [unoptimized + debuginfo] target(s) in 0.23s
 Running 'target/debug/custom-errors'
Display: Error code 0x5FF
Debug: MyError{ code: 42 }
Description: "Occurs when someone makes a mistake"
```

下面来分析这个简单技巧的工作原理。

5.5.2 工作原理

尽管任何类型都可以用在一个 **Result** 分支中，不过 Rust 提供了一个 **Error** trait，可以实现这个 trait 从而更好地集成到其他 crate 中。这方面的一个例子是 **actix_web** 框架的错误处理（https://actix.rs/docs/errors/），它能处理 **std::error::Error** 以及它自己的类型（我们将在第 8 章 "*Web 安全编程*" 中更深入地讨论这个内容）。

除此之外，**Error** trait 还提供了嵌套，另外通过使用动态分派，所有 **Error** 都可以遵循一个公共 API。在步骤 2 中，我们声明了这个类型并派生了（必要的）**Debug** trait。在步骤 3 和步骤 4 中提供了其余实现。这个技巧的其余部分则是执行这个代码。

利用这个短而精的技巧，我们可以创建自定义错误类型。现在来看下一个技巧。

5.6 弹性编程

返回 **Result** 或 **Option** 总是遵循一定的模式，这会生成大量样板代码，特别是对于读取或创建文件以及搜索值等不确定的操作。具体地，这个模式会生成大量使用提前返回（early returns）的代码（还记得 **goto** 吗？），或者会生成嵌套语句，二者都会生成难以分析的代码。因此，Rust 库的早期版本实现了一个 **try!** 宏，这已经替换为 **?** 操作符来作为一个快速提前返回选项。下面来看这会如何影响代码。

5.6.1 实现过程

遵循以下步骤编写更有弹性的程序：

（1）用 **cargo new resilient-programming** 创建一个新项目，并用 VS Code 打开。

（2）打开 **src/main.rs** 来增加一个函数：

```rust
use std::fs;
use std::io;

fn print_file_contents_qm(filename: &str) -> Result<(), io::Error>
{
    let contents = fs::read_to_string(filename)?;
    println!("File contents, external fn: {:?}", contents);
    Ok(())
}
```

（3）前面的函数如果找到文件，会打印这个文件的内容，除此以外，我们必须调用这个

函数。为此,将现有的 **main** 函数替换为以下代码:

```
fn main() -> Result<(), std::io::Error> {
    println!("Ok: {:?}", print_file_contents_qm("testfile.txt"));
    println!("Err: {:?}", print_file_contents_qm("not-a-file"));
    let contents = fs::read_to_string("testfile.txt")?;
    println!("File contents, main fn: {:?}", contents);
    Ok(())
}
```

(4) 这就可以了——运行 **cargo run** 来得到结果:

```
$ cargo run
 Compiling resilient-programming v0.1.0 (Rust-Cookbook/Chapter05
 /resilient-programming)
  Finished dev [unoptimized + debuginfo] target(s) in 0.21s
  Running 'target/debug/resilient-programming'
File contents, external fn: "Hello World!"
Ok: Ok(())
Err: Err(Os { code: 2, kind: NotFound, message: "No such file or
directory" })
File contents, main fn: "Hello World!"
```

下面来分析原理从而更好地理解代码。

5.6.2 工作原理

通过这 4 个步骤,我们介绍了?操作符的使用,以及它如何避免通常与卫哨关联的样板代码。在步骤 3 中,我们创建一个函数,如果已经找到文件(并且是可读的),这个函数将打印文件内容,另外通过使用?操作符,我们可以在必要时跳过检查返回值并退出函数,这一切都只用一个简单的?操作符就可以完成。

在步骤 4 中,我们不仅调用了前面创建的函数,还会打印结果来展示它是如何工作的。不仅如此,对(特殊的)**main** 函数应用同样的模式(它现在有一个返回值)。因此,并不仅限于子函数,还可以应用于整个应用。

通过几个简单的步骤,我们已经了解了如何使用?操作符安全地解包 **Result**。现在来看下一个技巧。

5.7 使用外部 crate 来完成错误处理

创建和包装错误是现代程序中一个很常见的任务。不过,正如我们在这一章多个技巧中

第5章 处理错误和其他结果

看到的，处理每一种可能的情况（以及考虑可能返回的每一种变体）可能很烦琐。这是众所周知的一个问题，Rust 社区已经提出了一些方法来简化这个问题。下一章（"第6章 用宏表达"）中会简单介绍宏，不过创建错误类型非常依赖于使用宏。另外，这个技巧对应之前的一个技巧（"5.2 处理多个错误"），我们会展示代码中的区别。

5.7.1 实现过程

下面通过几个步骤引入一些外部 crate 来更好地处理错误：

（1）用 **cargo new external-crates** 创建一个新项目，并用 VS Code 打开。

（2）编辑 **Cargo.toml** 来增加 **quick-error** 依赖项：

```
[dependencies]
quick-error = "1.2"
```

（3）为了在 **quick-error** 中使用所提供的宏，需要显式地导入。为 **src/main.rs** 增加以下 **use** 语句：

```
#[macro_use] extern crate quick_error;

use std::convert::From;
use std::io;
```

（4）只需一步，可以在 **quick_error!** 宏中增加我们想声明的所有错误：

```
quick_error! {
    #[derive(Debug)]
    pub enum ErrorWrapper {
        InvalidDeviceIdError(device_id: usize) {
            from(device_id: usize) -> (device_id)
            description("No device present with this id, check
            formatting.")
        }
        DeviceNotPresentError(device_id: usize) {
            display("Device with id \"{}\" not found", device_id)
        }
        UnexpectedDeviceStateError {}
        Io(err: io::Error) {
            from(kind: io::ErrorKind) -> (io::Error::from(kind))
```

```
            description(err.description())
            display("I/O Error: {}", err)
        }
    }
}
```

(5) 只有增加了 **main** 函数,这个代码才算完整:

```
fn main() {
    println! ("(IOError) {}",
    ErrorWrapper::from(io::ErrorKind::InvalidData));
    println! ("(InvalidDeviceIdError) {}",
    ErrorWrapper::InvalidDeviceIdError(42));
    println! ("(DeviceNotPresentError) {}",
    ErrorWrapper::DeviceNotPresentError(42));
    println! ("(UnexpectedDeviceStateError) {}",
    ErrorWrapper::UnexpectedDeviceStateError {});
}
```

(6) 使用 **cargo run** 查看程序的输出:

```
$ cargo run
  Compiling external-crates v0.1.0 (Rust-Cookbook/Chapter05
  /external-crates)
   Finished dev [unoptimized + debuginfo] target(s) in 0.27s
    Running 'target/debug/external-crates'
(IOError) I/O Error: invalid data
(InvalidDeviceIdError) No device present with this id, check
formatting.
(DeviceNotPresentError) Device with id "42" not found
(UnexpectedDeviceStateError) UnexpectedDeviceStateError
```

你能理解上面代码吗?下面来看它是如何工作的。

5.7.2 工作原理

之前的一个技巧中声明了多个错误,与之相比,这个声明要简短得多,另外还有几个额外的好处。第一个好处是,每个错误类型都可以使用 **From** trait 创建(步骤 4 中第一个 **IOError**)。其次,每个类型会生成带错误名的一个自动描述和 **Display** 实现(见步骤 3, **UnexpectedDeviceStateError**,还有步骤 5)。这不算完美,不过作为第一步是完全可以的。

在底层，**quick-error** 生成一个 enum 来处理所有可能的情况，并在必要时生成实现。查看 **main** 宏，表达得很清晰（http://tailhook.github.io/quick-error/quick_error/macro.quick_error.html）。为了适当地使用 **quick-error** 来满足你的需要，可以参考其余文档（http://tailhook.github.io/quick-error/quick_error/index.html）。另外，还有一个 **error-chain** crate（https://github.com/rust-lang-nursery/error-chain），它采用一种不同的方法创建这些错误类型。利用这些选择，你能大大提高错误的可读性和实现速度，同时去除所有样板代码。

我们已经了解了如何通过使用外部 crate 来改进我们的错误处理，现在来看下一个技巧。

5.8 Option 和 Result 间转移

要从函数返回一个二进制结果时，都需要在使用 **Result** 或 **Option** 之间做出选择。二者都可以表达失败的函数调用，不过前者会提供太多的特性，而后者可能提供的太少。尽管要针对特定情况做出决定，不过 Rust 的类型提供了一些工具，可以在 **Result** 和 **Option** 之间轻松转移。这个技巧中将介绍这些工具。

5.8.1 实现过程

只需要几个简单的步骤，你就会知道如何在 **Option** 和 **Result** 之间转移：

（1）用 **cargo new options-results - - lib** 创建一个新项目，并用 VS Code 打开。

（2）编辑 **src/main.rs**，将现有测试（**mod tests** 中）替换为以下测试：

```rust
#[derive(Debug, Eq, PartialEq, Copy, Clone)]
struct MyError;

#[test]
fn transposing() {
    //code will follow
}
```

（3）必须把 **// code will follow** 替换为一个展示如何使用 **transpose()** 函数的示例：

```rust
let this: Result<Option<i32>, MyError> = Ok(Some(42));
let other: Option<Result<i32, MyError>> = Some(Ok(42));
assert_eq!(this, other.transpose());
```

（4）这也适用于 **Err**，为了证明这一点，将以下代码增加到 **transpose()** 测试：

```rust
let this: Result<Option<i32>, MyError> = Err(MyError);
let other: Option<Result<i32, MyError>> = Some(Err(MyError));
```

```
assert_eq!(this, other.transpose());
```

(5) 剩下的还有特殊情况 **None**。最后在 **transpose()** 测试中增加以下代码：

```
assert_eq!(None::<Result<i32, MyError>>.transpose(), Ok(None::<i32>));
```

(6) 在这两个类型之间转移不只是使用 transposing，还可以使用一些更复杂的方法。创建另一个 **test**：

```
#[test]
fn conversion() {
    //more to follow
}
```

(7) 作为第一个测试，将 **// more to follow** 替换为某个可用的示例而不是 **unwrap()**：

```
let opt = Some(42);
assert_eq!(opt.ok_or(MyError), Ok(42));

let res: Result<i32, MyError> = Ok(42);
assert_eq!(res.ok(), opt);
assert_eq!(res.err(), None);
```

(8) 作为一个完整的转换测试，还要为 **test** 增加以下代码。这些也是转换，不过对应 **Err**：

```
let opt: Option<i32> = None;
assert_eq!(opt.ok_or(MyError), Err(MyError));

let res: Result<i32, MyError> = Err(MyError);
assert_eq!(res.ok(), None);
assert_eq!(res.err(), Some(MyError));
```

(9) 最后，使用 **cargo test** 运行这个代码，可以看到成功的测试结果：

```
$ cargo test
Compiling options-results v0.1.0 (Rust-Cookbook/Chapter05/optionsresults)
 Finished dev [unoptimized + debuginfo] target(s) in 0.44s
  Running target/debug/deps/options_results-111cad5a9a9f6792

running 2 tests
test tests::conversion ... ok
```

```
test tests::transposing ... ok

test result: ok. 2 passed; 0 failed; 0 ignored; 0 measured; 0
filtered out

   Doc-tests options-results

running 0 tests

test result: ok. 0 passed; 0 failed; 0 ignored; 0 measured; 0
filtered out
```

下面来分析原理从而更好地理解代码。

5.8.2 工作原理

关于何时使用 **Option** 以及何时使用 **Result**，我们只在高层次上做了概要讨论，不过 Rust 通过一些函数支持在这两个类型之间转换。除了 **map()**、**and_then()** 等函数（见本章 "5.4 无缝的错误处理"一节中的讨论），这些函数提供了强大而妥善的方法来处理各种错误。在步骤 1~步骤 4 中，我们逐步构建了一个简单的测试来展示 transpose 函数的可用性。利用一个函数调用，就可以从 Ok（Some（42））转换到 Some（Ok（42））（注意二者细微的差别）。类似地，对应 Err 的调用会从常规的 Err（MyError）函数转换为 Some［Err（MyError）］。

其余步骤（步骤 6~步骤 8）显示了在这两个类型之间完成转换的更传统的方法。这包括获取 **Ok** 和 **Err** 值，以及为正面结果提供一个错误实例。一般的，这些函数应该足以替换大多数 **unwrap()** 或 **expect()** 调用，程序中只有一个执行路径，而不必求助于 **if** 和 **match** 条件。这还有额外的好处，可以提高健壮性和可读性，而且你未来的同事和用户肯定会为此感谢你！

第6章 用宏表达

在十九世纪，很多语言都提供了一个预处理器（最有名的就是 C/C++），通常会完成简单的文本替换。尽管这对于表示常量很方便（♯define MYCONST 1），但是一旦替换变得更复杂，就可能带来意外的结果，例如，♯define MYCONST 1+1，如果应用 5 * MYCONST，会得到 5 * 1+1=6 而不是预想的 10［由 5 * （1+1）］得到。

不过，预处理器支持"程序的编程"（元编程），从而使开发人员更轻松。不再是复制粘贴表达式和使用大量样板代码，通过利用快捷的宏定义，可以得到更小的代码基和可重用的调用，相应地还能减少错误。为了更好地利用 Rust 的类型系统，宏不能简单地搜索和替换文本，它们必须在更高层次上处理：即抽象语法树。这不仅需要不同的调用语法（如调用末尾的感叹号，例如 **println**!），使得编译器能知道要做什么，另外参数类型也有所不同。

在这个层次上，我们讨论的是表达式、语句、标识符、类型以及可以传递到宏的很多其他内容。不过，宏预处理器最终还是会在编译之前将宏的体插入调用作用域，使编译器能捕获类型不匹配或违规借用等问题。如果想了解更多关于宏的内容，请参见博客文章：https：//blog. x5ff. xyz/blog/easy-programming-with-rust-macros/、《*TheLittle Book of Rust Macros*》（https：//danielkeep. github. io/tlborm/book/index. html）和 Rust 书（https：//doc. rust-lang. org/book/ch19-06-macros. html）。最好通过具体尝试来了解宏，我们将在这一章介绍以下内容：

- 在 Rust 中构建自定义宏。
- 用宏实现匹配。
- 使用预定义的 Rust 宏。
- 使用宏生成代码。
- 宏重载。
- 对参数范围使用重复。
- 不要自我重复（DRY）。

6.1 在 Rust 中构建自定义宏

以前我们主要使用预定义的宏，现在来看看如何创建自定义宏。Rust 中有很多不同类型的宏：基于派生的宏、类函数的宏以及属性，它们都分别有自己的用例。在这个技巧中，我们先来看类函数的宏。

6.1.1 实现过程

只需要几个步骤就可以创建宏：

（1）在 Terminal（或 Windows 上的 PowerShell）中运行 **cargo new custom-macros**，用 Visual Studio Code 打开这个目录。

（2）在编辑器中打开 **src/main.rs**。在这个文件最上面创建一个名为 **one_plus_one** 的新宏：

```
//A simple macro without arguments
macro_rules! one_plus_one {
    () => { 1 + 1 };
}
```

（3）下面在 **main** 函数中调用这个简单的宏：

```
fn main() {
    println!("1 + 1 = {}", one_plus_one!());
}
```

（4）这是一个非常简单的宏，不过宏的作用远不只如此！来看下面这个宏，它能让我们确定操作。在文件最上面增加一个非常简单的宏：

```
//A simple pattern matching argument
macro_rules! one_and_one {
    (plus) => { 1 + 1 };
    (minus) => { 1 - 1 };
    (mult) => { 1 * 1 };
}
```

（5）由于宏 **matcher**（匹配器）部分中的单词是必要的，我们必须完全照此调用宏。在 **main** 函数中增加以下代码：

```
println!("1 + 1 = {}", one_and_one!(plus));
println!("1 - 1 = {}", one_and_one!(minus));
println!("1 * 1 = {}", one_and_one!(mult));
```

（6）作为最后一部分，要考虑保证一切就绪，创建模块、结构体、文件等。将类似行为分组是组织代码的一种常用方法，如果想在我们的模块之外使用这个代码，就要保证这个代码是公共可用的。类似于 **pub** 关键字，宏必须显式导出——不过要用一个属性来导出。在 **src/**

main.rs 中增加以下模块，如下所示：

```
mod macros {
    #[macro_export]
    macro_rules! two_plus_two {
        () => { 2 + 2 };
    }
}
```

（7）由于有导出，现在我们在 **main()** 中也可以调用这个函数：

```
fn main() {
    println!("1 + 1 = {}", one_plus_one!());
    println!("1 + 1 = {}", one_and_one!(plus));
    println!("1 - 1 = {}", one_and_one!(minus));
    println!("1 * 1 = {}", one_and_one!(mult));
    println!("2 + 2 = {}", two_plus_two!());
}
```

（8）在这个项目目录中从 Terminal 执行 **cargo run**，可以查看这个代码是否能正确工作：

```
$ cargo run
 Compiling custom-macros v0.1.0 (Rust-Cookbook/Chapter06/custommacros)
  Finished dev [unoptimized + debuginfo] target(s) in 0.66s
  Running 'target/debug/custom-macros'
1 + 1 = 2
1 + 1 = 2
1 - 1 = 0
1 * 1 = 1
2 + 2 = 4
```

为了更好地理解这个代码，下面来分析这些步骤。

6.1.2 工作原理

我们适当地使用了一个宏（**macro_rules!**）来创建一个自定义宏（步骤 3）。宏会匹配一个模式，包括 3 部分：

- 宏名（name，例如，**one_plus_one**）。
- 匹配器 [matcher，例如，**(plus) => ...**]。
- 转码器（transcriber，例如，**... => {1+1}**）。

调用一个宏时，宏名后面总是跟有一个感叹号（步骤 4），对于特定模式，还要有必要的字符/单词（步骤 6）。注意 **plus** 和其他单词不是变量、类型或已定义的对象，这使你能创建自己的领域特定语言（**domain-specific language**，**DSL**）！这一章的其他技巧中还会介绍更多有关内容。

通过调用宏，编译器会记录抽象语法树（**abstract syntax tree**，**AST**）中的位置，另外，不是完成纯文本替换，而是在相应位置插入宏的转码器子树。之后，编译器会尝试完成编译，这会进行常规的类型安全检查、保证符合借用规则等，不过将考虑到宏。作为开发人员，这会使你更容易地查找错误，并跟踪产生错误的宏。

在步骤 6 中，我们创建了一个模块，将从这个模块导出一个宏，这会改善代码结构和可维护性，特别是在较大的代码基中。不过，导出步骤是必要的，因为默认情况下宏是私有的。可以尝试删除 #［macro_export］属性，看看会发生什么。

步骤 8 显示了如何在项目中调用每一个宏变体来进行比较。有关的更多信息还可以参考博客文章（https://blog.rust-lang.org/2018/12/21/Procedural-Macros-in-Rust-2018.html），其中更详细地介绍了如何在 **crates.io**（https://crates.io）上提供宏 crate。

我们已经了解了如何在 Rust 中构建自定义宏，现在来看下一个技巧。

6.2　用宏实现匹配

创建自定义宏时，我们已经看到了模式匹配的作用：只有编译之前出现特定的单词时，才会执行命令。换句话说，在原始文本成为表达式或类型之前，宏系统会将其作为模式进行比较。因此，创建一个 DSL 非常容易。如何定义一个 Web 请求处理器？可以在模式中使用方法名：**GET**、**POST**、**HEAD**。不过，可以有无穷无尽的变化，所以在这个技巧中我们来看如何定义模式！

6.2.1　实现过程

通过遵循以下步骤，就能使用宏：

（1）在 Terminal（或 Windows 上的 PowerShell）中运行 **cargo new matching - - lib**，用 Visual Studio Code 打开这个目录。

（2）在 **src/lib.rs** 中，增加一个宏来处理特定的类型（作为输入）。在文件最上面插入以下代码：

```
macro_rules! strange_patterns {
    (The pattern must match precisely) =>{ "Text" };
    (42) =>{ "Numeric" };
```

(;<=,<=;) => { "Alpha" };
}
```

（3）显然，要进行测试来看这是否能正常工作。将 **it_works()** 测试替换为一个不同的测试函数：

```rust
#[test]
fn test_strange_patterns() {
    assert_eq!(strange_patterns!(The pattern must match precisely), "Text");
    assert_eq!(strange_patterns!(42), "Numeric");
    assert_eq!(strange_patterns!(;<=,<=;), "Alpha");
}
```

（4）模式还可以包含具体的输入参数：

```rust
macro_rules! compare {
    ($x:literal => $y:block) => { $x == $y };
}
```

（5）下面是一个简单的测试：

```rust
#[test]
fn test_compare() {
    assert!(compare!(1 => { 1 }));
}
```

（6）处理 HTTP 请求在架构方面一直是一个挑战，要为每个业务用例增加一些层和特殊的路由。一些 Web 框架（https://github.com/seanmonstar/warp）表明，宏能提供有力的支持，可以将处理器组合在一起。为文件增加另一个宏和支持函数 [**register_handler()** 函数]，这会模拟为我们假想的 Web 框架注册一个处理器函数：

```rust
#[derive(Debug)]
pub struct Response(usize);
pub fn register_handler(method: &str, path: &str, handler: &Fn() -> Response) {}

macro_rules! web {
    (GET $path:literal => $b:block) => {
        register_handler("GET", $path, &|| $b) };
    (POST $path:literal => $b:block) => {
```
```

register_handler("POST", $path, &|| $b) };
}
```

（7）为了确保一切正常工作，还要为 **web!** 宏增加一个测试。函数为空时，宏与所包含的模式不匹配，这会导致一个编译时错误：

```
use super::*;

#[test]
fn test_web() {
    web!(GET "/" => { Response(200) });
    web!(POST "/" => { Response(403) });
}
```

（8）最后一步来运行 **cargo test**（注意在文件最上面增加#![allow(unused_variables, unused_macros)]来删除警告）：

```
$ cargo test
   Compiling matching v0.1.0 (Rust-Cookbook/Chapter06/matching)
    Finished dev [unoptimized + debuginfo] target(s) in 0.31s
     Running target/debug/deps/matching-124bc24094676408

running 3 tests
test tests::test_compare ... ok
test tests::test_strange_patterns ... ok
test tests::test_web ... ok

test result: ok. 3 passed; 0 failed; 0 ignored; 0 measured; 0 filtered out

   Doc-tests matching

running 0 tests

test result: ok. 0 passed; 0 failed; 0 ignored; 0 measured; 0 filtered out
```

下面来看这些代码做了什么。

6.2.2 工作原理

在这个技巧的步骤 2，我们定义了一个宏，它会显式提供引擎可以匹配的不同模式。具
```

体的，字母数字字符（"Alpha"）仅限于,、;和=>。这允许Ruby方式的映射初始化，但也限制了DSL可用的元素。不过，宏还是非常适合建立一种表达能力更强的方式来处理不同情况。在步骤6和步骤7中，我们展示了创建一个Web请求处理器的一种方法，这里使用了一种更有表达力的方式而不是通常的串链函数调用。步骤4和步骤5展示了在宏中使用箭头（=>），步骤8通过运行这些测试将所有内容集成在一起。

在这个技巧中，我们创建了宏调用使用的匹配分支，这里的分支使用了字面量匹配（而不是类型匹配，本章后面将介绍这个内容）来决定替换。这说明，不仅可以在一个分支中使用参数和字面量，还可以自动化完成任务，而没有常规允许名的约束。

我们已经了解了如何在宏中实现匹配。现在来看下一个技巧。

6.3 使用预定义的宏

正如这一章前面的技巧中看到的，宏可以避免编写大量代码，并且提供了便利函数，而无需重新考虑整个应用架构。因此，Rust标准库为大量特性提供了宏，否则实现这些特性可能非常复杂。跨平台打印就是这样一个例子，这要如何工作？是否对每一个平台都有等价的方法来输出控制台文本？颜色支持呢？默认编码是什么？这里存在很多问题，这也说明了很多方面都需要是可配置的，但在一个典型程序中，我们只是调用 **print**!（" hello"），它就会完成工作。来看看还有什么。

6.3.1 实现过程

遵循以下步骤来实现这个技巧：

（1）在Terminal（或Windows上的PowerShell）中运行 **cargo new std-macros**，用Visual Studio Code打开这个目录。然后，在项目的 **src** 目录中创建一个 **a.txt** 文件，其中包含以下内容：

Hello World!

（2）首先，**main()** 的默认实现（在 **src/main.rs** 中）已经为我们提供了一个 **println**! 宏调用：

```
fn main() {
    println!("Hello, world!");
}
```

（3）可以扩展这个函数，打印更多内容。在 **main()** 函数中的 **println**! 宏调用后面插入以下代码：

```rust
println!("a vec: {:?}", vec![1, 2, 3]);
println!("concat: {}", concat!(0, 'x', "5ff"));
println!("MyStructstringified: {}", stringify!(MyStruct(10)));
println!("some random word stringified: {}", stringify!
(helloworld));
```

（4）**MyStruct** 的定义也很简单，这里涉及标准库提供的一个过程宏。在 **main()** 函数前面插入以下代码：

```rust
#[derive(Debug)]
struct MyStruct(usize);
```

（5）Rust 标准库还包含一些宏可以与外部世界交互。下面为 **main** 函数增加更多调用：

```rust
println!("Running on Windows? {}", cfg!(windows));
println!("From a file: {}", include_str!("a.txt"));
println!("$PATH: {:?}", option_env!("PATH"));
```

（6）最后一步，在 **main()** 中增加 **println!** 和 **assert!** 宏的两个替代宏：

```rust
eprintln!("Oh no!");
debug_assert!(true);
```

（7）如果还没有运行，要使用 **cargo run** 运行整个项目来查看输出：

```
$ cargo run
    Compiling std-macros v0.1.0 (Rust-Cookbook/Chapter06/std-macros)
    Finished dev [unoptimized + debuginfo] target(s) in 0.25s
     Running 'target/debug/std-macros'
Hello, world!
a vec: [1, 2, 3]
concat: 0x5ff
MyStructstringified: MyStruct(10)
some random word stringified: helloworld
Running on Windows? false
From a file: Hello World!
$PATH:
Some("/home/cm/.cargo/bin:/home/cm/.cargo/bin:/home/cm/.cargo/bin:/usr/local/bin:/usr/bin:/bin:/home/cm/.cargo/bin:/home/cm/Apps:/home/cm/.local/bin:/home/cm/.cargo/bin:/home/cm/Apps:/home/cm/.local/bin")
```

Oh no!

现在来分析原理从而更好地理解这个代码。

6.3.2 工作原理

main 函数中有我们或多或少比较了解的一些宏。它们分别完成我们认为很有用的一些工作。这里将跳过步骤 2，因为它只是显示 **println**！宏（我们经常使用这个宏）。不过，在步骤 3 中，出现了一些更特别的宏：

- **vec**！创建并初始化一个向量，这里使用了 []。不过，尽管看起来 [] 更有道理，但编译器也接受 **vec**！() 和 **vec**！{}。
- **concat**！从左到右连接字面量，就像一个静态字符串。
- **stringify**！由输入 token 创建一个字符串字面量，而不论它们是否存在（比如单词 **helloworld**，它会转换为一个字符串）。

步骤 4 使用了 Rust 中的一个过程宏。虽然"*derive*"一词和语法会让人想到经典 OOP 方式中的继承，但它们实际上并没有派生任何东西，而是提供了一个具体实现。对于我们来说，♯[**derive(Debug)**] 肯定是最有用的，不过另外还有 **PartialEq**、**Eq** 和 **Clone**，这些也很有用。

这个技巧的步骤 5 又返回来展示类函数的宏：

- **cfg**！类似于 ♯[**cfg**] 属性，可以在编译时确定条件，例如，这允许你包含平台特定的代码。
- **include_str**！是一个非常有意思的宏。还有其他一些"包含"宏，不过这个宏对于为应用提供转换非常有用，因为它会读取所提供文件的内容，作为一个 'static str（就像一个字面量）。
- **option_env**！在编译时（**compile time**）读取环境变量，来提供其值的一个 **Option** 结果。要注意：为了反映变量的变化，必须重新编译程序！

步骤 6 的宏可以用来替代我们知道的其他常用宏：

- **debug_assert**！是 **assert**！的一个变体，不包含在 --**release** 构建中。
- **eprintln**！在标准错误输出通道（standard error）输出内容，而不是标准输出（standard out）。

尽管 Rust 标准库相当稳定，不过将来版本还会包含更多宏，这会让 Rust 的使用更加方便。写这本书时，还没有完成的宏中，最有名的是 **await**！，由于有一种不同的 **async/await** 方法，这个宏可能永远也无法稳定。可以查看文档 https://doc.rust-lang.org/std/♯macros 来了解所有可用的宏。

我们已经更深入地了解了如何使用预定义的宏，接下来看下一个技巧。

6.4 使用宏生成代码

派生类宏表明，我们可以使用宏生成整个 trait 实现。类似地，可以使用宏生成整个结构体和函数，而避免复制粘贴式编程以及冗长的样板代码。由于宏在编译之前执行，因此会相应地检查生成的代码，同时避免严格类型语言的具体细节。下面来看如何做到！

6.4.1 实现过程

代码生成可以很容易，只需要以下几个步骤：

（1）在 Terminal（或 Windows 上的 PowerShell）中运行 **cargo new code-generation - - lib**，用 Visual Studio Code 打开这个目录。

（2）打开 **src/lib.rs**，增加第一个简单的宏：

```
//Repeat the statement that was passed in n times
macro_rules! n_times {
    //'()' indicates that the macro takes no argument.
    ($n: expr, $f: block) => {
        for _ in 0..$n {
            $f()
        }
    }
}
```

（3）下面来增加另一个宏，这一次要生成更多内容。把它增加到测试模块之外（例如，在前一个宏下面）：

```
//Declare a function in a macro!
macro_rules! make_fn {
    ($i: ident, $body: block) => {
        fn $i () $body
    }
}
```

（4）这两个宏使用都非常简单。下面把 **tests** 模块替换为相关的测试：

```
#[cfg(test)]
mod tests {
```

```rust
#[test]
fn test_n_times() {
    let mut i = 0;
    n_times!(5, {
        i += 1;
    });
    assert_eq!(i, 5);
}

#[test]
#[should_panic]
fn test_failing_make_fn() {
    make_fn!(fail, {assert!(false)});
    fail();
}

#[test]
fn test_make_fn() {
    make_fn!(fail, {assert!(false)});
    //nothing happens if we don't call the function
}
}
```

（5）不过，到目前为止，这些宏还没有完成复杂的代码生成。实际上，第一个宏只是简单地将一个块重复多次，这个工作完全可以通过迭代器完成（https://doc.rust-lang.org/std/iter/fn.repeat_with.html）。第 2 个宏创建了一个函数，不过，这个函数也可以通过闭包语法实现（https://doc.rust-lang.org/stable/rust-by-example/fn/closures.html）。下面来增加一个更有意思的宏，如有一个 **Default** 实现的 **enum**：

```rust
macro_rules! default_enum {
    ($name: ident, $($variant: ident => $val: expr),+) => {
        #[derive(Eq, PartialEq, Clone, Debug)]
        pub enum $name {
            Invalid,
            $($variant = $val),+
        }

        impl Default for $name {
```

```
            fn default() -> Self { $name::Invalid }
        }
    };
}
```

(6) 一切都要经过测试，下面给出一个测试，来看它是否能如预期地工作。把它增加到之前的测试后面：

```
#[test]
fn test_default_enum() {
    default_enum!(Colors, Red => 0xFF0000, Blue => 0x0000FF);
    let color: Colors = Default::default();
    assert_eq!(color, Colors::Invalid);
    assert_eq!(Colors::Red as i32, 0xFF0000);
    assert_eq!(Colors::Blue as i32, 0x0000FF);
}
```

(7) 既然编写了测试，我们还想看到它们的运行情况：

```
$ cargo test
Compiling custom-designators v0.1.0 (Rust-Cookbook/Chapter06/codegeneration)
warning: function is never used: 'fail'
  --> src/lib.rs:20:9
   |
20 |    fn $i() $body
   |    ^^^^^^^^^^^^^
...
56 |    make_fn!(fail, {assert!(false)});
   |    -------------------------------- in this macro invocation
   |
   = note: #[warn(dead_code)] on by default

Finished dev [unoptimized + debuginfo] target(s) in 0.30s
  Running target/debug/deps/custom_designators-ebc95554afc8c09a
running 4 tests
test tests::test_default_enum ... ok
test tests::test_make_fn ... ok
test tests::test_failing_make_fn ... ok
test tests::test_n_times ... ok
```

```
test result: ok. 4 passed; 0 failed; 0 ignored; 0 measured; 0
filtered out

    Doc-tests custom-designators

running 0 tests

test result: ok. 0 passed; 0 failed; 0 ignored; 0 measured; 0
filtered out
```

为了理解这个代码，下面来分析它的工作原理。

6.4.2 工作原理

由于编译器会在实际编译之前执行宏，所以我们可以生成这样一些代码：它们将出现在最终程序中，但要通过一个宏调用具体创建。这样我们能减少样板代码、强制某些默认行为（如实现某些 trait、增加元数据等），或者起码可以为我们的 crate 用户提供更好的接口。

在步骤 2 中，我们创建了一个简单的宏，使用一个 for 循环将一个块重复多次 [这些大括号 {} 及其内容称为一个块（block）]。步骤 4 中创建的测试显示了它是如何操作的，以及能做什么，执行这个宏时就好像我们在测试中编写了一个 for 循环一样。

步骤 3 创建了一个更有意思的宏：函数。结合步骤 4 中的测试，可以看到这个宏是如何操作的，并且要注意以下几点：

- 所提供的块会以懒方式执行（调用函数时这个测试才会失败）。
- 如果没有调用，编译器会报错，指出有一个未用的函数。
- 以这种方式创建参数化函数会导致一个编译器错误（无法找到值）。

步骤 5 创建一个更复杂的宏，它能够创建整个 enum。这里允许用户定义变体（甚至使用了一个箭头表示法，即=>），并增加一个默认值。下面来看这个宏期望的模式是：[$ name: ident, $ ($ variant: ident=> $ val: expr), +]。第一个参数（$ name）是一个标识符，用来提供命名（也就是说，要遵守标识符的规则）。第二个参数是一个重复参数，需要至少出现一次（由+指示），不过如果提供更多实例，则必须用 , 分隔。这些重复项的期望模式如下：标识符，然后是=>和表达式（例如 bla=>1+1，Five=>5，或者 blog=>0x5ff 等）。

在这个宏中，接下来是 enum 的一个经典定义，并且插入了重复参数，这在输入中经常出现。然后可以在这个 enum 上增加派生（derive）属性，并实现 std::default::Default trait（https://doc.rust-lang.org/std/default/trait.Default.html），来提供要求有一个默认值时应当完成的工作。

下面将进一步学习宏和参数，来看下一个技巧。

6.5 宏重载

方法/函数重载技术是指有相同的方法/函数名但有不同的参数。很多静态类型语言（如 C♯ 和 Java）都支持重载，可以提供多种方式来调用一个方法而不必每次都有一个新的方法名（或使用泛型）。不过，Rust 不支持函数重载，对此有充分的理由（https://blog.rust-lang.org/2015/05/11/traits.html）。但 Rust 确实支持宏模式的重载：你可以创建有多个分支的宏，这些分支只是输入参数有区别。

6.5.1 实现过程

下面通过几个简单步骤实现一些重载的宏：

(1) 在 Terminal（或 Windows 上的 PowerShell）中运行 **cargo new macro-overloading --lib**，用 Visual Studio Code 打开这个目录。

(2) 在 **src/lib.rs** 中，在 **mod tests** 模块声明前增加以下代码：

```
#![allow(unused_macros)]

macro_rules! print_debug {
    (stdout, $($o:expr),*) => {
        $(print!("{:?}", $o));*;
        println!();
    };
    (error, $($o:expr),*) => {
        $(eprint!("{:?}", $o));*;
        eprintln!();
    };
    ($stream:expr, $($o:expr),*) => {
        $(let _ = write!($stream, "{:?}", $o));*;
        let _ = writeln!($stream);
    }
}
```

(3) 下面来看如何应用这个宏。在 **tests** 模块中，通过增加以下单元测试（替换现有的 **it_works** 测试），来看这个打印宏（print_debug!）是否将字符串串行化到一个流：

```
use std::io::Write;
```

```rust
#[test]
fn test_printer() {
    print_debug!(error, "hello std err");
    print_debug!(stdout, "hello std out");
    let mut v = vec![];
    print_debug!(&mut v, "a");
    assert_eq!(v, vec![34, 97, 34, 10]);
}
```

(4) 为了便于将来测试，还应当在 **tests** 模块中增加另一个宏。这一次，这个宏要模拟 (https://martinfowler.com/articles/mocksArentStubs.html) 一个有静态返回值的函数。在前一个测试后面增加以下代码：

```rust
macro_rules! mock {
    ($type:ty, $name:ident, $ret_val:ty, $val:block) => {
        pub trait $name {
            fn $name(&self) -> $ret_val;
        }

        impl $name for $type {
            fn $name(&self) -> $ret_val $val
        }
    };
    ($name:ident, $($variant:ident => $type:ty),+) => {
        #[derive(PartialEq, Clone, Debug)]
        struct $name {
            $(pub $variant: $type),+
        }
    };
}
```

(5) 然后，还要测试这个 **mock!** 宏。在下面增加另一个测试：

```rust
mock!(String, hello, &'static str, { "Hi!" });
mock!(HelloWorld, greeting => String, when => u64);

#[test]
fn test_mock() {
    let mystr = "Hello".to_owned();
```

```
    assert_eq!(mystr.hello(), "Hi!");

    let g = HelloWorld { greeting: "Hello World".to_owned(),
    when: 1560887098 };

    assert_eq!(g.greeting, "Hello World");
    assert_eq!(g.when, 1560887098);
}
```

（6）最后一步，我们要运行 **cargo test** 查看是否能正常工作。不过，这一次我们要向测试传递 **--nocapture** 来看会打印什么（对应步骤3）：

```
$ cargo test - - - -nocapture
Compiling macro-overloading v0.1.0 (Rust-Cookbook/Chapter06
 /macro-overloading)
warning: trait 'hello' should have an upper camel case name
  --> src/lib.rs:53:19
   |
53 | mock!(String, hello, &'static str, { "Hi!" });
   |              ^^^^^ help: convert the identifier to upper camel case:
'Hello'
   |
   = note: #[warn(non_camel_case_types)] on by default

Finished dev [unoptimized + debuginfo] target(s) in 0.56s
Running target/debug/deps/macro_overloading-bd8b38e609ddd77c

running 2 tests
"hello std err"
"hello std out"
test tests::test_mock ... ok
test tests::test_printer ... ok

test result: ok. 2 passed; 0 failed; 0 ignored; 0 measured; 0
filtered out

   Doc-tests macro-overloading

running 0 tests

test result: ok. 0 passed; 0 failed; 0 ignored; 0 measured; 0
```

```
filtered out
```

下面来分析原理从而更好地理解代码。

6.5.2 工作原理

重载是一个非常简单的概念,正是因为如此简单,实际上几乎所有可用的重载示例都能用足够复杂的函数完成。不过,在这个技巧中,我们还是介绍了一些很有用的内容。

在步骤 2 中,我们为 **println!** 创建了一个包装器,还创建了类似的函数允许写入标准流(如标准输出和标准错误),或者写入任何其他类型的流,只用一个令牌来区别。除此之外,这个实现还有一些有趣的细节:

- 每个 **print!** 调用后面有;(除了最后一个),所以 * 后面有一个额外的;。
- 模式允许传入任意数目的表达式。

这个宏很有用,可以避免只是为了快速查看一个变量的当前值而重复 **println!**("{:?}", "hello")。另外,它还可以帮助将输出重定向到标准错误输出。

在步骤 3 中,我们为这个宏调用创建了一个测试。通过一个快速检查,分别打印到 **error**、**stdout** 和 **vec!**(正是因为这个原因,前面导入了 std::io::Write)。在这里,可以看到末尾的换行,而且写为一个字符串(数字是字节)。在各个调用中,会找到所需的宏模式并插入其内容。

步骤 4 创建了一个宏来模拟结构体的函数或整个结构体。这对于隔离测试非常有用,可以只测试目标实现,而不会因为尝试实现一个支持功能而带来增加更多错误的风险。在这种情况下,宏的分支很容易区分。第一个分支创建一个函数的模拟实现,并匹配所需的参数:关联的类型、函数的标识符、返回类型以及返回该类型的块。第二个分支创建一个结构体,因此只需要一个标识符来指定这个结构体和属性及其数据类型。

 模拟或创建模拟(mock)对象是一种测试技术,允许创建浅构造来模拟所需的行为。对于无法通过其他方式实现的内容(外部硬件、第三方 Web 服务等)或复杂的内部系统(数据库连接和逻辑),这会很有用。

接下来必须测试这些结果,这在步骤 5 中完成。其中,我们调用了 **mock!** 宏,并定义其行为,还定义了一个测试来证明它能正常工作。我们在步骤 6 中运行了这些测试,而不要求测试捕获控制台输出:确实是可以的!

我们认为重载宏很容易学习。现在来看下一个技巧。

6.6 为参数范围使用重复

Rust **println!** 宏有一个奇怪的特性:传入这个宏的参数数量没有上限。由于常规 Rust

不支持任意的参数范围,这必须是一个宏特性,不过到底是哪一个呢?在这个技巧中,我们来了解如何为宏处理和实现参数范围。

6.6.1 实现过程

完成以下步骤之后,你就会知道如何使用参数范围:

(1) 在 Terminal(或 Windows 上的 PowerShell)中运行 **cargo new parameter-ranges --lib**,用 Visual Studio Code 打开这个目录。

(2) 在 **src/lib.rs** 中,增加以下代码用 **vec!** 方式初始化一个集合:

```rust
#![allow(unused_macros)]

macro_rules! set {
    ( $( $item:expr ),* ) => {
        {
            let mut s = HashSet::new();
            $(
                s.insert( $item );
            )*
            s
        }
    };
}
```

(3) 接下来,增加一个简单的宏创建一个 DTO,即数据传输对象(data transmission object):

```rust
macro_rules! dto {
    ( $name:ident, $( $variant:ident => $type:ty ),+ ) => {
        #[derive(PartialEq, Clone, Debug)]
        pub struct $name {
            $(pub $variant: $type),+
        }

        impl $name {
            pub fn new( $( $variant: $type ),+ ) -> Self {
                $name {
                    $( $variant: $variant ),+
                }
```

            }
        }
    };
}
```

(4) 这也需要进行测试,所以下面增加一个测试来使用这个新宏创建一个集合:

```rust
#[cfg(test)]
mod tests {
    use std::collections::HashSet;

    #[test]
    fn test_set() {
        let actual = set!("a", "b", "c", "a");
        let mut desired = HashSet::new();
        desired.insert("a");
        desired.insert("b");
        desired.insert("c");
        assert_eq!(actual, desired);
    }
}
```

(5) 测试了集合初始化宏后,还要测试创建 DTO。在前面的测试下面增加以下代码:

```rust
#[test]
fn test_dto() {
    dto!(Sensordata, value => f32, timestamp => u64);
    let s = Sensordata::new(1.23f32, 123456);
    assert_eq!(s.value, 1.23f32);
    assert_eq!(s.timestamp, 123456);
}
```

(6) 最后一步,还要运行 **cargo test** 查看它的工作情况:

```
$ cargo test
Compiling parameter-ranges v0.1.0 (Rust-Cookbook/Chapter06
/parameter-ranges)
    Finished dev [unoptimized + debuginfo] target(s) in 1.30s
     Running target/debug/deps/parameter_ranges-7dfb9718c7ca3bc4

running 2 tests
```
```

```
test tests::test_dto ... ok
test tests::test_set ... ok

test result: ok. 2 passed; 0 failed; 0 ignored; 0 measured; 0
filtered out

   Doc-tests parameter-ranges

running 0 tests

test result: ok. 0 passed; 0 failed; 0 ignored; 0 measured; 0
filtered out
```

下面来分析原理从而更好地理解代码。

6.6.2 工作原理

在 Rust 的宏系统中，参数范围的工作方式有些类似于正则表达式。语法由几个部分组成：$ () 表示重复，后面的字符是它的分隔符（可以是 , 、; 和 =>），最后是量词，表示希望重复多少次（+ 或 *，与正则表达式类似，它们分别表示"一个或多个"或者"0 个或多个"）。

步骤 2 显示了类似 **vec!** 的集合初始化宏的实现。在这里，我们希望由一个表达式填充 **std::collections::HashSet**，并从转码器返回一个子块中的结果。这对于允许诸如变量赋值等操作是必要的（转码器块中不允许直接赋值），但不会妨碍扩展传入宏的参数。采用与声明类似的方式，这个扩展使用一个 $ () 区域完成，但没有使用分隔符，而是后面直接跟着重复量词。其中包含的内容会运行参数指定的次数。

步骤 3 中定义了第二个宏，这个宏要复杂得多。宏名 **dto!**（数据传输对象）表示一个业务对象（如数据容器），只用于在程序中传递数据，而不会发送到程序之外。由于这些 DTO 包含大量样板代码，因此可以类似于一个键值库进行初始化。通过在参数范围规范中使用 => 符号，我们可以创建标识符/类型对，用于创建 **struct** 中的属性及其构造函数。注意，分隔属性的逗号要放在 + 号前面，这样逗号也会重复。

步骤 4 显示了如何调用步骤 2 中设计的宏来填充一个集合，并测试来确认它能正确填充。类似地，步骤 5 显示了创建和实例化一个 DTO 实例（名为 **Sensordata** 的一个 **struct**），另外提供了一个测试，以确认能按预期地创建属性。最后一步通过运行测试来确认这一点。

我们已经了解了如何对参数范围使用重复，现在来看下一个技巧。

6.7 不要自我重复

在前面的技巧中，几乎可以使用宏生成任意代码，从而减少我们要编写的代码。下面来进一步探讨这个主题，因为这不仅是减少 bug 的好方法，而且可以保证代码的质量一致。测试是每个人都要做的一个重复任务（特别是如果是一个公开的 API），如果我们只是复制和粘贴这些测试，就可能会出现错误。实际上，下面来看如何用宏生成样板代码，避免我们自我重复。

6.7.1 实现过程

使用宏实现自动化测试只需要几个步骤：

（1）在 Terminal（或 Windows 上的 PowerShell）中运行 **cargo new dry-macros - - lib**，用 Visual Studio Code 打开这个目录。

（2）在 **src/lib.rs** 中，我们想创建一个辅助宏并导入我们需要的内容：

```
use std::ops::{Add, Mul, Sub};

macro_rules! assert_equal_len {
    //The 'tt' (token   tree) designator is used for
    //operators and tokens.
    ($a:ident, $b:ident, $func:ident) => (
    assert_eq!($a.len(), $b.len(),
        "{:?}: dimension mismatch: {:?} {:?}",
        stringify!($func),
        ($a.len(),),
        ($b.len(),));
    )
}
```

（3）接下来，定义一个宏来自动实现一个操作符。把它增加到 **assert _ equal _ len** 宏下面：

```
macro_rules! op {
    ($func:ident, $bound:ident, $method:ident) => (
        pub fn $func<T: $bound<T, Output = T> + Copy>(xs: &mut Vec<T>, ys: &Vec<T>) {
            assert_equal_len!(xs, ys, $func);

            for (x, y) in xs.iter_mut().zip(ys.iter()) {
                *x = $bound::$method(*x, *y);
            }
        }
    )
}
```

)
}
```

(4) 下面调用这个宏，具体生成实现：

```
op!(add_assign, Add, add);
op!(mul_assign, Mul, mul);
op!(sub_assign, Sub, sub);
```

(5) 有了这些函数，现在还可以生成测试用例！增加以下代码替换原来的 **test** 模块：

```
#[cfg(test)]
mod test {

    use std::iter;
    macro_rules! test {
        ($func:ident, $x:expr, $y:expr, $z:expr) => {
            #[test]
            fn $func() {
                for size in 0usize..10 {
                    let mut x: Vec<_> =
                        iter::repeat($x).take(size).collect();
                    let y: Vec<_> =
                        iter::repeat($y).take(size).collect();
                    let z: Vec<_> =
                        iter::repeat($z).take(size).collect();
                    super::$func(&mut x, &y);

                    assert_eq!(x, z);
                }
            }
        }
    }

    //Test 'add_assign', 'mul_assign' and 'sub_assign'
    test!(add_assign, 1u32, 2u32, 3u32);
    test!(mul_assign, 2u32, 3u32, 6u32);
    test!(sub_assign, 3u32, 2u32, 1u32);
}
```

(6) 最后一步运行 **cargo test** 查看实际生成的代码，可以看到（正面）测试结果：
```

```
$ cargo test
   Compiling dry-macros v0.1.0 (Rust-Cookbook/Chapter06/dry-macros)
    Finished dev [unoptimized + debuginfo] target(s) in 0.64s
     Running target/debug/deps/dry_macros-bed1682b386b41c3
```

running 3 tests
test test::add_assign ... ok
test test::mul_assign ... ok
test test::sub_assign ... ok

test result: ok. 3 passed; 0 failed; 0 ignored; 0 measured; 0 filtered out

   Doc-tests dry-macros

running 0 tests

test result: ok. 0 passed; 0 failed; 0 ignored; 0 measured; 0 filtered out

为了更好地理解这个代码，下面来分析这些步骤。

6.7.2 工作原理

虽然一般来讲，设计模式、**if-else** 构造和 API 设计都有利于重用代码，但是当硬编码 token（例如，某些名字）以保持松耦合时，代码重用就会变得很困难。Rust 的宏对此会有帮助。例如，我们用宏生成了函数和测试，以避免在文件之间复制和粘贴测试代码。

在步骤 3 中，我们声明了一个宏，它包装了比较两个序列长度的操作，并提供一个更好的错误消息。步骤 4 直接使用这个宏并创建一个有指定名的函数，但前提是多个输入 **Vec** 实例的长度匹配。

在步骤 5 中，我们调用这些宏并提供所需的输入：名字（对应函数）和类型（用于泛型绑定）。这会使用所提供的一个接口创建函数，而不需要复制和粘贴代码。

步骤 6 创建了相关的测试，为此声明了 **test** 模块、一个生成测试的宏，以及最后创建测试代码的调用。这允许你在编译之前动态地生成测试，可以大大减少静态重复的代码，而这一直是测试中存在的一个问题。最后一步显示了运行 **cargo test** 时确实创建并执行了这些测试。

第 7 章　与其他语言集成

在当今应用领域，集成是关键。无论你在缓慢地升级一个遗留服务，还是使用一种新的语言从头开始，如今程序很少会独立运行。对很多公司来说，Rust 仍然是一种新奇的技术，而且很遗憾，一般 SDK 中通常没有考虑 Rust。正因如此，Rust 非常重视"与他人友好相处"，这也是社区能够（而且将要）通过包装其他（原生）库提供大量驱动程序、服务集成等的原因。

作为开发人员，我们很少有机会能完全从头开始开发项目（即绿地项目），所以这一章将介绍 Rust 语言与其他语言和技术集成的多种方式。我们将重点讨论写这本书时最流行和最有用的集成，不过这些基础知识应该能为更好的互操作性提供基础，因为很多语言都为原生二进制文件提供了接口〔如 .NET (https://docs.microsoft.com/en-us/cpp/dotnet/callingnative-functions-from-managed-code?view=vs-2019) 或 Java 的 JNI (https://docs.oracle.com/javase/7/docs/technotes/guides/jni/spec/intro.html#wp9502)〕。有了这些知识，加入 Rust 来增强你的 Web 应用会非常简单，只需要为制造商的代码创建一个传感器驱动包装器（sensor driver wrapper）。

我们相信，好的集成对一个语言的成功非常重要。在这一章中，我们将介绍以下技巧：
- 包含遗留 C 代码。
- 从 Node.js 使用 FFI 调用 Rust。
- 在浏览器中运行 Rust。
- 使用 Rust 和 Python。
- 为遗留应用生成绑定。

7.1　包含遗留 C 代码

由于 C 语言的通用性、速度和简单性，它仍然是最流行的编程语言之一（https://www.tiobe.com/tiobe-index/）。因为这个原因，很多应用（包括遗留和非遗留）都用 C 开发，所以具有 C 的所有优点和缺点。Rust 和 C 有共同的领域，都属于系统编程语言，这就是为什么越来越多的公司将他们的 C 代码替换为 Rust 的原因，这要归功于 Rust 的安全性，而且作为一种现代编程语言，Rust 很有吸引力。不过，改变并不是一蹴而就的（https://www.linkedin.com/pulse/big-bang-vs-iterative-dilemma-martijn-endenburg/），通常会采用一种逐步渐进的（迭代）方法，包括替换组件和替换应用的某些部分。

在这里，我们使用 C 代码作为参照，因为它很流行并且众所周知。不过，这些技术同样适用于任何（原生）编译技术，如 Go、C++甚至 Fortran。下面就开始吧！

7.1.1 准备工作

在这个技巧中，我们不仅要使用 Rust 还要使用 C。为此，需要一个 C 编译器工具链：**gcc**（https://gcc.gnu.org/）和 **make**：https://www.gnu.org/software/make/manual/make.html，这是用于执行构建的一个基于规则的脚本引擎。

打开一个 Terminal 窗口检查是否已经安装这些工具（注意，版本应当类似，至少主版本要类似，以避免意外的差异）：

```
$ cc --version
cc (GCC) 9.1.1 20190503 (Red Hat 9.1.1-1)
Copyright (C) 2019 Free Software Foundation, Inc.
This is free software; see the source for copying conditions. There is NO
warranty; not even for MERCHANTABILITY or FITNESS FOR A PARTICULAR PURPOSE.

$ make --version
GNU Make 4.2.1
Built for x86_64-redhat-linux-gnu
Copyright (C) 1988-2016 Free Software Foundation, Inc.
License GPLv3+: GNU GPL version 3 or later
<http://gnu.org/licenses/gpl.html>
This is free software: you are free to change and redistribute it.
There is NO WARRANTY, to the extent permitted by law.
```

如果这些命令在你的机器上不可用，要查看如何在你的操作系统上安装这些工具。在所有 **Linux/Unix** 环境中（包括 WSL—**Windows Subsystem for Linux**：https://docs.microsoft.com/en-us/windows/wsl/install-win10），可能要求通过默认包存储库安装 **gcc** 和 **make**。在某些发行版本中（例如 Ubuntu），**build_essentials**（https://packages.ubuntu.com/xenial/build-essential）等包也提供了这些工具。

在 macOS 上，可以查看 Homebrew：https://brew.sh/，它提供了一个类似的应用，会提供 **gcc** 和 **make**。

Windows 用户可以选择 WSL（然后遵循 Linux 上的安装说明）或者使用 Cygwin（https://www.cygwin.com）来查找 **gcc-core** 和 **make**。我们建议将这些工具（默认的，**C:\cygwin64\bin**）增加到 Windows 的 **PATH** 变量（https://www.java.com/en/download/help/

path.xml),使常规(PowerShell)终端能访问 Cygwin 的可执行文件。

准备就绪后,使用同一个 shell 来创建一个 **legacy-c-code** 目录,在这个目录中,运行 **cargo new rust-digest --lib**,另外在这个目录旁边创建一个名为 **C** 的目录:

```
$ ls legacy-c-code
```
C/rust-digest/

在这个 **C** 目录中,创建一个 **src** 文件夹镜像 Rust 项目。在 Visual Studio Code 或你的 Rust 开发环境中打开整个 **legacy-c-code**。

7.1.2 实现过程

遵循以下步骤,就能在你的项目中包含遗留代码:

(1)首先实现 Rust 库。打开 **rust-digest/Cargo.toml** 来调整配置,要输出到一个动态库(*.so 或 *.dll):

```
[lib]
name = "digest"
crate-type = ["cdylib"]
```

(2)另外还要增加依赖项。在这里,我们要使用 **libc** 中的类型,还会使用一个名为 **ring** 的加密库,所以要增加这些依赖库:

```
[dependencies]
libc = "0.2"
ring = "0.14"
```

(3)接下来看代码本身。打开 **rust-digest/src/lib.rs**,把默认代码替换为以下代码段。这个代码段从外部创建一个接口,接受一个字符串(一个可变的字符指针),并返回这个输入的一个字符串摘要:

```
use std::ffi::{CStr, CString};

use std::os::raw::{c_char, c_void};

use ring::digest;

extern "C" {
    fn pre_digest() -> c_void;
}

#[no_mangle]
```

```rust
pub extern "C" fn digest(data: *mut c_char) -> *mut c_char {
    unsafe {
        pre_digest();

        let data = CStr::from_ptr(data);
        let signature = digest::digest(&digest::SHA256,
            data.to_bytes());

        let hex_digest = signature
            .as_ref()
            .iter()
            .map(|b| format!("{:X}", b))
            .collect::<String>();
        CString::new(hex_digest).unwrap().into_raw()
    }
}
```

（4）现在这应该是一个完整的 Rust 库了。下面在 **rust-digest** 中运行 **cargo build** 来检查输出：

```
$ cd rust-digest; cargo build
    Compiling libc v0.2.58
    Compiling cc v1.0.37
    Compiling lazy_static v1.3.0
    Compiling untrusted v0.6.2
    Compiling spin v0.5.0
    Compiling ring v0.14.6
    Compiling rust-digest v0.1.0 (Rust-Cookbook/Chapter07/legacy-ccode/
    rust-digest)
    Finished dev [unoptimized + debuginfo] target(s) in 7.53s
```

（5）应该可以得到一个 **libdigest.so** 库（或 Windows 上为 **digest.dll**）：

```
$ ls -al rust-digest/target/debug/
total 3756
drwxr-xr-x. 8 cm cm 4096 Jun 23 20:17 ./
drwxr-xr-x. 4 cm cm 4096 Jun 23 20:17 ../
drwxr-xr-x. 6 cm cm 4096 Jun 23 20:17 build/
-rw-r--r--. 1 cm cm    0 Jun 23 20:17 .cargo-lock
```

```
drwxr-xr-x.  2 cm cm    4096 Jun 23 20:17 deps/
drwxr-xr-x.  2 cm cm    4096 Jun 23 20:17 examples/
drwxr-xr-x. 13 cm cm    4096 Jun 23 20:17 .fingerprint/
drwxr-xr-x.  3 cm cm    4096 Jun 23 20:17 incremental/
-rw-r--r--.  1 cm cm     186 Jun 23 20:17 libdigest.d
-rwxr-xr-x.  2 cm cm 3807256 Jun 23 20:17 libdigest.so*
drwxr-xr-x.  2 cm cm    4096 Jun 23 20:17 native/
```

（6）不过，还要运行一个发布构建。在 **rust-digest** 中运行 **cargo build - - release**：

```
$ cargo build - - release
    Compiling rust-digest v0.1.0 (Rust-Cookbook/Chapter07/legacy-ccode/rust-digest)
    Finished release [optimized] target(s) in 0.42s
```

（7）为了实现这个项目的 C 部分，创建并打开 **C/src/main.c**，增加以下代码：

```c
#include <stdio.h>

//A function with that name is expected to be linked to the project
extern char* digest(char* str);

//This function is exported under the name pre_digest
extern void pre_digest() {
    printf("pre_digest called\n");
}

int main() {
    char* result = digest("Hello World");
    printf("SHA digest of \"Hello World\": %s", result);
    return 0;
}
```

（8）**make** 是构建 C 代码的传统（而且也是最简单的）工具。**make** 会运行一个名为 **Makefile** 的文件，遵循它定义的规则。创建并打开 **C/Makefile**，并增加以下代码：

```
# Include the Rust library
LIBS := -ldigest -L./rust-digest/target/release

ifeq ($(shell uname),Darwin)
```

```
    LDFLAGS := -Wl,-dead_strip $(LIBS)
else
    LDFLAGS := -Wl,--gc-sections $(LIBS)
endif

all: target/main

target:
    @mkdir -p $@

target/main: target/main.o
    @echo "Linking..."
    $(CC) -o $@ $^ $(LDFLAGS)

target/main.o: src/main.c | target
    @echo "Compiling..."
    $(CC) -o $@ -c $<

clean:
    @echo "Removing target/"
    @rm -rf target
```

(9) 如果一切正常,应该能切换到 C 目录,并在这里运行 make all:

```
$ make all
Compiling...
cc -o target/main.o -c src/main.c
Linking...
cc -o target/main target/main.o -Wl,--gc-sections -ldigest -
L../rust-digest/target/release
```

之后,会有一个 **C/target** 目录,其中包含两个文件:**main.o** 和 **main**(Windows 上为 **main.exe**)。

(10) 为了能运行这个可执行文件(**.o** 文件只是目标文件;并不能运行),我们还需要告诉它我们的动态库在什么位置。为此,通常会使用 **LD_LIBRARY_PATH** 环境变量。打开 **bash**,并在 **legacy-c-code** 目录中运行以下命令,(临时地)将这个变量重写为适当的路径:

```
$ cd rust-digest/target/release
$ LD_LIBRARY_PATH=$(pwd)
$ echo $LD_LIBRARY_PATH
```

/tmp/Rust-Cookbook/Chapter07/legacy-c-code/rustdigest/
target/release

（11）现在终于要运行 C 程序了，我们要检查一切是否正常。切换到 **C/target** 目录，并运行以下命令：

```
$ ./main
```
pre_digest called
SHA digest of "Hello World":
A591A6D4BF420404A11733CFB7B190D62C65BFBCDA32B57B277D9AD9F146E

完成了以上工作后，下面会分析原理来了解这是如何做到的。

7.1.3 工作原理

将遗留的 C 代码替换为 Rust 是一个循序渐进的过程，通常是为了提高开发人员的生产力，另外也是为了提高安全性和增加潜在的创新。已经有无数的应用完成了这种替换（例如，Microsoft 的公共云产品 Azure：https://azure.microsoft.com/en-gb/），需要两种技术完美地协同工作。

由于 Rust 的基于 LLVM 的编译器，编译会输出原生代码（例如，Linux 上的 ELF：https://en.wikipedia.org/wiki/Executable_and_Linkable_Format），使得 C/C++（尤其是 C/C++）能访问这些代码。在这个技巧中，我们将介绍如何使用 Rust 中构建的一个动态库将这两个输出链接到一个程序中。

Rust 中创建动态库（*.so/*.dll）的前提条件极其简单：步骤 1 显示了 **Cargo.toml** 所需的修改，使 **rustc** 能输出所要求的格式。另外还有其他一些格式，如果你想要某个特定的格式，可以参阅 nomicon（https://doc.rust-lang.org/cargo/reference/manifest.html#building-dynamic-or-static-libraries）和 https://doc.rust-lang.org/cargo/reference/manifest.html#building-dynamic-or-static-libraries 上的文档。

步骤 3 显示的代码会为收到的字符串创建一个 SHA256 摘要（https://www.thesslstore.com/blog/difference-sha-1-sha-2-sha-256-hash-algorithms/），不过只有调用一个简单的回调函数 **pre_digest()** 之后，才会展示双向绑定。这里要说明几点：

- 要从链接库导入函数，这使用 **extern** "C" {} 声明来完成（实际上并不需要"C"）。声明这样一个构造之后，就可以像所有其他函数一样使用了。
- 为了导出与 ELF 格式兼容的一个函数，必须有 #[**no_mangle**] 属性，因为编译器会运行一个更改函数名的"名字改写"（name-mangling）机制。由于编译器没有一种通用的机制，**no_mangle** 可以确保名字保持原样。要了解更多关于名字改写的信息，请查阅以下链接：https://doc.rust-lang.org/book/ch19-unsafe-rust.html#using-extern-functions-to-call-external-code。

- 由于一些原因，需要在 digest 函数中使用 unsafe。首先，调用外部函数总是不安全的 [pre_digest()]。其次，从 char 指针到 CStr 的转换是不安全的，还需要作用域。

说明：ring（https://github.com/briansmith/ring）是多个加密算法的一个纯 Rust 实现，所以没有 OpenSSL（https://www.openssl.org/）或 LibreSSL（https://www.libressl.org）要求。由于这些库建立在各自的原生库之上，即使是经验丰富的 Rust 开发人员也会感到很头疼。不过，作为纯 Rust，ring 可以避免所有这些链接/编译问题。

从步骤 4~步骤 6，我们像以前一样构建 Rust 库，但是这个过程的结果不是一个 .rlib 文件，而是 .so 或 .dll 文件。

步骤 7 显示了导入和调用动态链接函数所需的 C 代码。利用接口的一个 extern 声明，C 可以极为简单地完成这个工作，使你能像这样调用函数。回调也使用 extern 声明来实现和导出，这个回调只是打印它被调用。

在步骤 8 中，即为 makefile 创建规则时，Rust 的构建系统开始发挥作用。建立规则很简单，但很多 C 开发人员都知道，这里为复杂性留出了很大的空间，不过，在我们的技巧中，我们只希望规则易于理解。每个规则包括一个目标（例如，all）及其依赖项（例如，target/main），以及要运行的 bash 命令的体（例如，@mkdir -p $@）。

这些依赖项可以是文件（如 target/main.o 或 target/main），或者也可以是其他规则。如果是文件，要检查它们的最后修改时间，如果有更改，则运行规则及其依赖项。得到的依赖树会自动解析。这个工具非常有用，由于它已经有 30 年的历史，所以有很多书专门介绍它是如何工作的。这当然要深入探讨历史和 Linux 约定。可以参考这里的一个简短教程：http://www.cs.colby.edu/maxwell/courses/tutorials/maketutor/or go straight to the make manual（https://www.gnu.org/software/make/manual/make.html）。

步骤 9 将 C 代码编译为可执行文件，并链接到 rustc 创建的 libdigest.so。我们还将链接器指向 Makefile 中 LDFLAGS 变量指定的正确路径。

在步骤 10 中，静态库与动态库的区别才变得明显。后者必须在运行时可用，因为它没有嵌入到可执行文件中，而且要依赖其他机制找到它。LD_LIBRARY_PATH 环境变量就是这样一种机制，它指向包含 libXXXX.so 文件的目录，使程序能（按名字）找到其依赖库。在这个技巧中，我们要把原始值替换（replacing）为 rust-digest/target/release 目录所在的位置[$ (pwd) 会输出当前目录]，不过，这只适用于当前终端会话，所以只要你关闭并重新打开窗口，设置就会丢失。如果路径设置不正确，或者目录/文件没有找到，执行 main 会得到

以下错误:

```
$ ./main
./main: error while loading shared libraries: libdigest.so: cannot open
shared object file: No such file or directory
```

步骤 11 显示了正确的输出,因为我们调用了 **pre_digest** 函数,而且能够为"Hello World"(不包括"")创建正确的 SHA256 摘要。

对于 Rust 如何集成到一个 C 类型的应用,我们已经有了一些了解,现在来看下一个技巧。

7.2 从 Node.js 使用 FFI 调用 Rust

JavaScript 语言的优点体现为它平缓的学习曲线和灵活性,这使得它在原先的浏览器动画之外的很多领域也得到了大量应用。Node.js(https://nodejs.org/en/)是基于 Google V8 JavaScript 引擎的一个运行时环境,允许在操作系统上直接运行 JavaScript(而不需要浏览器),包括访问很多底层 API 来支持物联网应用和 Web 服务,或者甚至可以创建和显示虚拟/增强现实环境(https://github.com/microsoft/HoloJS)。这些之所以成为可能,就是因为 Node 运行时环境允许访问主机操作系统上的原生库。下面来看如何创建一个 Rust 库并从 JavaScript 调用。

7.2.1 准备工作

因为我们要使用 Node.js,所以请安装 **npm** 和 Node.js 运行时环境,参见官方网站的解释:https://nodejs.org/en/download/。一旦准备就绪,你应该能从一个 Terminal(PowerShell 或 bash)运行这些命令:

```
$ node --version
v11.15.0
$ npm --version
6.7.0
```

等你读到这本书时,实际的版本可能比这要高。我们使用的 Node 依赖项还需要 C/C++工具,另外还要安装 Python 2。根据你的操作系统,遵循 GitHub 上相应的安装说明:https://github.com/nodejs/node-gyp#installation。然后,建立与前一个技巧类似的一个文件夹结构:

(1) 创建一个 **node-js-rust** 文件夹。

（2）创建一个子文件夹，名为 **node**，切换到这个文件夹，运行 **npm init** 生成 **package.json**——实际上，这就相当于 Node 的 Cargo.toml。

（3）在 **node** 文件夹中，增加一个名为 **src** 的目录。

（4）在 **node** 文件夹同一级上，运行 **cargo new rust-digest - - lib** 创建一个新 Rust 项目（或者重用之前技巧中的项目）。

最后，应该会有类似下面的一个目录结构：

```
$ tree node-js-rust/
node-js-rust/
├── node
│   ├── package.json
│   └── src
│       └── index.js
└── rust-digest
    ├── Cargo.toml
    └── src
        └── lib.rs

4 directories, 4 files
```

在 Visual Studio Code 中打开整个目录来处理代码。

7.2.2 实现过程

下面重复前一个技巧中关于 SHA256 库的几个步骤：

（1）首先来看 Rust 部分。打开 **rust-digest/Cargo.toml** 来增加 **ring**，这是完成散列部分的一个依赖库，另外增加 **crate-type** 配置来完成交叉编译：

```
[lib]
name = "digest"
crate-type = ["cdylib"]

[dependencies]
libc = "0.2"
ring = "0.14"
```

（2）接下来，我们来看 Rust 代码。与这一章中的其他技巧类似，我们要创建一个快捷方法，将从 Node.js 通过 Rust 生成一个 SHA 摘要：

```
use std::ffi::{CStr, CString};
```

```rust
use std::os::raw::c_char;

use ring::digest;

#[no_mangle]
pub extern "C" fn digest(data: *mut c_char) -> *mut c_char {
    unsafe {
        let data = CStr::from_ptr(data);
        let signature = digest::digest(&digest::SHA256,
            data.to_bytes());

        let hex_digest = signature
            .as_ref()
            .iter()
            .map(|b| format! ("{:X}", b))
            .collect::<String>();
        CString::new(hex_digest).unwrap().into_raw()
    }
}

//No tests :(
```

（3）现在 **cargo build** 会创建一个原生库。可以在 Rust 项目目录的 **target/debug** 中找到这个库：

```
$ cargo build
    Compiling libc v0.2.58
    Compiling cc v1.0.37
    Compiling untrusted v0.6.2
    Compiling spin v0.5.0
    Compiling lazy_static v1.3.0
    Compiling ring v0.14.6
    Compiling rust-digest v0.1.0 (Rust-Cookbook/Chapter07/node-jsrust/
    rust-digest)
    Finished dev [unoptimized + debuginfo] target(s) in 5.88s
$ ls rust-digest/target/debug/
build/deps/examples/incremental/libdigest.dlibdigest.so*
native/
```

（4）如果 JavaScript 部分要调用这个 Rust 二进制库，需要做一些声明，使这个函数为人所知。在代码的最后，我们要打印调用 Rust 库的结果。为 **node/src/index.js** 增加以下代码：

```
const ffi = require('ffi');
const ref = require('ref');

const libPath = '../rust-digest/target/debug/libdigest';

const libDigest = ffi.Library(libPath, {
  'digest': [ "string", ["string"]],
});

const { digest } = libDigest;
console.log('Hello World SHA256', digest("Hello World"));
```

（5）**require** 语句已经暗示了一个依赖项，所以还要集成这个库。打开 **node/package.json**，增加以下代码：

```
{
  [...]
  "dependencies": {
    "ffi": "^2.3.0"
  }
}
```

（6）一切准备就绪之后，现在可以从 **node** 目录执行一个 **npm install** 命令：

```
$ npm install
> ref@1.3.5 install Rust-Cookbook/Chapter07/node-jsrust/
node/node_modules/ref
> node-gyp rebuild

make: Entering directory 'Rust-Cookbook/Chapter07/node-jsrust/
node/node_modules/ref/build'
CXX(target) Release/obj.target/binding/src/binding.o
In file included from ../src/binding.cc:7:
../../nan/nan.h: In function 'void
Nan::AsyncQueueWorker(Nan::AsyncWorker*)':
../../nan/nan.h:2298:62: warning: cast between incompatible
function types from 'void (*)(uv_work_t*)' {aka 'void
(*)(uv_work_s*)'} to 'uv_after_work_cb' {aka 'void (*)(uv_work_s*,
```

```
int)'} [-Wcast-function-type]
2298 | ,reinterpret_cast<uv_after_work_cb>(AsyncExecuteComplete)
[...]
COPY Release/ffi_bindings.node
make: Leaving directory 'Rust-Cookbook/Chapter07/node-jsrust/
node/node_modules/ffi/build'
npm WARN node@1.0.0 No description
npm WARN node@1.0.0 No repository field.

added 7 packages from 12 contributors and audited 18 packages in
4.596s
found 0 vulnerabilities
```

(7) 安装了这些依赖库之后，**node** 应用就可以运行了。运行 **node src/index.js** 来执行这个 JavaScript 文件：

```
$ node src/index.js
Hello World SHA256
A591A6D4BF420404A11733CFB7B190D62C65BFBCDA32B57B277D9AD9F146E
```

完成这些工作后，下面来看为什么会这样，以及它们是如何集成在一起的。

7.2.3 工作原理

作为 JavaScript 的一个原生运行时环境，Node.js 提供了易于访问的原生库，可以用 Rust 构建这些库。为了做到这一点，需要 **node-ffi**（https://github.com/node-ffi/node-ffi）包动态查找和加载所需的库。不过，首先我们来看 Rust 代码和项目：步骤 1～步骤 3 展示如何构建一个原生动态库，这在本章前面"7.1 包含遗留 C 代码"技巧的工作原理部分讨论过。

在步骤 4 中，我们创建了 JavaScript 代码。由于 JavaScript 的动态性质，可以使用字符串和对象来定义函数签名，实际的调用看起来就像是可以从模块导入的一个常规函数。FFI 库还消除了数据类型转换，可以无缝地完成跨技术边界的调用。另外要说明很重要的一点，使用 **node-ffi**（https://github.com/nodeffi/node-ffi）时，需要具体的模块路径，这会使不同工件的处理容易得多（与 C/C++ interop 中使用环境变量相比）。

在步骤 5 和步骤 6 中，我们增加并安装了必要的依赖库，使 Node.js 可以使用著名的 **npm** 包管理器（https://www.npmjs.com/），另外 **node-ffi**（https://github.com/node-ffi/node-ffi）需要一些编译器工具才能正确工作。

最后一步显示了这个程序的执行情况，与这一章其他技巧中一样，会创建同样的散列。

我们已经了解了如何从 Node.js 使用 FFI 调用 Rust，现在来看下一个技巧。

7.3 在浏览器中运行 Rust

在浏览器中运行 Rust 似乎与 Node.js 中使用 Rust 二进制库是类似的任务。不过，现代浏览器环境更有难度。沙箱限制了对本地资源的访问（这是一件好事！），浏览器只允许很少的脚本语言在网站中运行。虽然最成功的语言是 JavaScript，但由于这个技术的脚本特性，它在动画领域有很多缺陷。除此之外，还有其他一些问题：垃圾收集、有很多缺陷的类型系统以及缺乏一致的编程范式，从所有这些问题可以看出，对于游戏等实时应用来说，JavaScript 不可预测，而且性能很差。

不过，这些问题正在得到解决。已经引入了一种名为 WebAssembly 的技术，它能分发二进制文件（作为面向 Web 的一个汇编语言），这些二进制文件可以在专门的执行环境中运行（如 JavaScript）。实际上，JavaScript 能与这些二进制文件无缝地交互，类似于 Node.js 应用中的原生库，这可以大大提高速度。由于 Rust 基于 LLVM，可以编译为 WebAssembly，再加上它的内存管理，所以它是运行这些实时应用的很好的选择。尽管这个技术仍处于初始阶段，不过很有必要了解，下面来看它是如何工作的！

7.3.1 准备工作

对于这个项目，我们要建立一个名为 **browser-rust** 的目录，其中包含一个 Web 目录和一个名为 **rust-digest** 的 cargo 库项目（**cargo new rust-digest - - lib**）。为了编译，我们需要另外一个编译目标 **wasm23-unknown-unknown**，这可以通过 **rustup** 安装。在一个 Terminal 中执行以下命令来安装这个目标：

```
$ rustup target add wasm32-unknown-unknown
info: downloading component 'rust-std' for 'wasm32-unknown-unknown'
 10.9 MiB /10.9 MiB (100 %) 5.3 MiB/s in 2s ETA: 0s
info: installing component 'rust-std' for 'wasm32-unknown-unknown'
```

使用 cargo 安装一个名为 **wasm-bindgen-cli** 的工具（**cargo install wasm-bindgen-cli**），在你的当前控制台窗口中调用 **wasm-bindgen** 来检查它是否能正常工作。

在 Web 目录中，我们要创建一个名为 **index.html** 的文件，它会包含并显示我们的 Rust 输出。为了呈现这个 index 文件，还需要一个 Web 服务器。下面给出几个选择：

- Python (3.x) 的标准库提供了一个 **http.server** 模块，可以如下调用：**python3 -m http-tp.server 8080**。

- JavaScript 和 Node.js 的爱好者可以使用 **http-server**（https://www.npmjs.com/package/http-server），这可以通过 **npm**（https://www.npmjs.com/package/http-server）安装。
- 新版本的 Ruby 也提供了一个 Web 服务器：**ruby-run-ehttpd. -p8080**。
- 有 Windows 上，可以使用 IIS Express（https://www.npmjs.com/package/httpserver），同样通过命令行：`C:\>"C:\Program Files (x86)\IISExpress\iisexpress.exe" /path:C:\Rust-Cookbook\Chapter07\browser-rust\web /port:`**8080**。

任何能提供静态文件的 Web 服务器都可用，它应当能适当地提供文件。最后应该得到类似下面的一个目录结构：

```
$ tree browser-rust/
browser-rust/
├── rust-digest
│   ├── Cargo.lock
│   ├── Cargo.toml
│   └── src
│       └── lib.rs
└── web
    └── index.html

3 directories, 4 files
```

现在已经建立了项目，一切准备就绪。下面来看如何在浏览器中运行 Rust。

7.3.2 实现过程

可以通过下面几个步骤编写低延迟的 Web 应用：

(1) 首先实现 Rust 部分。我们还是要创建一个散列库，所以先创建基本 API。打开 **rust-digest/src/lib.rs**，并在测试上面插入以下代码：

```rust
use sha2::{Sha256, Digest};
use wasm_bindgen::prelude::*;

fn hex_digest(data: &str) -> String {
    let mut hasher = Sha256::new();
    hasher.input(data.as_bytes());
    let signature = hasher.result();
    signature
        .as_ref()
```

```
        .iter()
        .map(|b| format!("{:X}", b))
        .collect::<String>()
}
```

（2）将 **hex_digest()** 函数绑定到一个公共 API（可以从模块之外调用）。这样我们就能用 WASM 类型调用这个代码，甚至可以自动生成大部分绑定。在前面的代码下面增加以下代码：

```
#[wasm_bindgen]
pub extern "C" fn digest(data: String) -> String {
    hex_digest(&data)
}

#[wasm_bindgen]
pub extern "C" fn digest_attach(data: String, elem_id: String) ->
Result<(), JsValue> {
    web_sys::window().map_or(Err("No window found".into()), |win| {
        if let Some(doc) = win.document() {
            doc.get_element_by_id(&elem_id).map_or(Err(format!("No
            element with id {} found", elem_id).into()), |val| {
                let signature = hex_digest(&data);
                val.set_inner_html(&signature);
                Ok(())
            })
        }
        else {
            Err("No document found".into())
        }
    })
}
//No tests :(
```

（3）一旦实例化模块，有时有一个回调会很方便，下面来增加这样一个回调：

```
#[wasm_bindgen(start)]
pub fn start() -> Result<(), JsValue> {
    //This function is getting called when initializing the WASM
    //module
```

```
    Ok(())
}
```

(4)我们使用了两个导入,所以需要两个额外的依赖项:**wasm-bindgen** 和 **sha2**(**ring::digest** 的一个 Web 兼容版本)。另外,我们假装是要外部链接的原生库,所以要调整库类型和名字。修改 **rust-digest/Cargo.toml** 来包含这些更改:

```
[lib]
name = "digest"
crate-type = ["cdylib"]

[dependencies]
sha2 = "0.8"
wasm-bindgen = "0.2.48"

[dependencies.web-sys]
version = "0.3.25"
features = [
  'Document',
  'Element',
  'HtmlElement',
  'Node',
  'Window',
]
```

(5)下面编译这个库,并检查输出。运行 **cargo build - - target wasm32-unknown-unknown**:

```
$ cargo build - - target wasm32-unknown-unknown
    Compiling proc-macro2 v0.4.30
    [...]
    Compiling js-sys v0.3.24
    Compiling rust-digest v0.1.0 (Rust-Cookbook/Chapter07/browserrust/
     rust-digest)
    Finished dev [unoptimized + debuginfo] target(s) in 54.49s
$ ls target/wasm32-unknown-unknown/debug/
build/deps/digest.ddigest.wasm* examples/incremental/native/
```

(6)得到的 **digest.wasm** 文件就是我们希望使用 JavaScript 包含在 Web 应用中的文件。尽管这可以直接完成(https://developer.mozilla.org/en-US/docs/WebAssembly/Using_the

JavaScript API），但数据类型转换可能很麻烦。正因如此，有一个 CLI 工具可以提供帮助。从 **browser-rust/rust-digest** 运行 **wasm-bindgen target/wasm32-unknown-unknown/debug/digest.wasm - - out-dir ../web/ - - web** 为 Web 浏览器生成必要的 JavaScript 绑定：

```
$ wasm-bindgen target/wasm32-unknown-unknown/debug/digest.wasm --out-dir ../web/ --web
$ ls ../web/
digest_bg.d.ts digest_bg.wasm digest.d.ts digest.js index.html
```

（7）这些绑定需要包含在我们的 **web/index.html** 文件中（目前为空）：

```html
<!DOCTYPE html>
<html>
    <head>
        <meta content="text/html;charset=utf-8" httpequiv="Content-Type"/>
        <script type="module">
            import init, { digest, digest_attach } from './digest.js';
            async function run() {
                await init();
                const result = digest("Hello World");
                console.log(`Hello World SHA256 = ${result}`);
                digest_attach("Hello World", "sha_out")
            }
            run();
        </script>
    </head>
    <body>
        <h1>Hello World in SHA256 <span id="sha_out"></span></h1>
    </body>
</html>
```

（8）保存并退出 **index.html** 文件，在 Web 目录中启动之前准备好的 Web 服务器：

```
py -m http.server 8080
Serving HTTP on 0.0.0.0 port 8080 (http://0.0.0.0:8080/) ...
```

（9）在你的浏览器中访问 **http://localhost：8080**（确保允许服务器通过防火墙），检查你的输出与图 7-1 所示是否一致。

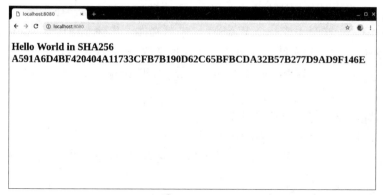

图 7-1 输出

完成这些工作后,下面来看为什么会这样,以及这是如何集成在一起的。

7.3.3 工作原理

现代浏览器提供了一个 JavaScript 引擎以及一个 web assembly 虚拟机(https://webassembly.org/)。利用这个功能,Web 应用可以运行二进制代码,这些代码可以在自己的运行时环境中安全地执行,而且可以从外部轻松访问这些代码。主要好处如下:

- 由于是二进制编译,所以应用更小。
- 更快的端到端执行(没有编译步骤)。
- 没有垃圾收集,WASM 虚拟机是一个堆栈虚拟机。

除此以外,WASM 可以转换为一种基于文本的格式,用于可视化检查和手动优化。Rust 是少数几种可以编译为这些格式(文本和二进制)的语言之一,这在很大程度上要归功于 LLVM 和 Rust 的内存管理方法。

在步骤 1、步骤 2 和步骤 3 中,我们创建了 Rust 模块来完成工作。注意 **extern** 函数上的 #[**wasm_bindgen**] 属性,它允许宏预处理器获取函数的输入和输出类型,并由这个接口定义生成绑定。其中一个函数上还有一个特殊的 #[**wasm_bindgen(start)**] 宏(https://rust-wasm.github.io/wasmbindgen/reference/attributes/on-rust-exports/start.html),指定了实例化模块时要运行的初始化函数。这个函数和 **digest_attach**() 都有一个 **Result** 返回类型,这支持?操作符和 Rust 一般的错误处理。

digest_attach() 很特殊[与 **digest**() 相比],因为它从 WASM 模块直接访问 DOM(https://www.w3.org/TR/WD-DOM/introduction.html),这由 **web_sys** crate 提供。所有这些宏和函数都在 **wasm_bindgen::prelude::*** 语句中导入。

步骤 4 相应地调整 **Cargo.toml** 来提供完成编译所需的所有条件。注意，不同目标（例如，默认目标）上发生的任何错误会暗示 crate 与 WASM 不兼容。在步骤 5 中，我们执行了 wasm32 目标的编译，这会生成一个 WASM 二进制文件。步骤 6 使用 **wasm-bindgen** CLI 运行绑定生成器，它会生成一些文件以便集成。在这种情况下，这些文件包括：

- **digest_bg.d.ts**：导出的 WASM 函数的 TypeScript（https://www.typescript-lang.org/）定义。
- **digest_bg.wasm**：WASM 文件本身。
- **digest.d.ts**：集成文件的 TypeScript 定义。
- **digest.js**：这是 JavaScript 实现，会加载并将导出的 WASM 函数转换为常规 JavaScript 调用。

这个工具还包括对应其他集成的更多选项和示例（https://rustwasm.github.io/docs/wasmbindgen/examples/without-a-bundler.html），可以查看文档了解具体信息（https://rustwasm.github.io/docs/wasm-bindgen/）。

并不是每个 crate 都可以编译为 **wasm32-unknown-unknown**，特别是如果使用了硬件访问或操作系统特性时。有些 crate 实现了兼容层，通常会指定为 **cargo** 特性。

步骤 7 显示了如何将生成的 WASM 绑定包含到常规 HTML 页面中。基于 ES6 语法（http://es6-features.org/#Constants）（有些人可能不熟悉），Rust 代码很简洁地包装在 JavaScript 函数中，因此不需要额外的转换。如果对其如何工作感兴趣，可以查看 **digest.js** 文件，这个文件很易读，不过可以从中看出转换数据相关的复杂性。好了，最后一步只是展示如何提供文件，实际上这是托管的工作。

我们已经了解了如何在浏览器中运行 Rust，现在来看下一个技巧。

7.4 使用 Rust 和 Python

Python 已经成为从 Web 到数据科学等领域大量应用的主流语言。不过，Python 本身是一种解释型语言，速度出名地慢，正是因为这个原因，它能与速度快得多的 C 代码很好地集成。很多很受欢迎的库都用 C/C++ 和 Cython（https://cython.org/）实现，来得到所需的性能（例如，**numpy**、**pandas**、**keras** 和 PyTorch 都主要是原生代码）。由于 Rust 也生成原生二进制文件，下面来看如何为 Python 编写 Rust 模块。

7.4.1 准备工作

我们还是来创建一个 SHA256 摘要，这里会使用与本章所有技巧相同的文件夹结构。创

建一个 **python-rust** 目录，并在这个目录中使用 **cargo new rust-digest - - lib** 初始化一个新的 Rust 项目。

对于这个项目的 Python 部分，按照 Python 网站上的说明安装 Python（3.6/3.7）。然后，在 **python-rust/python** 中创建以下文件夹结构和文件（现在文件可以为空）：

```
$ tree python
python
├── setup.py
└── src
    └── digest.py

1 directory, 2 files
```

在 VS Code 中打开整个 **python-rust** 文件夹，这就准备好了。

7.4.2 实现过程

Python 是一个非常好的可以集成的语言，通过以下几个步骤来了解这是为什么：

（1）打开 **rust-digest/src/lib.rs**，先来看 Rust 代码。为 FFI 和 **ring** 增加必要的 **use** 语句，并声明要导出 **digest()** 函数。需要说明，这个函数与本章大多数其他技巧中是一样的：

```rust
use std::ffi::{CStr, CString};
use std::os::raw::c_char;

use ring::digest;

#[no_mangle]
pub extern "C" fn digest(data: *mut c_char) -> *mut c_char {
    unsafe {
        let data = CStr::from_ptr(data);
        let signature = digest::digest(&digest::SHA256,
            data.to_bytes());

        let hex_digest = signature
            .as_ref()
            .iter()
            .map(|b| format!("{:X}", b))
            .collect::<String>();
        CString::new(hex_digest).unwrap().into_raw()
```

```
        }
    }

//No tests :(
```

(2)因为我们要使用 **ring** 和一个第三方依赖库创建散列,下面在 **rust-digest/Cargo.toml** 中声明这些库(和库类型):

```
[lib]
name = "digest"
crate-type = ["cdylib"]



[dependencies]
libc = "0.2"
ring = "0.14"
```

(3)下面构建库来得到 **libdigest.so**(或者 **digest.dll** 或 **libdigest.dylib**)。在 **rust-digest** 中运行 **cargo build**:

```
$ cargo build
    Updating crates.io index
   Compiling cc v1.0.37
   Compiling libc v0.2.58
   Compiling untrusted v0.6.2
   Compiling spin v0.5.0
   Compiling lazy_static v1.3.0
   Compiling ring v0.14.6
   Compiling rust-digest v0.1.0 (Rust-Cookbook/Chapter07/pythonrust/
   rust-digest)
    Finished dev [unoptimized + debuginfo] target(s) in 8.29s
$ ls target/debug/
build/deps/examples/incremental/libdigest.dlibdigest.so*
native/
```

(4)为了在 Python 中加载这个库,我们还要编写一些代码。打开 **python/src/digest.py** 并增加以下内容:

```
from ctypes import cdll, c_char_p
from sys import import platform
```

```python
def build_lib_name(name):
    prefix = "lib"
    ext = "so"

    if platform == 'darwin':
        ext = 'dylib'
    elif platform == 'win32':
        prefix = ""
        ext = 'dll'

    return "{prefix}{name}.{ext}".format(prefix=prefix, name=name, ext=ext)

def main():
    lib = cdll.LoadLibrary(build_lib_name("digest"))
    lib.digest.restype = c_char_p
    print("SHA256 of Hello World = ", lib.digest(b"Hello World"))

if __name__ == "__main__":
    main()
```

(5) 尽管可以通过调用 **python3 digest.py** 来运行这个文件，但较大的项目不会这么做。Python 的 setuptools（https://setuptools.readthedocs.io/en/latest/）提供了一个更结构化的方法来为当前操作系统创建甚至安装可运行的脚本。公共入口点是 **setup.py** 脚本，它会声明元数据以及依赖库和入口点。创建 **python/setup.py**，其中包含以下内容：

```python
#!/usr/bin/env python
# -*- coding: utf-8 -*-

# Courtesy of https://github.com/kennethreitz/setup.py

from setuptools import find_packages, setup, Command

# Package meta-data.
NAME = 'digest'
DESCRIPTION = 'A simple Python package that loads and executes a Rust function.'
URL = 'https://blog.x5ff.xyz'
AUTHOR = 'Claus Matzinger'
REQUIRES_PYTHON = '>=3.7.0'
```

```
VERSION = '0.1.0'
LICENSE = 'MIT'
```

这个文件继续将声明的变量输入到 **setup()** 方法，这个方法会生成所需的元数据：

```
setup(
    # Meta stuff
    name = NAME,
    version = VERSION,
    description = DESCRIPTION,
    long_description = DESCRIPTION,
    long_description_content_type = 'text/markdown',
    # - - -
    package_dir = {":'src'}, # Declare src as root folder
    packages = find_packages(exclude = ["tests", "*.tests",
"*.tests.*",
        "tests.*"]), # Auto discover any Python packages
    python_requires = REQUIRES_PYTHON,
    # Scripts that will be generated invoke this method
    entry_points = {
        'setuptools.installation': ['eggsecutable = digest:main'],
    },
    include_package_data = True,
    license = LICENSE,
    classifiers = [
    # Trove classifiers
    # Full list: https://pypi.python.org/pypi?
    %3Aaction = list_classifiers
    'License :: OSI Approved :: MIT License',
    'Programming Language :: Python',
    'Programming Language :: Python :: 3',
    'Programming Language :: Python :: 3.7',
    'Programming Language :: Python :: Implementation :: CPython',
    'Programming Language :: Python :: Implementation :: PyPy'
    ],
)
```

（6）步骤 6、步骤 7 和步骤 8 只适用于 Linux/macOS（或 WSL）。Windows 用户要继续看步骤 9。Python 的独立模块被称为 egg，下面来建立一个独立模块，并运行 **python3 setup.py bdist_egg**：

```
$ python3 setup.py bdist_egg
running bdist_egg
running egg_info
writing src/digest.egg-info/PKG-INFO
writing dependency_links to src/digest.egg-info/dependency_links.txt
writing entry points to src/digest.egg-info/entry_points.txt
writing top-level names to src/digest.egg-info/top_level.txt
reading manifest file 'src/digest.egg-info/SOURCES.txt'
writing manifest file 'src/digest.egg-info/SOURCES.txt'
installing library code to build/bdist.linux-x86_64/egg
running install_lib
warning: install_lib: 'build/lib' does not exist -- no Python modules to install

creating build/bdist.linux-x86_64/egg
creating build/bdist.linux-x86_64/egg/EGG-INFO
copying src/digest.egg-info/PKG-INFO -> build/bdist.linuxx86_64/egg/EGG-INFO
copying src/digest.egg-info/SOURCES.txt -> build/bdist.linuxx86_64/egg/EGG-INFO
copying src/digest.egg-info/dependency_links.txt -> build/bdist.linux-x86_64/egg/EGG-INFO
copying src/digest.egg-info/entry_points.txt -> build/bdist.linuxx86_64/egg/EGG-INFO
copying src/digest.egg-info/top_level.txt -> build/bdist.linuxx86_64/egg/EGG-INFO
zip_safe flag not set; analyzing archive contents...
creating 'dist/digest-0.1.0-py3.7.egg' and adding 'build/bdist.linux-x86_64/egg' to it
removing 'build/bdist.linux-x86_64/egg' (and everything under it)
```

（7）这会在 **python/dist** 中创建一个 **.egg** 文件，调用时会运行上一个脚本中的 **main()**

函数。在 Mac/Linux 上，必须用 **chmod ＋x python/dist/digest-0.1.0-py3.7.egg** 来运行。下面来看直接运行时会发生什么：

```
$ cd python/dist
$ ./digest-0.1.0-py3.7.egg
Traceback (most recent call last):
  File "<string>", line 1, in <module>
  File "Rust-Cookbook/Chapter07/python-rust/python/src/digest.py", line 17, in main
    lib = cdll.LoadLibrary(build_lib_name("digest"))
  File "/usr/lib64/python3.7/ctypes/__init__.py", line 429, in LoadLibrary
    return self._dlltype(name)
  File "/usr/lib64/python3.7/ctypes/__init__.py", line 351, in __init__
    self._handle = _dlopen(self._name, mode)
OSError: libdigest.so: cannot open shared object file: No such file or directory
```

（8）是的，这个库只会动态链接！必须为我们的二进制文件指示这个库，或者将库移到二进制文件能找到的地方。在 Mac/Linux 上，可以将 **LD＿LIBRARY＿PATH** 环境变量设置为 Rust 构建输出所在的位置来做到。结果是一个 Python 程序，它会调用已编译的 Rust 代码来得到一个字符串的 **SHA256** 摘要：

```
$ LD_LIBRARY_PATH=$(pwd)/../../rust-digest/target/debug/ ./digest-0.1.0-py3.7.egg
SHA256 of Hello World =
b'A591A6D4BF420404A11733CFB7B190D62C65BFBCDA32B57B277D9AD9F146E'
```

（9）对于 Windows 用户，执行要稍微简单一些。首先，要让这个库对 Python 可用，然后直接运行脚本。从 **python** 目录运行以下命令，在 Python 中使用 Rust 生成 **SHA256** 摘要：

```
$ cp ../rust-digest/target/debug/digest.dll .
$ python.exe src/digest.py
SHA256 of Hello World =
b'A591A6D4BF420404A11733CFB7B190D62C65BFBCDA32B57B277D9AD9F146E'
```

下面来分析这是如何工作的，以及为什么会这样。

7.4.3　工作原理

使用 Rust 增强 Python 的功能是一种两全其美的好方法：Python 以其易于学习和使用而闻名，Rust 则快速又安全（而且在运行时不会轻易失败）。

在步骤 1～步骤 3 中，我们再次创建了一个动态的原生库，它会为所提供的字符串参数创建一个 **SHA256** 散列。对 **Cargo.toml** 和 **lib.rs** 的修改就好像要为 C/C++ inter-op 创建一个库一样：要使用#[**no_mangle**]。这一章前面的"7.1　包含遗留 C 代码"技巧中更详细地介绍了内部原理，所以一定要读一读那个技巧的"7.1.3　工作原理"小节。

cdylib 库类型描述一个面向 C 的动态库，还有其他一些类型，可用于不同的目的。查看 nomicon（https://doc.rust-lang.org/nomicon/ffi.html）和相关文档（https://doc.rust-lang.org/cargo/reference/manifest.html#building-dynamic-or-static-libraries）来了解更多详细信息。

我们的 Python 代码使用了标准库的 **ctypes**（https://docs.python.org/3/library/ctypes.html）来加载 Rust 模块。在步骤 4 中，我们展示了 Python 的动态调用功能可以无缝地实例化和集成类型。不过，需要相应地解释数据类型，正因如此，返回类型设置为字符指针，而输入的类型为字节，来得到与本章其他技巧相同的结果。由于平台和编程语言会使用它们自己的方式将字节编码为字符串（UTF-8、UTF-16、…），我们必须向这个函数传递一个字节字面量（在 C 中这会转换为一个 **char** *）。

在步骤 5 和步骤 6 中，使用 Python 的 setuptools 创建一个 **.egg** 文件，这是 Python 模块的一种发布格式。在这个特定例子中，我们甚至创建了一个 eggsecutable（https://setuptools.readthedocs.io/en/latest/setuptools.html#eggsecutable-scripts）即可执行的 **.egg** 文件，从而可以通过执行 **.egg** 文件运行这个函数。如步骤 7 所示，仅仅运行它是不够的，因为我们还需要让执行环境知道这个库。在步骤 8 中，我们就是在做这个工作，并检查结果（关于 **LD_LIBRARY_PATH** 的更多内容，参见本章前面的"7.1　包含遗留 C 代码"技巧的"7.1.2　实现过程"一节）。

在步骤 9 中，我们在 Windows 上运行脚本。Windows 使用一种不同的机制来加载动态库，因此 **LD_LIBRARY_PATH** 方法不可用。不仅如此，Python 的 eggsecutable 只在 Linux/macOS 上可用，setuptools 提供了很好的机制来完成立即部署，但不适合本地开发（没有进一步的安装/复杂性）。正是这个原因，在 Windows 上，我们会直接执行脚本，这就是为什么 **if __name__ == "__main__"**。

我们已经了解了如何在 Python 中运行 Rust，下面转入下一个技巧。

7.5 为遗留应用生成绑定

在第一个技巧中我们看到，Rust 与其他原生语言的互操作功能要求两端都有特定的结构，从而正确地声明内存布局。可以使用 **rust-bindgen** 很容易地自动化完成这个任务。下面来看这会如何帮助与原生代码更容易地集成。

7.5.1 准备工作

与这一章第一个技巧"包含遗留 C 代码"一样，这个技巧有以下前提条件：
- **gcc**（https://gcc.gnu.org/）（包括 **ar** 和 **cc**）。
- **git**（https://git-scm.com/）（命令行或 UI 工具就可以）。
- **llvm**（https://releases.llvm.org/2.7/docs/UsingLibraries.html）（LLVM 编译器项目的库和头文件）。
- **libclang**（https://clang.llvm.org/doxygen/group__CINDEX.html）（Clang 编译器的库和头文件）。

这些工具可以在任何 Linux/Unix 环境中使用［在 Windows 上，可以使用 WSL（https://docs.microsoft.com/en-us/windows/wsl/install-win10）］，可能还需要额外安装。检查你的发行版的软件包存储库来获得以上列表中的软件包。

在 macOS 上，可以查看 Homebrew，这是面向 Mac 的一个包管理器：https://brew.sh/。

Windows 用户最好使用 WSL 并遵循 Linux 安装说明，或者安装 MinGW（http://www.mingw.org/），为 Windows 提供 GNU Linux 工具。

打开 Terminal 窗口并执行以下命令，检查这些工具是否已经正确安装：

```
$ cc --version
cc (GCC) 9.1.1 20190503 (Red Hat 9.1.1-1)
Copyright (C) 2019 Free Software Foundation, Inc.
This is free software; see the source for copying conditions. There is NO
warranty; not even for MERCHANTABILITY or FITNESS FOR A PARTICULAR PURPOSE.
$ ar --version
GNU ar version 2.31.1-29.fc30
Copyright (C) 2018 Free Software Foundation, Inc.
This program is free software; you may redistribute it under the terms of
the GNU General Public License version 3 or (at your option) any later
version.
```

This program has absolutely no warranty.

```
$ git --version
```
git version 2.21.0

版本应该是类似（至少主版本是类似的），以避免意外的差异。

一旦准备就绪，使用相同的 shell 创建 **bindgen** 目录，在其中运行 **cargo new rust-tinyexpr**，并使用 **git clone https://github.com/codeplea/tinyexpr** 克隆 TinyExpr GitHub 存储库（https://github.com/codeplea/tinyexpr）。

7.5.2 实现过程

通过以下步骤创建一些绑定：

（1）打开 **rust-tinyexpr/Cargo.toml** 并增加适当的构建依赖项：

```
[build-dependencies]
bindgen = "0.49"
```

（2）创建一个新的 **rust-tinyexpr/build.rs** 文件，并增加以下内容来创建 C 库的一个自定义构建：

```rust
use std::env;
use std::env::var;
use std::path::PathBuf;
const HEADER_FILE_NAME: &'static str = "../tinyexpr/tinyexpr.h";

fn main() {
    let project_dir = var("CARGO_MANIFEST_DIR").unwrap();
    println!("cargo:rustc-link-search={}/../tinyexpr/",
        project_dir);
    println!("cargo:rustc-link-lib=static=tinyexpr");

    if cfg!(target_env = "msvc") {
        println!("cargo:rustc-link-\
            lib=static=legacy_stdio_definitions");
    }
    let bindings = bindgen::Builder::default()
        .header(HEADER_FILE_NAME)
        .generate()
        .expect("Error generating bindings");
```

```rust
    let out_path = PathBuf::from(env::var("OUT_DIR").unwrap());
    bindings
        .write_to_file(out_path.join("bindings.rs"))
        .expect("Error writing bindings");
}
```

(3) 对于具体的 Rust 代码,打开 **rust-tinyexpr/src/main.rs**,并增加一些代码来包含 **rust-bindgen**(从 **build.rs** 调用)生成的文件:

```rust
#![allow(non_upper_case_globals)]
#![allow(non_camel_case_types)]
#![allow(non_snake_case)]
use std::ffi::CString;

include!(concat!(env!("OUT_DIR"), "/bindings.rs"));

fn main() {
    let expr = "sqrt(5^2 + 7^2 + 11^2 + (8 - 2)^2)".to_owned();
    let result = unsafe {
        te_interp(CString::new(expr.clone()).unwrap().into_raw(), 0 as *mut i32)
    };
    println!("{} = {}", expr, result);
}
```

(4) 如果现在运行 **cargo build**(在 **rust-tinyexpr** 中),我们会看到以下结果:

```
$ cargo build
    Compiling libc v0.2.58
    Compiling cc v1.0.37
    Compiling autocfg v0.1.4
    Compiling memchr v2.2.0
    Compiling version_check v0.1.5
    Compiling rustc-demangle v0.1.15
    Compiling proc-macro2 v0.4.30
    Compiling bitflags v1.1.0
    Compiling ucd-util v0.1.3
    Compiling byteorder v1.3.2
    Compiling lazy_static v1.3.0
```

```
Compiling regex v1.1.7
Compiling glob v0.2.11
Compiling cfg-if v0.1.9
Compiling quick-error v1.2.2
Compiling utf8-ranges v1.0.3
Compiling unicode-xid v0.1.0
Compiling unicode-width v0.1.5
Compiling vec_map v0.8.1
Compiling ansi_term v0.11.0
Compiling termcolor v1.0.5
Compiling strsim v0.8.0
Compiling bindgen v0.49.3
Compiling peeking_take_while v0.1.2
Compiling shlex v0.1.1
Compiling backtrace v0.3.31
Compiling nom v4.2.3
Compiling regex-syntax v0.6.7
Compiling thread_local v0.3.6
Compiling log v0.4.6
Compiling humantime v1.2.0
Compiling textwrap v0.11.0
Compiling backtrace-sys v0.1.28
Compiling libloading v0.5.1
Compiling clang-sys v0.28.0
Compiling atty v0.2.11
Compiling aho-corasick v0.7.3
Compiling fxhash v0.2.1
Compiling clap v2.33.0
Compiling quote v0.6.12
Compiling cexpr v0.3.5
Compiling failure v0.1.5
Compiling which v2.0.1
Compiling env_logger v0.6.1
Compiling rust-tinyexpr v0.1.0 (Rust-Cookbook/Chapter07/bindgen/rust-tinyexpr)
error: linking with 'cc' failed: exit code: 1
```

```
[...]
"-Wl,-Bdynamic" "-ldl" "-lrt" "-lpthread" "-lgcc_s" "-lc" "-lm" "-
lrt" "-lpthread" "-lutil" "-lutil"
  = note: /usr/bin/ld: cannot find -ltinyexpr
          collect2: error: ld returned 1 exit status

error: aborting due to previous error

error: Could not compile 'rust-tinyexpr'.

To learn more, run the command again with --verbose.
```

(5) 这是一个链接器错误,链接器无法找到库!这是因为,我们还没有真正创建这个库。切换到 **tinyexpr** 目录并运行以下命令,在 Linux/macOS 上由源代码创建一个静态库:

```
$ cc -c -ansi -Wall -Wshadow -O2 tinyexpr.c -o tinyexpr.o -fPIC
$ ar rcs libtinyexpr.a tinyexpr.o
```

在 Windows 上,这个过程稍有些不同:

```
$ gcc -c -ansi -Wall -Wshadow -O2 tinyexpr.c -o tinyexpr.lib -fPIC
```

(6) 回到 **rust-tinyexpr** 目录,可以再次运行 **cargo build**:

```
$ cargo build
    Compiling rust-tinyexpr v0.1.0 (Rust-
Cookbook/Chapter07/bindgen/rust-tinyexpr)
    Finished dev [unoptimized + debuginfo] target(s) in 0.31s
```

(7) 额外的,**bindgen** 还会生成测试,所以我们可以运行 **cargo test** 来确保二进制布局是有效的。下面从 Rust 使用 TinyExpr C 库解析一个表达式:

```
$ cargo test
    Compiling rust-tinyexpr v0.1.0 (Rust-
Cookbook/Chapter07/bindgen/rust-tinyexpr)
    Finished dev [unoptimized + debuginfo] target(s) in 0.36s
     Running target/debug/deps/rust_tinyexpr-fbf606d893dc44c6

running 3 tests
test bindgen_test_layout_te_expr ... ok
test bindgen_test_layout_te_expr__bindgen_ty_1 ... ok
test bindgen_test_layout_te_variable ... ok
```

```
test result: ok. 3 passed; 0 failed; 0 ignored; 0 measured; 0
filtered out
$ cargo run
    Finished dev [unoptimized + debuginfo] target(s) in 0.04s
     Running 'target/debug/rust-tinyexpr'
    sqrt(5^2 + 7^2 + 11^2 + (8 - 2)^2) = 15.198684153570664
```

下面来看我们如何得到这个结果。

7.5.3　工作原理

bindgen 是一个神奇的工具,它可以动态地从 C/C++ 头文件生成 Rust 代码。在步骤 1 和步骤 2 中,我们添加了依赖项,使用 **bindgen** API 加载头文件,并在临时 **build** 目录中生成和输出一个名为 **bindings.rs** 的文件。**OUT_DIR** 变量只能在 **cargo** 的构建环境中使用,它指向一个包含多个构建工件的目录。

此外,链接器需要知道已创建的库,从而能链接这些库。为此要使用一种特殊语法将所需的参数打印到标准输出。在这个例子中,我们将库的名字(**link-lib**)和它要检查的目录(**link-search**)传递到 **rustc** 链接器。**cargo** 可以用这些输出做更多处理。有关的更多信息请查阅文档(https://doc.rust-lang.org/cargo/reference/build-scripts.html)。

> Microsoft 的 **msvc** 编译器引入了一个重大的变化,它删除了标准 **printf** 函数,而换成更安全的版本。为了尽可能减少跨平台编译的复杂性,步骤 4 中引入了一个简单的编译器开关,来恢复遗留的 **printf**。

步骤 3 创建 Rust 代码,通过包含这个文件来调用链接的函数(同时忽略几个关于命名的警告)。虽然 **bindgen** 避免了生成接口,但仍然需要使用 C 兼容的类型来传递参数。这就是我们在调用函数时必须创建指针的原因。

如果我们在这一步之后立即编译 Rust 代码,会得到一个庞大的错误消息,如步骤 4 所示。为了解决这个问题,我们在步骤 5 中由 C 代码创建静态库,这里使用了 **cc**(**gcc** C 编译器)的一些编译器标志,比如 **-fPIC**(表示位置独立代码),这会在文件中创建一致的位置,因此可以用作为一个库。**cc** 调用的输出是一个目标文件,然后使用 **ar** 工具归档到一个静态库中。

如果库可用,可以使用最后两个步骤中所示的 **cargo build** 和 **cargo run** 来执行代码。

现在我们知道了如何将 Rust 与其他语言集成,接下来进入下一章,深入研究另一个主题。

第 8 章　Web 安全编程

自从出现了面向 Ruby 编程语言的流行的 Rails 框架，创建后端 Web 服务就好像成了动态类型语言的领域。随着 Python 和 JavaScript 开始作为完成这些任务的主要语言，这种趋势进一步增强。毕竟，基于这些技术的特点，可以特别快速地创建这些服务，而且可以很简单地完成对服务的更改（例如，JSON 响应中的一个新字段）。对很多人来说，Web 服务退回到静态类型会很奇怪，毕竟，那要花费更长的时间才能完成任务。

不过，这些是有代价的：如今很多服务都部署在云上，这意味着会采用"即用即付"模型，而且有（实际上）无限的可伸缩性。最值得注意的是，由于执行速度并不是 Python 的优势，因此我们从云提供商的账单上就会看到这种开销的代价。执行时间快 10% 意味着在相同的硬件上以相同的质量水平（例如，响应时间）多服务 10% 的客户。类似的，小型设备也会因更少的资源使用而受益，这意味着软件运行速度更快，因此能耗更低。Rust 作为一种系统编程语言，构建时就考虑到零开销，在速度或效率等很多方面都是 C 语言的劲敌。因此，对于频繁使用的网络服务，用 Rust 编写关键部分并不是不可能，这种做法因 Dropbox 而闻名，Dropbox 就采用了这种方法来提高服务质量和节约成本。

Rust 对于 Web 是一个很棒的语言，在这一章中，我们将使用一个框架创建一个常规 RESTful API，这个框架由 Microsoft 开发，已经在很多不同的应用中使用。在这一章中会了解以下内容：

- 建立 Web 服务器。
- 设计 RESTful API。
- 处理 JSON 有效负载。
- Web 错误处理。
- 呈现 HTML 模板。
- 使用 ORM 将数据保存到数据库。
- 使用 ORM 运行高级查询。
- Web 上的认证。

8.1　建立 Web 服务器

在过去几年里，Web 服务器已经发生了改变。以前的 Web 应用都是在某种 Web 服务器应用之上部署，如 Apache Tomcat（http：https://tomcat.apache.org/）、IIS（https://www.iis.net/）和 nginx（https://www.nginx.com/），现在更常见的做法是将服务部分嵌入应用。这不仅会让运维人员更轻松，还允许开发人员更紧密地控制整个应用。下面来看如何启动和设置一个基本的静态 Web 服务器。

8.1.1 准备工作

使用 **cargo new static-web** 建立一个 Rust 二进制项目。由于我们要在本地端口 **8081** 提供服务，还要确保这个端口是可访问的。在这个新创建的项目文件夹中，我们需要另外一个文件夹 **static/**，可以在这里放置将提供的一个有意思的 **.jpg** 图像。假设这个图像名为 **foxes.jpg**。

最后用 VS Code 打开整个目录。

8.1.2 实现过程

可以用几个步骤来建立和运行我们自己的 Web 服务器：

（1）首先打开 **src/main.rs**，并增加一些代码。我们要提供 **main** 函数之前的所有代码，首先增加一些导入和一个简单的 index 处理器：

```rust
#[macro_use]
extern crate actix_web;

use actix_web::{web, App, middleware, HttpServer, Responder, Result};
use std::{env};
use actix_files as fs;
fn index() -> Result<fs::NamedFile> {
    Ok(fs::NamedFile::open("static/index.html")?)
}
```

（2）不过，这不是唯一的请求处理器，所以再增加一些请求处理器，来看请求处理如何工作：

```rust
fn path_parser(info: web::Path<(String, i32)>) -> impl Responder {
    format!("You tried to reach '{}/{}'", info.0, info.1)
}

fn rust_cookbook() -> impl Responder {
    format!("Welcome to the Rust Cookbook")
}
```

```rust
}

#[get("/foxes")]
fn foxes() -> Result<fs::NamedFile> {
    Ok(fs::NamedFile::open("static/foxes.jpg")?)
}
```

（3）还少一个 main 函数。这个 main 函数要启动服务器，并关联我们在之前步骤中创建的服务：

```rust
fn main() -> std::io::Result<()> {
    env::set_var("RUST_LOG", "actix_web=debug");
    env_logger::init();
    HttpServer::new(
        || App::new()
            .wrap(middleware::Logger::default())
            .service(foxes)
            .service(web::resource("/").to(index))
            .service(web::resource("/welcome").to(rust_cookbook))
.service(web::resource("/{path}/{id}").to(path_parser)))
        .bind("127.0.0.1:8081")?
        .run()
}
```

（4）在第一个处理器中，我们提到一个静态 index.html 句柄，这还没有创建。为一个新文件增加一个简单的 marquee 输出，并将这个文件保存为 static/index.html：

```html
<html>
    <body>
        <marquee><h1>Hello World</h1></marquee>
    </body>
</html>
```

（5）还要做一件重要的事情，就是调整 Cargo.toml。在 Cargo.toml 中声明依赖项，如下所示：

```toml
[dependencies]
actix-web = "1"
env_logger = "0.6"
actix-files = "0"
```

（6）使用一个 Terminal 执行 **cargo run** 运行代码，然后打开一个浏览器窗口访问 **http：//localhost：8081/**、**http：//localhost：8081/welcome**、**http：//localhost：8081/foxes** 和 **http：//localhost：8081/somethingarbitrary/10**：

```
$ cargo run
    Compiling autocfg v0.1.4
    Compiling semver-parser v0.7.0
    Compiling libc v0.2.59
[...]
    Compiling static-web v0.1.0 (Rust-Cookbook/Chapter08/static-web)
     Finished dev [unoptimized + debuginfo] target(s) in 1m 51s
      Running 'target/debug/static-web'
```

图 8-1 是 **http：//localhost:8081** 的输出，由 **index** 函数处理。

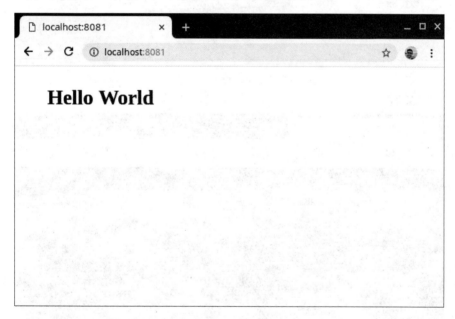

图 8-1　输出

还可以在 **http：//localhost：8081/welcome** 调用 welcome 处理器，如图 8-2 所示。

我们的静态处理器会返回柏林的 Mozilla 办公室的一张照片（**http：//localhost：8081/foxes**），如图 8-3 所示。

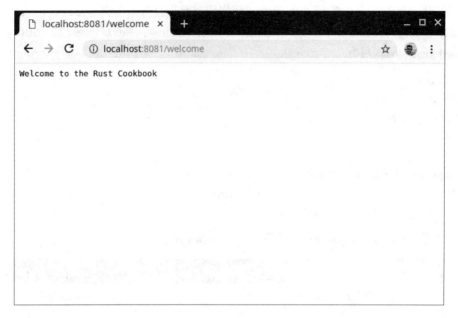

图 8-2 welcome 处理器

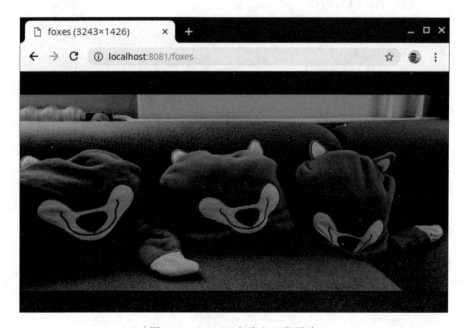

图 8-3 Mozilla 办公室一张照片

最后，我们还增加了一个 path 处理器，会解析路径上的一个字符串和一个整数，并返回这些值，如图 8-4 所示。

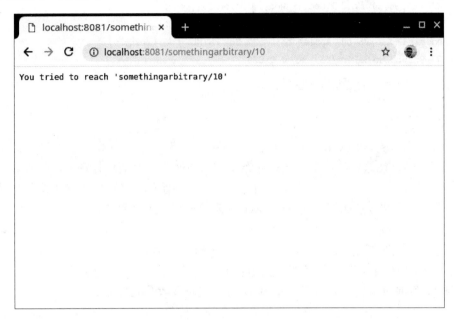

图 8-4　返回值

为了验证这些请求确实会由我们的 Web 服务器处理，在运行 **cargo run** 的终端日志输出中查看各个请求：

[...]
　　Finished dev [unoptimized + debuginfo] target(s) in 1m 51s
　　 Running 'target/debug/static-web'
[2019-07-17T06:20:27Z INFO actix_web::middleware::logger]
127.0.0.1:35358 "GET /HTTP/1.1" 200 89 "-" "Mozilla/5.0 (X11;
Fedora; Linux x86_64) AppleWebKit/537.36 (KHTML, like Gecko)
Chrome/73.0.3683.86 Safari/537.36" 0.004907
[2019-07-17T06:21:58Z INFO actix_web::middleware::logger]
127.0.0.1:36154 "GET /welcome HTTP/1.1" 200 28 "-" "Mozilla/5.0
(X11; Fedora; Linux x86_64) AppleWebKit/537.36 (KHTML, like Gecko)
Chrome/73.0.3683.86 Safari/537.36" 0.000844
^[[B[2019-07-17T06:22:34Z INFO actix_web::middleware::logger]
127.0.0.1:36476 "GET /somethingarbitrary/10 HTTP/1.1" 200 42 "-"

```
"Mozilla/5.0 (X11; Fedora; Linux x86_64) AppleWebKit/537.36 (KHTML,
like Gecko) Chrome/73.0.3683.86 Safari/537.36" 0.000804
[2019-07-17T06:24:22Z INFO actix_web::middleware::logger]
127.0.0.1:37424 "GET /foxes HTTP/1.1" 200 1416043 "-" "Mozilla/5.0
(X11; Fedora; Linux x86_64) AppleWebKit/537.36 (KHTML, like Gecko)
Chrome/73.0.3683.86 Safari/537.36" 0.010263
```

下面来分析原理从而更好地理解代码。

8.1.3 工作原理

actix-web（https://actix.rs）是一个通用的 Web 框架，它可以高效地提供静态文件（以及其他很多服务）。在这个技巧中，我们介绍了如何声明和注册请求处理器，另外介绍了提供响应的一些方法。在一个典型的 Web 框架中，实现这些任务有多种方法（声明处理器、创建响应），步骤 1～步骤 3 展示了使用 **actix-web** 实现这些任务的两种方法：

- 使用一个属性（#[get("/foxes")]）。
- 通过服务注册调用（.service(web::resource("/welcome").to(rust_cookbook))）。

无论我们采用什么方式将处理器与路由关联，每个处理器都会包装到一个工厂中，这个工厂会根据需要创建新的处理器实例，编译器错误指向 #[get(...)] 属性而不是实际函数时，就能很清楚地看到这一点。路径包括有类型的占位符，用于从路径将数据传递到处理器函数，下一个技巧（设计一个 RESTful API）中会详细介绍。

在步骤 3 中，我们还增加了记录用户代理、时间和 IP 地址的日志中间件，从而还能在服务器端查看请求。所有这些都使用 **actix-web** 方法串链完成，这样能很好地组织这些调用。对 **run()** 的调用会阻塞应用并启动 actix 主循环。

> 步骤 6 中的照片是 Rust All Hands 2019 讨论会期间在柏林的 Mozilla 办公室拍摄的。没错，那些是 Firefox 靠枕。

步骤 4 增加了要提供的一个非常基本的 **index.html** 文件，与之前一样，步骤 5 在 **Cargo.toml** 中声明了依赖项。

在最后一步中，我们会运行这个代码并显示了输出（包括浏览器输出和日志）。

我们已经了解了建立 Web 服务器的基础知识。既然已经知道了如何提供静态文件和图像以及解析的路径参数，现在来看下一个技巧。

8.2 设计 RESTful API

几乎一切都依赖 Web 资源，从单个页面的应用（通过 JavaScript 动态获取数据并用 HT-

ML 显示），到应用集成来提供一个特定服务，都少不了 Web 资源。Web 服务上的资源可以是任何内容，但通常会使用可读的 URI 表示，因此信息使用一个特定的路径传输，这个路径只接受它需要处理的必要信息。这就允许在内部适当地组织代码，并且在全局利用所有 **HTTP** 方法创建开发人员可以使用的一个表述性接口。RESTful API（https://www.codecademy.com/articles/what-is-rest）很理想地具有以上所有优点。

8.2.1 准备工作

下面使用 **cargo new api** 建立一个 Rust 二进制项目。由于我们要在本地端口 **8081** 提供服务，还要确保这个端口是可访问的。在这个新创建的项目文件夹中，我们需要另外一个文件夹 **static/**，可以在这里放置要提供的一个有意思的 **.jpg** 图像。另外，确保有一个命令行可用的程序，如 **curl**（https://curl.haxx.se/）。或者，Postman（https://www.getpostman.com/）工具可以通过一个图形界面完成同样的工作。

最后，用 VS Code 打开整个目录。

8.2.2 实现过程

下面通过几个步骤构建一个 API：

（1）打开 **src/main.rs** 为服务器和处理请求增加主要代码。下面一步一步完成，首先增加导入语句：

```
#[macro_use]
extern crate actix_web;

use actix_files as fs;
use actix_web::{ guard,
    http::header, http::Method, middleware, web, App, HttpRequest,
HttpResponse, HttpServer,
    Responder, Result,
};
use std::env;
use std::path::PathBuf;
```

（2）接下来，我们要定义一些处理器，它们会接受请求，并以某种方式使用这个数据。将下面的代码增加到 **main.rs**：

```
#[get("by-id/{id}")]
fn bookmark_by_id(id: web::Path<(i32)>) -> impl Responder {
```

```rust
        format!("{{ \"id\": {}, \"url\": \"https://blog.x5ff.xyz\" }}",
id)
}

fn echo_bookmark(req: HttpRequest) -> impl Responder {
    let id: i32 = req.match_info().query("id").parse().unwrap();
    format!("{:?}", id)
}

#[get("/captures/{tail:.*}")]
fn captures(req: HttpRequest) -> Result<fs::NamedFile> {
    let mut root = PathBuf::from("static/");
    let tail: PathBuf =
req.match_info().query("tail").parse().unwrap();
    root.push(tail);

    Ok(fs::NamedFile::open(root)?)
}

#[get("from-bitly/{bitlyid}")]
fn bit_ly(req: HttpRequest) -> HttpResponse {
    let bitly_id = req.match_info().get("bitlyid").unwrap();
    let url = req.url_for("bitly", &[bitly_id]).unwrap();
    HttpResponse::Found()
        .header(header::LOCATION, url.into_string())
        .finish()
        .into_body()
}

#[get("/")]
fn bookmarks_index() -> impl Responder {
    format!("Welcome to your quick and easy bookmarking service!")
}
```

（3）接下来，还要向 Web 服务器注册这些处理器。下面是 **main.rs** 中的 **main** 函数：

```rust
fn main() -> std::io::Result<()> {
    env::set_var("RUST_LOG", "actix_web=debug");
    env_logger::init();
    HttpServer::new(|| {
```

```
    App::new()
        .wrap(middleware::Logger::default())
        .service(
            web::scope("/api")
                .service(
                    web::scope("/bookmarks")
                        .service(captures)
                        .service(bookmark_by_id)
                        .service(bit_ly)
                        .service(web::resource("add/{id}")
                            .name("add")
                            .guard(guard::Any(guard::Put()))
                            .or(guard::Post()))
                            .to(echo_bookmark))
                ))
                .service(
                    web::scope("/bookmarks")
                        .service(bookmarks_index)
                )
                .external_resource("bitly", "https://bit.ly/{bitly}")
    })
    .bind("127.0.0.1:8081")?
    .run()
}
```

（4）最后，还要修改 **Cargo.toml** 来包含这些新的依赖项：

```
[dependencies]
actix-web = "1"
env_logger = "0.6"
actix-files = "0"
```

（5）现在我们可以构建这个应用并使用 **cargo run** 运行。下面来看使用 **curl** 或 Postman 是否能访问这些 API，应该能得到类似下面的日志输出：

```
$ cargo run
    Finished dev [unoptimized + debuginfo] target(s) in 0.09s
    Running 'target/debug/api'
[2019-07-17T15:38:14Z INFO actix_web::middleware::logger]
```

```
127.0.0.1:50426 "GET /bookmarks/ HTTP/1.1" 200 51 "-" "curl/7.64.0"
0.000655
[2019-07-17T15:40:07Z INFO actix_web::middleware::logger]
127.0.0.1:51386 "GET /api/bookmarks/by-id/10 HTTP/1.1" 200 44 "-"
"curl/7.64.0" 0.001103
[2019-07-17T15:40:41Z INFO actix_web::middleware::logger]
127.0.0.1:51676 "GET /api/bookmarks/from-bitly/2NOMT6Q HTTP/1.1"
302 0 "-" "curl/7.64.0" 0.007269
[2019-07-17T15:42:26Z INFO actix_web::middleware::logger]
127.0.0.1:52566 "PUT /api/bookmarks/add/10 HTTP/1.1" 200 2 "-"
"curl/7.64.0" 0.000704
[2019-07-17T15:42:33Z INFO actix_web::middleware::logger]
127.0.0.1:52626 "POST /api/bookmarks/add/10 HTTP/1.1" 200 2 "-"
"curl/7.64.0" 0.001098
[2019-07-17T15:42:39Z INFO actix_web::middleware::logger]
127.0.0.1:52678 "DELETE /api/bookmarks/add/10 HTTP/1.1" 404 0 "-"
"curl/7.64.0" 0.000630
[2019-07-17T15:43:30Z INFO actix_web::middleware::logger]
127.0.0.1:53094 "GET /api/bookmarks/captures/does-not-exist
HTTP/1.1" 404 38 "-" "curl/7.64.0" 0.003554
[2019-07-17T15:43:39Z INFO actix_web::middleware::logger]
127.0.0.1:53170 "GET /api/bookmarks/captures/foxes.jpg HTTP/1.1"
200 59072 "-" "curl/7.64.0" 0.013600
```

下面是 **curl** 请求，Postman 请求应该也很容易得到：

```
$ curl localhost:8081/bookmarks/
```
Welcome to your quick and easy bookmarking service!
```
$ curl localhost:8081/api/bookmarks/by-id/10
```
{ "id": 10, "url": "https://blog.x5ff.xyz" }
```
$ curl -v localhost:8081/api/bookmarks/from-bitly/2NOMT6Q
```
* Trying ::1...
* TCP_NODELAY set
* connect to ::1 port 8081 failed: Connection refused
* Trying 127.0.0.1...
* TCP_NODELAY set
* Connected to localhost (127.0.0.1) port 8081 (#0)

```
> GET /api/bookmarks/from-bitly/2NOMT6Q HTTP/1.1
> Host: localhost:8081
> User-Agent: curl/7.64.0
> Accept: */*
>
< HTTP/1.1 302 Found
< content-length: 0
< location: https://bit.ly/2NOMT6Q
< date: Wed, 17 Jul 2019 15:40:45 GMT
<
$ curl -X PUT localhost:8081/api/bookmarks/add/10
10
$ curl -X POST localhost:8081/api/bookmarks/add/10
10
$ curl -v -X DELETE localhost:8081/api/bookmarks/add/10
* Trying ::1...
* TCP_NODELAY set
* connect to ::1 port 8081 failed: Connection refused
* Trying 127.0.0.1...
* TCP_NODELAY set
* Connected to localhost (127.0.0.1) port 8081 (#0)
> DELETE /api/bookmarks/add/10 HTTP/1.1
> Host: localhost:8081
> User-Agent: curl/7.64.0
> Accept: */*
>
< HTTP/1.1 404 Not Found
< content-length: 0
< date: Wed, 17 Jul 2019 15:42:51 GMT
<
* Connection #0 to host localhost left intact
$ curl localhost:8081/api/bookmarks/captures/does-not/exist
No such file or directory (os error 2) 17:43:31
$ curl localhost:8081/api/bookmarks/captures/foxes.jpg
Warning: Binary output can mess up your terminal. Use "--output -"
to tell
```

Warning: curl to output it to your terminal anyway, or consider "--
output
Warning: <FILE>" to save to a file.

大功告成,不过有很多内容需要解释,下面来看这样为什么可行。

8.2.3 工作原理

设计好的 API 很难,需要充分掌握有哪些可能的做法,特别是对于新的框架和语言。已证实 **actix-web** 是一个有广泛用途的工具,可以有效地使用类型来得到绝妙的结果。步骤 1 通过导入一些类型和 trait 设置了 **actix-web**。

步骤 2 和步骤 3 中,开始变得更有趣了。在这里,我们利用 **actix-web** 允许的几乎所有方式定义了多个处理器,包括使用属性(它将函数包装在工厂中,在底层都是异步 actor;参见第 4 章"无畏并发"中的"使用 actor 处理异步消息"技巧),或者由 **web::resource( )** 类型来实现。无论哪一种方式,每个处理器函数都有一个关联的路由,会并行地调用。这些路由还包含参数(可以使用 {} 语法指定,这也允许正则表达式(如包含"{tail:.*}" 的路由,这个简写表示接受 tail 键之下这个路径的其余部分)。

不要让用户像我们这样直接访问文件系统上的文件。从很多方面来讲,这都不是一个好主意,但最重要的是,它提供了一种方法来执行文件系统中的几乎任何文件。更好的方法是提供一个摘要文件白名单,例如,使用 Base64(https://developer.mozilla.org/en-US/docs/Web/API/WindowBase64/Base64_encoding_and_decoding)编码的文件,并且使用一个独立的密钥:例如 UUID(https://tools.ietf.org/html/rfc4122)。

如果一个函数提供了一个 **Path<T>** 类型的输入参数,那么 **T** 就是相应路径变量中要检查的类型。因此,如果函数首部要求得到 **i32**,任何人试图传入字符串时,请求都会失败。你可以用 **bookmarks/by-id/{id}** 路径来自己验证。作为 **Path<T>** 的一个候选,还可以接收整个 **HttpRequest**(https://docs.rs/actix-web/1.0.3/actix_web/struct.HttpRequest.html)作为一个参数,并用 **.query( )** 函数提取必要的信息。**echo_bookmark** 和 **bit_ly** 函数展示了如何使用这些 **HttpRequest**。

响应也类似。**actix-web** 提供了一个 **Responder** trait,这是为标准类型实现的,比如 **String**(以及目前看到的正确的响应内容类型),使得处理器更有可读性。另外,通过返回 **HttpResponse** 类型,能更细粒度地控制所提供的返回。另外,还有一些结果和类似的类型,它们可以自动转换为适当的响应,不过我们不打算介绍这些内容,这超出了本书的范围。可以查看 **actix-web** 文档来了解更多信息。

属性的一个缺点是一个函数只能有一个属性,如何为两个不同的 HTTP 方法重用一个函数? echo_bookmark 注册为只对 PUT 和 POST 方法响应输入 ID,但在 DELETE、HEAD、GET 等方法上不响应。这要由卫哨完成,只有当满足条件时它才会转发请求。可以查看文档来了解更多信息(https://docs.rs/actix-web/1.0.3/actix_web/guard/index.html)。

步骤 4 显示了对 **Cargo.toml** 的修改,从而能正常工作,在步骤 5 中,我们开始尝试 Web 服务。如果你花些时间观察 **curl** 响应,会看到我们得到了预期的结果。而且,**curl** 默认不会重定向,因此会得到 HTTP 响应码 **302**,而且 location 首部指示了我要去的位置。这个重定向由 **actix-web** 的一个外部资源提供,在这些情况下这非常有用。

我们已经更多地了解了用 **actix-web** 设计 API,现在来看下一个技巧。

8.3 处理 JSON 有效负载

学习了如何创建 API 之后,我们还需要来回传递数据。虽然路径提供了这样一种方法,但如果内容稍微复杂一点(例如,一个很长的对象列表),很快就会暴露出这些方法的局限性。正因如此,通常使用其他格式来建立数据的结构。JSON(http://json.org/)是实现 Web 服务最流行的格式。在这一章中,我们将使用之前的 API,并通过处理和返回 JSON 来增强这个 API。

8.3.1 准备工作

下面使用 **cargo new json-handling** 创建一个 Rust 二进制项目。由于我们要在本地端口 **8081** 提供服务,还要确保这个端口是可访问的。另外,需要一个类似 **curl** 或 Postman 的程序测试这个 Web 服务。

最后,用 VS Code 打开整个目录。

8.3.2 实现过程

完成以下步骤来实现这个技巧:
(1) 在 **src/main.rs** 中,首先要增加导入语句:

```
#[macro_use]
extern crate actix_web;

use actix_web::{
    guard, http::Method, middleware, web, App, HttpResponse,
HttpServer,
```

```rust
};
use serde_derive::{Deserialize, Serialize};
use std::env;
```

（2）接下来，创建一些处理器函数和一个可串行化的 JSON 类型。为 **src/main.rs** 增加以下代码：

```rust
#[derive(Debug, Clone, Serialize, Deserialize)]
struct Bookmark {
    id: i32,
    url: String,
}
#[get("by-id/{id}")]
fn bookmarks_by_id(id: web::Path<(i32)>) -> HttpResponse {
    let bookmark = Bookmark {
        id: *id,
        url: "https://blog.x5ff.xyz".into(),
    };
    HttpResponse::Ok().json(bookmark)
}

fn echo_bookmark(bookmark: web::Json<Bookmark>) -> HttpResponse {
    HttpResponse::Ok().json(bookmark.clone())
}
```

（3）最后，我们要在 **main** 函数中向 Web 服务器注册这些处理器：

```rust
fn main() -> std::io::Result<()> {
    env::set_var("RUST_LOG", "actix_web=debug");
    env_logger::init();
    HttpServer::new(|| {
        App::new().wrap(middleware::Logger::default()).service(
            web::scope("/api").service(
                web::scope("/bookmarks")
                    .service(bookmarks_by_id)
                    .service(
                        web::resource("add/{id}")
                            .name("add")
                            .guard(guard::Any(guard::Put()).
```

第 8 章 Web 安全编程

```
                    or(guard::Post()))
                        .to(echo_bookmark),
                )
                    .default_service(web::route().method
                        (Method::GET)),
            ),
        )
    }))
    .bind("127.0.0.1:8081")?
    .run()
}
```

(4) 还需要在 **Cargo.toml** 中指定依赖项。将现有内容替换为以下依赖项：

```
[dependencies]
actix-web = "1"
serde = "1"
serde_derive = "1"
env_logger = "0.6"
```

(5) 然后，可以运行 **cargo run**，并从一个不同的终端用 **curl** 发出请求，来看是否能正常工作。命令和响应应该如下所示：

```
$ curl -d "{\"id\":10,\"url\":\"https://blog.x5ff.xyz\"}"
localhost:8081/api/bookmarks/add/10
Content type error
$ curl -d "{\"id\":10,\"url\":\"https://blog.x5ff.xyz\"}" -H
"Content-Type: application/json"
localhost:8081/api/bookmarks/add/10
{"id":10,"url":"https://blog.x5ff.xyz"}
$ curl localhost:8081/api/bookmarks/by-id/1
{"id":1,"url":"https://blog.x5ff.xyz"}
```

同时，**cargo run** 的日志输出会显示服务器端的请求：

```
$ cargo run
    Finished dev [unoptimized + debuginfo] target(s) in 0.08s
     Running 'target/debug/json-handling'
[2019-07-13T17:06:22Z INFO actix_web::middleware::logger]
127.0.0.1:48880 "POST /api/bookmarks/add/10 HTTP/1.1" 400 63 "-"
```

```
"curl/7.64.0" 0.001955
[2019-07-13T17:06:51Z INFO actix_web::middleware::logger]
127.0.0.1:49124 "POST /api/bookmarks/add/10 HTTP/1.1" 200 39 "-"
"curl/7.64.0" 0.001290
[2019-07-18T06:34:18Z INFO actix_web::middleware::logger]
127.0.0.1:54900 "GET /api/bookmarks/by-id/1 HTTP/1.1" 200 39 "-"
"curl/7.64.0" 0.001636
```

很容易也很快捷，对不对？下面来看这是如何工作的。

8.3.3 工作原理

向一个 **actix-web** Web 服务增加 JSON 处理很容易，这要归功于紧密集成了流行的 **serde** crate（https://crates.io/crates/serde）。在步骤 1 增加一些导入之后，我们在步骤 2 中将一个 **Bookmark** 结构体声明为 **Serialize** 和 **Deserialize**，使 **serde** 能够为这个数据类型生成和解析 JSON。

处理器函数中的变化也很小，因为返回和接收 JSON 是一个相当常见的任务。要随响应返回 JSON 有效负载，所需的函数要关联到 **HttpResponse** 工厂方法，这个工厂方法会完成所有工作，包括设置适当的内容类型。在接收部分，有一个 **web::Json<T>** 类型负责反串行化和检查转发到请求处理器中的内容。在这里，我们也可以依赖框架来完成大部分繁重的工作。

步骤 3 中处理器的注册与以前的技巧并没有不同；JSON 输入只在处理器函数中声明。在 **actix-web** 文档中还提供了更多不同方法（https://actix.rs/docs/request/#json-request）及相关的例子（https://github.com/actix/examples/tree/master/json）。类似地，步骤 4 包含了所需的依赖项（其他技巧中也同样用到这些依赖项）。

在步骤 5 中，我们运行了整个项目，查看它是如何工作的：如果传递 JSON，输入 **content-type** 首部必须设置为适当的 mime 类型（**application/json**），返回值也要设置这个首部（以及 **content-length** 首部），以便浏览器或其他程序轻松地处理结果。

下面来看下一个技巧。

8.4 Web 错误处理

由于 Web 服务的多个层次，即使没有安全需求，错误处理也会很棘手：通信内容是什么以及何时通信？错误应该在最后一分钟处理还是要更早处理？如果出现级联怎么办？在这个技巧中，我们会介绍 **actix-web** 中的一些选项，它们可以妥善地完成这个任务。

8.4.1 准备工作

下面使用 **cargo new web-errors** 创建一个 Rust 二进制项目。由于我们要在本地端口 **8081** 提供服务，还要确保这个端口是可访问的。另外，需要一个类似 **curl** 或 Postman 的程序测试这个 Web 服务。

最后，用 VS Code 打开整个目录。

8.4.2 实现过程

只需要几个步骤就可以了解使用 **actix-web** 的错误处理：

（1）在 **src/main.rs** 中，要增加一些基本的导入：

```
#[macro_use]
extern crate actix_web;
use failure::Fail;

use actix_web::::{ http, middleware, web, App, HttpResponse,
HttpServer, error
};
use serde_derive::{Deserialize, Serialize};
use std::env;
```

（2）下一步，我们要定义错误类型，并增加属性使这些类型为框架所知：

```
#[derive(Fail, Debug)]
enum WebError {
    #[fail(display = "Invalid id '{}'", id)]
    InvalidIdError{ id: i32 },
    #[fail(display = "Invalid request, please try again later")]
    RandomInternalError,
}

impl error::ResponseError for WebError {
    fn error_response(&self) ->HttpResponse {
        match *self {
            WebError::InvalidIdError { .. } =>
HttpResponse::new(http::StatusCode::BAD_REQUEST),
            WebError::RandomInternalError =>
HttpResponse::new(http::StatusCode::INTERNAL_SERVER_ERROR)
```

        }
    }
}

(3)然后,为 **src/main.rs** 增加处理器函数,并在 **main()** 中注册:

```rust
#[derive(Debug, Clone, Serialize, Deserialize)]
struct Bookmark {
    id: i32,
    url: String,
}

#[get("by-id/{id}")]
fn bookmarks_by_id(id: web::Path<(i32)>) -> Result<HttpResponse, WebError> {
    if *id < 10 {
        Ok(HttpResponse::Ok().json(Bookmark {
            id: *id,
            url: "https://blog.x5ff.xyz".into(),
        }))
    }
    else {
        Err(WebError::InvalidIdError { id: *id })
    }
}

fn main() -> std::io::Result<()> {
    env::set_var("RUST_LOG", "actix_web=debug");
    env_logger::init();
    HttpServer::new(|| {
        App::new()
            .wrap(middleware::Logger::default())
            .service(
                web::scope("/bookmarks")
                    .service(bookmarks_by_id)
            )
            .route(
                "/underconstruction",
```

```
            web::get().to(|| Result::<HttpResponse,
            WebError>::Err(WebError::RandomInternalError)),
        )
    })
    .bind("127.0.0.1:8081")?
    .run()
}
```

(4) 要导入依赖库,还必须调整 **Cargo.toml**:

```
[dependencies]
actix-web = "1"
serde = "1"
serde_derive = "1"
env_logger = "0.6"
failure = "0"
```

(5) 在这个技巧的最后,将结合使用 **cargo run** 和 **curl** 来看是否一切正常。下面是处理请求之后的服务器输出:

```
$ cargo run
    Compiling web-errors v0.1.0 (Rust-Cookbook/Chapter08/web-errors)
     Finished dev [unoptimized + debuginfo] target(s) in 7.74s
      Running 'target/debug/web-errors'
[2019-07-19T17:33:43Z INFO actix_web::middleware::logger]
127.0.0.1:46316 "GET /bookmarks/by-id/1 HTTP/1.1" 200 38 "-"
"curl/7.64.0" 0.001529
[2019-07-19T17:33:47Z INFO actix_web::middleware::logger]
127.0.0.1:46352 "GET /bookmarks/by-id/100 HTTP/1.1" 400 16 "-"
"curl/7.64.0" 0.000952
[2019-07-19T17:33:54Z INFO actix_web::middleware::logger]
127.0.0.1:46412 "GET /underconstruction HTTP/1.1" 500 39 "-"
"curl/7.64.0" 0.000275
```

下面是使用 **curl** 详细模式时看到的请求:

```
$ curl -v localhost:8081/bookmarks/by-id/1
* Trying ::1...
* TCP_NODELAY set
* connect to ::1 port 8081 failed: Connection refused
```

```
* Trying 127.0.0.1...
* TCP_NODELAY set
* Connected to localhost (127.0.0.1) port 8081 (#0)
> GET /bookmarks/by-id/1 HTTP/1.1
> Host: localhost:8081
> User-Agent: curl/7.64.0
> Accept: */*
>
< HTTP/1.1 200 OK
< content-length: 38
< content-type: application/json
< date: Fri, 19 Jul 2019 17:33:43 GMT
<
* Connection #0 to host localhost left intact
{"id":1,"url":"https://blog.x5ff.xyz"}
```

如果请求错误的 ID，也会返回一个适当的 HTTP 状态码：

```
$ curl -v localhost:8081/bookmarks/by-id/100
* Trying ::1...
* TCP_NODELAY set
* connect to ::1 port 8081 failed: Connection refused
* Trying 127.0.0.1...
* TCP_NODELAY set
* Connected to localhost (127.0.0.1) port 8081 (#0)
> GET /bookmarks/by-id/100 HTTP/1.1
> Host: localhost:8081
> User-Agent: curl/7.64.0
> Accept: */*
>
< HTTP/1.1 400 Bad Request
< content-length: 16
< content-type: text/plain
< date: Fri, 19 Jul 2019 17:33:47 GMT
<
* Connection #0 to host localhost left intact
Invalid id '100'
```

不出所料，请求 /underconstruction 会得到一个 HTTP 500 错误（内部服务器错误）：

```
$ curl -v localhost:8081/underconstruction
* Trying ::1...
* TCP_NODELAY set
* connect to ::1 port 8081 failed: Connection refused
* Trying 127.0.0.1...
* TCP_NODELAY set
* Connected to localhost (127.0.0.1) port 8081 (#0)
> GET /underconstruction HTTP/1.1
> Host: localhost:8081
> User-Agent: curl/7.64.0
> Accept: */*
>
< HTTP/1.1 500 Internal Server Error
< content-length: 39
< content-type: text/plain
< date: Fri, 19 Jul 2019 17:33:54 GMT
<
* Connection #0 to host localhost left intact
Invalid request, please try again later
```

它能很好地工作，下面来看这是如何做到的。

8.4.3　工作原理

actix-web 使用一个 error trait 将 Rust 错误转换为 **HttpResponse**。会为一系列默认错误自动实现这个 trait，但只会响应默认的内部服务器错误（*Internal Server Error*）消息。

步骤 1 和步骤 2 中，我们建立了自定义错误，从而可以返回更特定的消息，指出用户当前正在做（或者试图做）的工作。与其他错误（见"第 5 章　处理错误和其他结果"）一样，我们使用枚举提供一个分支结构来匹配各个错误变体。每个变体都增加了一个属性，用一个格式化字符串提供相应的错误消息，这是 **failure** crate（https://crates.io/crates/failure）提供的一个功能。这里的消息是对应响应码 500 的后备消息（默认值）。这个 HTTP 响应码以及错误主体（如 HTML 页面）可以通过实现 **actix_web::error::ResponseError** trait 来定制。不论使用 **error_response()** 函数提供哪个 **HttpResponse**，都将返回给客户端。

 如果你自己调用这个函数，不会附加 #[fail(display="...")] 消息。总是应该使用 Rust 的 **Result** enum 向 **actix_web** 传递错误。

步骤 3 定义 Web 服务的处理器函数，由于它使用一个 JSON 响应，所以还定义了一个用于串行化信息的结构体。在这个例子中，我们还使用了任意的数字 10 作为分界点来返回错误（这里使用了 Rust **Result** enum）。这提供了一种与框架无关的方式处理不正确的结果，就像处理普通的 Rust 代码一样。通过第二个路由 **/underconstruction** 可以了解如何实现 **actix-web** 路由：即实现为一个闭包。因为这会立即返回一个错误，我们必须显式地告诉编译器返回类型，这是一个 **Result** enum（可以是 **HttpResponse** 或 **WebError**）。然后直接返回了后者。步骤 4 显示了必要的依赖项，并指出必须包括 failure crate。在最后一步，我们要运行代码，通过发出 **curl** 请求和检查服务器端的日志来完成测试。并不太复杂，对不对？如果你想更深入地了解，还可以查看 **actix-web** 文档（https://actix.rs/docs/errors/）。

现在来看下一个技巧。

8.5　呈现 HTML 模板

虽然 JSON 是一种人可读而且很易于使用的格式，但很多人还是希望有更好的交互性（比如网站）。虽然这不是 **actix-web** 的原生特性，不过确实有一些模板引擎提供了无缝集成，可以尽可能减少组装和输出 HTML 所需的调用。与只是提供静态网站相比，主要区别在于：模板引擎会在一个增强的 HTML 页面中呈现可变的输出和 Rust 代码，来生成适应应用状态的内容。在这个技巧中，我们要介绍"另一个 Rust 模板引擎"（**Yet Another Rust Template Engine，Yarte**）（https://crates.io/crates/yarte），以及它与 **actix-web** 的集成。

8.5.1　准备工作

使用 **cargo new html-templates** 创建一个 Rust 二进制项目，并确保可以从主机访问端口 **8081**。创建项目目录之后，必须创建一些额外的文件夹和文件。static 目录中的图像文件可以是任何图像，只要它有一个 base64 编码的版本（可以作为一个文本文件）。可以使用一个在线服务或者 Base64 二进制库（Linux 上的 Base64 可以参见 https://linux.die.net/man/1/base64）来创建你自己的图像（必须相应地改变代码中的图像名），或者使用我们在存储库中提供的图像。这个技巧中将填充（创建）**.hbs** 文件：

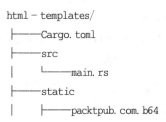

```
│       ├──packtpub.com.png
│       ├──placeholder.b64
│       ├──placeholder.png
│       ├──x5ff.xyz.b64
│       └──x5ff.xyz.png
└──templates
        ├──index.hbs
        └──partials
                └──bookmark.hbs
```

最后，用 VS Code 打开整个目录。

8.5.2 实现过程

通过以下步骤创建模板化 Web 页面：

(1) 首先，为 **src/main.rs** 增加一些代码。将默认代码段替换为以下代码（注意：这里缩写了 **PLACEHOLDER_IMG** 中的 Base64 编码字符串。完整的 Base64 编码图像见 https://blog.x5ff.xyz/other/placeholder.b64）：

```
#[macro_use]
extern crate actix_web;

use actix_web::{middleware, web, App, HttpServer, Responder};
use chrono::prelude::*;
use std::env;
use yarte::Template;

const PLACEHOLDER_IMG: &str =
    "iVBORw0KGgoAAAANS[...]s1NR+4AAAAASUVORK5CYII=";

#[derive(Template)]
#[template(path = "index.hbs")]
struct IndexViewModel {
    user: String,
    bookmarks: Vec<BookmarkViewModel>,
}

#[derive(Debug, Clone)]
struct BookmarkViewModel {
```

```
    timestamp: Date<Utc>,
    url: String,
    mime: String,
    base64_image: String,
}
```

调整 **src/main.rs** 后,为 **Cargo.toml** 增加以下必要的依赖项:

```
[dependencies]
actix-web = "1"
serde = "1"
serde_derive = "1"
env_logger = "0.6"
base64 = "0.10.1"
yarte = {version = "0", features = ["with-actix-web"]}
chrono = "0.4"
```

(2) 声明模板后,还需要注册一个处理器来提供服务:

```
#[get("/{name}")]
pub fn index(name: web::Path<(String)>) -> impl Responder {
    let user_name = name.as_str().into();
```

首先为已识别的用户增加书签数据:

```
    if &user_name == "Claus" {
        IndexViewModel {
            user: user_name,
            bookmarks: vec![
                BookmarkViewModel {
                    timestamp: Utc.ymd(2019, 7, 20),
                    url: "https://blog.x5ff.xyz".into(),
                    mime: "image/png".into(),
                    base64_image: std::fs::read_to_string
                        ("static/x5ff.xyz.b64")
                            .unwrap_or(PLACEHOLDER_IMG.into()),
                },
                BookmarkViewModel {
                    timestamp: Utc.ymd(2017, 9, 1),
                    url: "https://microsoft.com".into(),
```

```
                mime: "image/png".into(),
                base64_image: std::fs::read_to_string
                ("static/microsoft.com.b64")
                    .unwrap_or(PLACEHOLDER_IMG.into()),
            },
            BookmarkViewModel {
                timestamp: Utc.ymd(2019, 2, 2),
                url: "https://www.packtpub.com/".into(),
                mime: "image/png".into(),
                base64_image: std::fs::read_to_string
                ("static/packtpub.com.b64")
                    .unwrap_or(PLACEHOLDER_IMG.into()),
            },
        ],
    }
```

对于其他人（未识别的用户），只返回一个空向量：

```
} else {
    IndexViewModel {
        user: user_name,
        bookmarks: vec![],
    }
}
```

最后，在 **main** 函数中启动服务器：

```
fn main() -> std::io::Result<()> {
    env::set_var("RUST_LOG", "actix_web=debug");
    env_logger::init();
    HttpServer::new(|| {
        App::new()
            .wrap(middleware::Logger::default())
            .service(web::scope("/bookmarks").service(index))
    })
    .bind("127.0.0.1:8081")?
    .run()
}
```

(3) 代码已经准备好了，不过我们还缺少模板。为此要在 **.hbs** 文件增加一些内容。首先，下面为 **templates/index.hbs** 增加代码：

```html
<!DOCTYPE html>
<html>
<head>
    <meta charset="UTF-8">
    <link href="https://stackpath.bootstrapcdn.com/bootstrap/4.3.1/css/bootstrap.min.css" rel="stylesheet" integrity="sha384-ggOyR0iXCbMQv3Xipma34MD+dH/1fQ784/j6cY/iJTQUOhcWr7x9JvoRxT2MZw1T" crossorigin="anonymous">
    <meta name="viewport" content="width=device-width, initialscale=1, shrink-to-fit=no">
</head>
```

在首部后面，需要一个 HTML 体标记数据：

```html
<body>
    <div class="container">
        <div class="row">
            <div class="col-lg-12 pb-3">
                <h1>Welcome {{ user }}.</h1>
                <h2 class="text-muted">Your bookmarks:</h2>
            </div>
        </div>

        {{#if bookmarks.is_empty() }}
        <div class="row">
            <div class="col-lg-12">
                No bookmarks :(
            </div>
        </div>
        {{~/if}}
        {{#each bookmarks}}
            <div class="row {{# if index % 2 == 1 }} bg-light textdark {{/if }} mt-2 mb-2">
                {{> partials/bookmark }}
```

```
            </div>
        {{~/each}}
    </div>
</body>
</html>
```

(4) 在最后这个模板中我们要调用一个 partial，下面还要为它增加一些代码。打开 templates/partials/bookmark.hbs 并插入以下代码：

```
<div class="col-lg-2">
    <img class="rounded img-fluid p-1" src="data:{{ mime }};base64,
    {{ base64_image }}"></div>
<div class="col-lg-10">
    <a href="{{ url }}">
        <h3>{{ url.replace("https://", "") }}</h3>
    </a>
    <i class="text-muted">Added {{ timestamp.format("%Y-%m-
    %d").to_string() }}</i>
</div>
```

(5) 可以试试了！使用 **cargo run** 启动服务器日志输出，并打开一个浏览器窗口访问 **localhost:8081/bookmarks/Hans** 和 **localhost:8081/bookmarks/Claus**，来看是否能正常工作。下面是打开浏览器窗口访问这些 URL 之后 **cargo run** 显示的输出：

```
$ cargo run
    Compiling html-templates v0.1.0 (Rust-Cookbook/Chapter08/htmltemplates)
    Finished dev [unoptimized + debuginfo] target(s) in 2m 38s
    Running 'target/debug/html-templates'
[2019-07-20T16:36:06Z INFO actix_web::middleware::logger]
127.0.0.1:50060 "GET /bookmarks/Claus HTTP/1.1" 200 425706 "-"
"Mozilla/5.0 (X11; Fedora; Linux x86_64) AppleWebKit/537.36 (KHTML,
like Gecko) Chrome/73.0.3683.86 Safari/537.36" 0.013246
[2019-07-20T16:37:34Z INFO actix_web::middleware::logger]
127.0.0.1:50798 "GET /bookmarks/Hans HTTP/1.1" 200 821 "-"
"Mozilla/5.0 (X11; Fedora; Linux x86_64) AppleWebKit/537.36 (KHTML,
like Gecko) Chrome/73.0.3683.86 Safari/537.36" 0.000730
```

图 8-5 是对未识别用户提供的结果。

对于已识别的用户，系统会返回适当的内容，如图 8-6 所示。

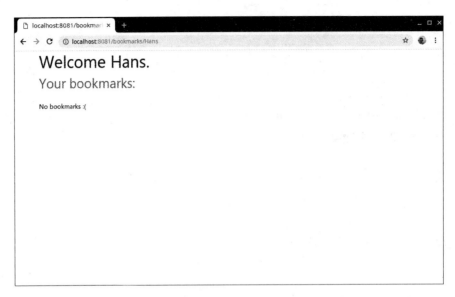

图 8-5 对未识别用户提供的结果

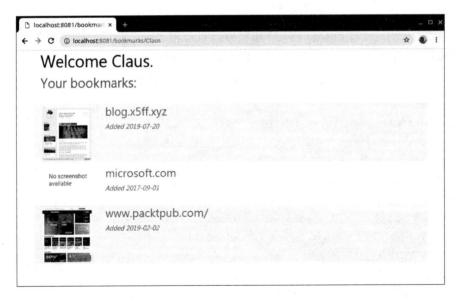

图 8-6 返回内容

下面来看这是怎么做的。

8.5.3 工作原理

在很多语言中,创建模板引擎有点类似于入门教程,这可能就是 Yarte 这个名字的由来。可供选择的引擎有很多,**actix-web** 还提供了另外 3 个引擎的示例,建议在其 GitHub 存储库中查阅这些例子 (https://github.com/actix/examples)。这个技巧的步骤 1 包括一些重要的工作:导入依赖库并声明视图模型(与 MVVM 模式中类似:https://blogs.msdn.microsoft.com/ms-gulfcommunity/2013/03/13/understanding-the-basics-of-mvvm-design-pattern/)。Yarte 提供了宏属性,可以将特定模型与一个模板文件关联起来,它会自动查找 **templates** 文件夹。如果这不适用于你的项目,还允许你相应地配置框架。更多信息请访问他们的网站(https://yarte.netlify.com/)。我们使用了一个嵌套模型,其中内层结构体不需要自己的相关模板。

在步骤 2 中,我们在 **/bookmarks** 作用域和 **/{name}** 路径下注册处理器函数,这会指向这个 URL:**/bookmarks/{name}**。**actix-web** 在检查路由方面很严格,所以 **/bookmarks/{name}/** 会返回一个错误(404)。处理器函数会为名字 Claus 返回一个很小的书签列表,对于任何其他人都不会返回结果,在更真实的场景中,这个列表可能来自数据库。不过,我们使用的是一个硬编码的版本,而且我们增加了日志记录器中间件,从而能看到发生了什么。我们还为占位图像使用了一个常量,可以从 https://blog.x5ff.xyz/other/placeholder.b64 下载这个图像。

步骤 3 中定义的模板体现了不同引擎之间的主要区别。使用众所周知的 { { rust-code } } 表示法,我们可以增强常规 HTML 来生成更复杂的输出。可以有各种循环、条件、变量和部分(partials)。partial 很重要,因为这允许我们将视图部分拆分为可重用的组件,这些组件甚至不必是 HTML/Yarte 模板,它可以是任何文本。

编译过程将提取这些模板,将它们与我们先前声明的类型组合在一起,这会有一个重要的结果。目前,如果要更改模板,需要重新编译 **main.rs** 文件以反映变更,所以建议使用 touch 或类似的方式设置 **src/main.rs** 的修改日期。在此之后,**cargo** 就会表现得像是 **src/main.rs** 做了更改一样。

步骤 4 实现了显示每个书签的部分(partial),类似于步骤 3 中的索引模板。步骤 5 中运行并查看结果:这是一个简单的网站,识别出用户(read:有与用户名关联的数据)以及用户未能识别时,会显示相关的书签列表。这里使用流行的 Bootstrap CSS 框架(https://getbootstrap.com)实现了最小设计。

现在来看下一个技巧。

8.6 使用 ORM 将数据保存到数据库

对于对象-关系映射器,人们的看法有很大变化:当初强烈建议 SQL 数据库存储全世界所有数据时要使用对象-关系映射器,但真正面对全世界的数据时,它们很快就失宠了。通常,这些框架要在易用性、语言集成和可伸缩性之间进行权衡。虽然查询 TB 级的数据确实需要完全不同的方法,但是简单的 CRUD 类型的业务应用可以很好地利用框架,这些框架会为你完成繁重的工作,最重要的是,在某种程度上它们并不依赖所连接的具体数据库。在这方面 Rust 的宏会很有帮助,它们允许 ORM 框架主要在编译时完成这些工作,因此它能做到内存安全和类型安全,而且速度很快。下面来看这是如何做到的。

8.6.1 准备工作

使用 **cargo new orm** 创建一个 Rust 二进制项目,并确保可以从主机访问端口 **8081**。为了访问这些服务,要有一个类似 **curl** 或 Postman 的程序执行 **POST**、**GET** 和更多类型的 Web 请求,另外要有一个程序创建和管理 SQLite(https://www.sqlite.org/index.html) 数据库(例如,sqlitebrowser:https://github.com/sqlitebrowser/sqlitebrowser)。

使用一个 SQLite 数据库管理程序,在文件夹 **db** 中创建一个新数据库 **bookmarks.sqlite**。然后遵循以下模式创建一个表:

CREATE TABLE bookmarks(id TEXT PRIMARY KEY, url TEXT);

接下来,我们将在项目中使用 **libsqlite3** 库和头文件。在 Linux、WSL 和 macOS 上,可以从软件包存储库安装适当的包。在 Ubuntu 和 WSL 上,你可以使用类似 **apt-get install libsqlite3-dev** 的命令。对于其他发行版和 macOS,请使用你喜欢的包管理器来安装 **libsqlite3** 及其头文件。

Windows 10 用户可能必须从 https://www.sqlite.org/download.html 下载 **dll** 二进制文件,把它们放在项目目录中。不过,强烈建议使用 Linux/macOS。

最后,用 VS Code 打开整个目录。

8.6.2 实现过程

只需要几个步骤就可以运行数据库查询:

(1) 在 src/main.rs 中,我们要增加一些基本导入:

#[macro_use]
extern crate diesel;
mod models;
mod schema;

use actix_web::{middleware, web, App, Error, HttpResponse,

```rust
HttpServer};

use std::env;

use diesel::prelude::*;
use diesel::sqlite::SqliteConnection;
use futures::Future;
use models::{Bookmark, NewBookmark};
use serde_derive::{Deserialize, Serialize};
```

(2) 下面在 **main.rs** 中创建另外一些辅助类型，另外为连接字符串创建一个常量：

```rust
//Helpers
const SQLITE_DB_URL: &str = "db/bookmarks.sqlite";

#[derive(Debug, Serialize, Deserialize)]
struct WebBookmark {
    url: String,
}

fn connect(db_url: &str) ->SqliteConnection {
    SqliteConnection::establish(&SQLITE_DB_URL)
        .expect(&format!("Error connecting to {}", db_url))
}
```

(3) 我们还需要一些处理器，所以在这个文件中增加处理器，首先要按 ID 检索书签：

```rust
//Handlers
fn bookmarks_by_id(req_id: web::Path<(String)>) ->impl
Future<Item = HttpResponse, Error = Error> {
    web::block(move || {
        use self::schema::bookmarks::dsl::*;

        let conn = connect(&SQLITE_DB_URL);
        bookmarks
            .filter(id.eq(req_id.as_str()))
            .limit(1)
            .load::<Bookmark>(&conn)
    })
    .then(|res| match res {
        Ok(obj) =>Ok(HttpResponse::Ok().json(obj)),
```

```rust
        Err(_) => Ok(HttpResponse::InternalServerError().into()),
    })
}
```

为了找出所有 ID，我们还想要一个处理器返回所有书签：

```rust
fn all_bookmarks() -> impl Future<Item = HttpResponse, Error = Error> {
    web::block(move || {
        use self::schema::bookmarks::dsl::*;
        let conn = connect(&SQLITE_DB_URL);
        bookmarks.load::<Bookmark>(&conn)
    })
    .then(|res| match res {
        Ok(obj) => Ok(HttpResponse::Ok().json(obj)),
        Err(_) => Ok(HttpResponse::InternalServerError().into()),
    })
}
```

下面来看是否能增加一些书签：

```rust
fn bookmarks_add(
    bookmark: web::Json<WebBookmark>,
) -> impl Future<Item = HttpResponse, Error = Error> {
    web::block(move || {
        use self::schema::bookmarks::dsl::*;

        let conn = connect(&SQLITE_DB_URL);
        let new_id = format!("{}", uuid::Uuid::new_v4());
        let new_bookmark = NewBookmark {
            id: &new_id,
            url: &bookmark.url,
        };
        diesel::insert_into(bookmarks)
            .values(&new_bookmark)
            .execute(&conn)
            .map(|_| new_id)
    })
    .then(|res| match res {
```

```rust
        Ok(obj) => Ok(HttpResponse::Ok().json(obj)),
        Err(_) => Ok(HttpResponse::InternalServerError().into()),
    })
}
```

CRUD 几乎已经全了，还差一个 **delete** 函数：

```rust
fn bookmarks_delete(
    req_id: web::Path<(String)>,
) -> impl Future<Item = HttpResponse, Error = Error> {
    web::block(move || {
        use self::schema::bookmarks::dsl::*;

        let conn = connect(&SQLITE_DB_URL);
        diesel::delete(bookmarks.filter(id.eq(req_id.as_str())))
            .execute(&conn)
    })
    .then(|res| match res {
        Ok(obj) => Ok(HttpResponse::Ok().json(obj)),
        Err(_) => Ok(HttpResponse::InternalServerError().into()),
    })
}
```

最后，在 **main** 函数中把所有这些汇总在一起，这里会启动服务器并关联这些处理器：

```rust
fn main() -> std::io::Result<()> {
    env::set_var("RUST_LOG", "actix_web=debug");
    env_logger::init();
    HttpServer::new(move || {
        App::new().wrap(middleware::Logger::default()).service(
            web::scope("/api").service(
                web::scope("/bookmarks")
                    .service(web::resource("/all").route(web::get()
                        .to_async(all_bookmarks)))
                    .service(
                        web::resource("by-id/{id}").route(web
                            ::get().to_async(bookmarks_by_id)),
                    )
                    .service(
```

```
                web::resource("/")
                    .data(web::JsonConfig::default())
                    .route(web::post().to_async
                    (bookmarks_add)),
            )
            .service(
                web::resource("byid/{
                id}").route(web::delete()
                .to_async(bookmarks_delete)),
            ),
        ),
    })
    .bind("127.0.0.1:8081")?
    .run()
}
```

（4）那么，模型在哪里？它们在自己单独的文件中，即 **src/models.rs**。创建这个文件，并增加以下内容：

```
use crate::schema::bookmarks;
use serde_derive::Serialize;

#[derive(Debug, Clone, Insertable)]
#[table_name = "bookmarks"]
pub struct NewBookmark<'a> {
    pub id: &'a str,
    pub url: &'a str,
}

#[derive(Serialize, Queryable)]
pub struct Bookmark {
    pub id: String,
    pub url: String,
}
```

（5）还没有创建我们导入的另一个文件：**src/schema.rs**。下面创建这个文件，并增加以下代码：

```
table! {
    bookmarks (id) {
        id -> Text,
        url -> Text,
    }
}
```

(6) 与前面一样,为了下载依赖库,需要调整 **Cargo.toml**:

```
[dependencies]
actix-web = "1"
serde = "1"
serde_derive = "1"
env_logger = "0.6"
diesel = {version = "1.4", features = ["sqlite"]}
uuid = { version = "0.7", features = ["serde", "v4"] }
futures = "0.1"
```

(7) 这样就准备就绪了,可以用 **cargo run** 运行 Web 服务,并观察日志输出(在请求之后):

```
$ cargo run
    Finished dev [unoptimized + debuginfo] target(s) in 0.16s
     Running 'target/debug/orm'
[2019-07-20T19:33:33Z INFO actix_web::middleware::logger]
127.0.0.1:54560 "GET /api/bookmarks/all HTTP/1.1" 200 2 "-"
"curl/7.64.0" 0.004737
[2019-07-20T19:33:52Z INFO actix_web::middleware::logger]
127.0.0.1:54722 "POST /api/bookmarks/ HTTP/1.1" 200 1 "-"
"curl/7.64.0" 0.017087
[2019-07-20T19:33:55Z INFO actix_web::middleware::logger]
127.0.0.1:54750 "GET /api/bookmarks/all HTTP/1.1" 200 77 "-"
"curl/7.64.0" 0.002248
[2019-07-20T19:34:11Z INFO actix_web::middleware::logger]
127.0.0.1:54890 "GET /api/bookmarks/byid/
9b2a4264-3db6-4c50-88f1-807b20b5841e HTTP/1.1" 200 77 "-"
"curl/7.64.0" 0.003298
[2019-07-20T19:34:23Z INFO actix_web::middleware::logger]
127.0.0.1:54992 "DELETE /api/bookmarks/byid/
```

```
9b2a4264-3db6-4c50-88f1-807b20b5841e HTTP/1.1" 200 1 " - "
"curl/7.64.0" 0.017980
[2019-07-20T19:34:27Z INFO actix_web::middleware::logger]
127.0.0.1:55030 "GET /api/bookmarks/all HTTP/1.1" 200 2 " - "
"curl/7.64.0" 0.000972
```

可以用 **curl** 与 Web 服务交互，下面是期望的调用和输出：

```
$ curl localhost:8081/api/bookmarks/all
[]
$ curl -d "{\"url\":\"https://blog.x5ff.xyz\"}" -H "Content-Type:
application/json" localhost:8081/api/bookmarks/
"9b2a4264-3db6-4c50-88f1-807b20b5841e"
$ curl localhost:8081/api/bookmarks/all
[{"id":"9b2a4264-3db6-4c50-88f1-807b20b5841e","url":"https://blog.x5ff.xyz"}]
$ curl localhost:8081/api/bookmarks/byid/
9b2a4264-3db6-4c50-88f1-807b20b5841e
[{"id":"9b2a4264-3db6-4c50-88f1-807b20b5841e","url":"https://blog.x5ff.xyz"}]
$ curl -X "DELETE" localhost:8081/api/bookmarks/byid/
9b2a4264-3db6-4c50-88f1-807b20b5841e
1
$ curl localhost:8081/api/bookmarks/all
[]
```

下面来看这是如何工作的。

8.6.3 工作原理

diesel-rs 是 Rust 最著名的数据库连接框架，提供了一个快速、类型安全、易于使用的应用来映射数据库表。再一次归功于宏的强大功能，它允许在编译时创建零开销的抽象。不过，这里需要在一些方面进行权衡，了解如何使用这个框架很重要。

 SQLite 没有一个很严格的类型系统。正是因为这个原因，我们对字符串使用了一个泛型类型，名为 text。其他数据库可能有更细致的类型。查看 SQLite3 类型来了解更多信息（https://www.sqlite.org/datatype3.html）。

在步骤 1 中，我们要完成导入来做好准备，这里没有什么特别有趣的，不过你会注意到

models.rs 和 schema.rs 的声明。更进一步，在步骤 2 中，我们看到一个连接字符串（实际上就是一个文件路径）常量，将用它在 connect 函数中连接数据库。另外，我们要创建一个 JSON Web 服务，因此创建了传输对象类型 WebBookmark。步骤 3 中创建处理器，分别用于增加、检索（全部 ID 和按 ID 检索）以及删除书签。

所有这些处理器都返回一个 **Future** 对象并异步运行。虽然处理器总是异步运行（它们是 actor），不过这些处理器会显式地返回这个类型，因为它们使用一个同步区（synchronous section）连接到数据库（**diesel-rs** 现在还不是线程安全的）。这个同步区使用一个 web::block 语句实现，它返回一个映射到 **Future** 的结果和一个适当的 **HttpResponse** 类型。对于 **bookmarks_add** 处理器，它会返回新创建的 ID（作为一个 JSON 字符串），而 **bookmarks_delete** 会返回受删除操作影响的行数。如果出现错误，所有处理器都返回 500。

如果你想知道如何使用连接池和正确地管理这些连接池，请查看 diesel 的 **actix-web** 示例（https://github.com/actix/examples/tree/master/diesel）。它使用了 Rust 的 **r2d2** crate（https://github.com/sfackler/r2d2）。

步骤 3 为这些函数注册了它们各自的路由。**by-id** 路由接受两个不同方法（GET 和 DELETE），由于 **bookmarks_add** 函数的异步性质，必须声明数据从而显式地声明 JsonConfig 自动解析 JSON 输入。所有注册也使用 to_async 方法完成，所以无法使用属性方法。

在步骤 4 和步骤 5 中，我们才开始创建特定于 diesel-rs 的代码。**models.rs** 文件包含了我们的所有模型，这两个类型都是表中数据行的抽象，不过 **NewBookmark** 类型负责插入新对象（**table_name** 和 **Insertable** 属性将它与 DSL 关联），而 **Bookmark** 会返回给用户（利用 diesel 的 **Queryable** 和 Serde 的 **Serialize**）。**schema.rs** 包含一个宏调用，声明了表名（**bookmarks**）、主键（**id**）和列（**id** 和 **url**）以及 diesel 理解的数据类型。还有更多其他类型，请参阅 diesel 关于 **table!** 的深入解释（https://diesel.rs/guides/schema-in-depth/）。

步骤 6 显示了 **diesel-rs** 如何与不同的数据库合作，所有这些特性都需要声明。此外，diesel 还有一个 CLI 用于数据库迁移和其他有意思的工作，请参阅它的入门指南（https://diesel.rs/guides/getting-started/）来了解更多有关信息。在步骤 7 中，我们终于运行了这个 Web 服务，并插入/查询了一些数据。

下面再来看 ORM 框架更高级的内容。

8.7 使用 ORM 运行高级查询

ORM 的一个主要缺点是，除了快乐路径（happy path，即主路径）之外，其他路径的处理会很复杂。关系数据库使用的 SQL 语言是标准化的，但是其类型并不总是与应用所做的工作兼容。在这个技巧中，我们将研究在 Rust 的 **diesel-rs** 中运行更高级查询的几种方法。

8.7.1 准备工作

使用 **cargo new advanced-orm** 创建一个 Rust 二进制项目，并确保可以从主机访问端口 **8081**。为了访问这些服务，要有一个类似 **curl** 或 Postman 的程序执行 **POST**、**GET** 和更多类型的 Web 请求，另外需要一个程序来创建和管理 SQLite（https://www.sqlite.org/index.html）数据库（例如，sqlitebrowser：https://github.com/sqlitebrowser/sqlitebrowser）。

如果确保更新了数据库表，可以重用和扩展上一个技巧（"8.6 使用 ORM 将数据保存到数据库"）中的代码。

使用一个 SQLite 数据库管理程序，在文件夹 **db** 中创建一个新的数据库 **bookmarks.sqlite**。然后遵循以下模式创建数据库表：

CREATE TABLE bookmarks(id TEXT PRIMARY KEY, url TEXT, added TEXT);
CREATE TABLE comments(id TEXT PRIMARY KEY, bookmark_id TEXT, comment TEXT);

接下来，我们将在项目中使用 **libsqlite3** 库和头文件。在 Linux、WSL 和 macOS 上，可以从软件包存储库安装适当的包。在 Ubuntu 和 WSL 上，可以使用类似 **apt-get install libsqlite3-dev** 的命令安装。

Windows 10 用户可能必须从 https://www.sqlite.org/download.html 下载 **dll** 二进制文件，把它们放在项目目录中。不过，强烈建议使用 Linux/macOS。

最后，用 VS Code 打开整个目录。

8.7.2 实现过程

只需要以下几个步骤来完成这个技巧：

（1）**src/main.rs** 包含处理器和 main 函数。首先增加一些辅助类型和函数：

```
#[macro_use]
extern crate diesel;
mod models;
mod schema;

use actix_web::{middleware, web, App, Error, HttpResponse,
HttpServer};

use std::env;
```

```rust
use crate::schema::{date, julianday};
use chrono::prelude::*;
use diesel::prelude::*;
use diesel::sqlite::SqliteConnection;
use futures::Future;
use serde_derive::{Deserialize, Serialize};
```

在一些导入语句之后，下面来增加辅助类型：

```rust
//Helpers
const SQLITE_DB_URL: &str = "db/bookmarks.sqlite";

#[derive(Debug, Serialize, Deserialize)]
struct WebBookmark {
    url: String,
    comment: Option<String>,
}

#[derive(Debug, Serialize, Deserialize)]
struct WebBookmarkResponse {
    id: String,
    added: String,
    url: String,
    comment: Option<String>,
}

fn connect(db_url: &str) -> SqliteConnection {
    SqliteConnection::establish(&SQLITE_DB_URL).expect(&format!("Error
connecting to {}", db_url))
}
```

（2）一个新处理器将用一个 Julian 日期检索书签。下面增加这个处理器，并增加另外一些常见的处理器：

```rust
fn bookmarks_as_julian_by_date(
    at: web::Path<(String)>,
) -> impl Future<Item = HttpResponse, Error = Error> {
    web::block(move || {
        use self::schema::bookmarks::dsl::*;
        let conn = connect(&SQLITE_DB_URL);
```

```rust
        bookmarks
            .select((id, url, julianday(added)))
            .filter(date(added).eq(at.as_str()))
            .load::<models::JulianBookmark>(&conn)
    })
    .then(|res| match res {
        Ok(obj) => Ok(HttpResponse::Ok().json(obj)),
        Err(_) => Ok(HttpResponse::InternalServerError().into()),
    })
}
```

这些常见的处理器中，一个是增加书签的处理器：

```rust
fn bookmarks_add(
    bookmark: web::Json<WebBookmark>,
) -> impl Future<Item = HttpResponse,
Error = Error> {
    web::block(move || {
        use self::schema::bookmarks::dsl::*;
        use self::schema::comments::dsl::*;

        let conn = connect(&SQLITE_DB_URL);
        let new_id = format!("{}", uuid::Uuid::new_v4());
        let now = Utc::now().to_rfc3339();
        let new_bookmark = models::NewBookmark {
            id: &new_id,
            url: &bookmark.url,
            added: &now,
        };

        if let Some(comment_) = &bookmark.comment {
            let new_comment_id = format!("{}",
            uuid::Uuid::new_v4());
            let new_comment = models::NewComment {
                comment_id: &new_comment_id,
                bookmark_id: &new_id,
                comment: &comment_,
            };
```

```rust
            let _ = diesel::insert_into(comments)
                .values(&new_comment)
                .execute(&conn);
        }
        diesel::insert_into(bookmarks)
            .values(&new_bookmark)
            .execute(&conn)
            .map(|_| new_id)
    })
    .then(|res| match res {
        Ok(obj) => Ok(HttpResponse::Ok().json(obj)),
        Err(_) => Ok(HttpResponse::InternalServerError().into()),
    })
}
```

接下来,删除书签也是一个重要的处理器:

```rust
fn bookmarks_delete(
    req_id: web::Path<(String)>,
) -> impl Future<Item = HttpResponse, Error = Error> {
    web::block(move || {
        use self::schema::bookmarks::dsl::*;
        use self::schema::comments::dsl::*;

        let conn = connect(&SQLITE_DB_URL);
        diesel::delete(bookmarks.filter(id.eq(req_id.as_str())))
            .execute(&conn)
            .and_then(|_| {
                diesel::delete(comments.filter(bookmark_id.eq
                    (req_id.as_str()))).execute(&conn)
            })
    })
    .then(|res| match res {
        Ok(obj) => Ok(HttpResponse::Ok().json(obj)),
        Err(_) => Ok(HttpResponse::InternalServerError().into()),
    })
}
```

（3）既然可以增加和删除注释和书签，下面要做的是一次获取所有这些书签：

```rust
fn all_bookmarks() -> impl Future<Item = HttpResponse, Error = Error> {
    web::block(move || {
        use self::schema::bookmarks::dsl::*;
        use self::schema::comments::dsl::*;

        let conn = connect(&SQLITE_DB_URL);
        bookmarks
            .left_outer_join(comments)
            .load::<(models::Bookmark, Option<models::Comment>)>
            (&conn)
            .map(
                |bookmarks_: Vec<(models::Bookmark,
                    Option<models::Comment>)>| {
                    let responses: Vec<WebBookmarkResponse> =
                    bookmarks_
                        .into_iter()
                        .map(|(b, c)| WebBookmarkResponse {
                            id: b.id,
                            url: b.url,
                            added: b.added,
                            comment: c.map(|c| c.comment),
                        })
                        .collect();
                    responses
                },
            )
    })
    .then(|res| match res {
        Ok(obj) => Ok(HttpResponse::Ok().json(obj)),
        Err(_) => Ok(HttpResponse::InternalServerError().into()),
    })
}
```

最后，在 **main()** 中汇总所有处理器：

```rust
fn main() -> std::io::Result<()> {
    env::set_var("RUST_LOG", "actix_web=debug");
    env_logger::init();
    HttpServer::new(move || {
        App::new().wrap(middleware::Logger::default()).service(
            web::scope("/api").service(
                web::scope("/bookmarks")
                    .service(web::resource("/all").route
                        (web::get().to_async(all_bookmarks)))
                    .service(
                        web::resource("added_on/{at}/julian")
                            .route(web::get().to_async
                                (bookmarks_as_julian_by_date)),
                    )
                    .service(
                        web::resource("/")
                            .data(web::JsonConfig::default())
                            .route(web::post().to_async
                                (bookmarks_add)),
                    )
                    .service(
                        web::resource("byid/{
                        id}").route(web::delete().
                        to_async(bookmarks_delete)),
                    ),
            ),
        )
    })
    .bind("127.0.0.1:8081")?
    .run()
}
```

（4）为了随书签保存注释，还必须扩展模式和模型。创建（或编辑）**src/schema. rs**，增加以下内容：

```rust
use diesel::sql_types::Text;
joinable!(comments -> bookmarks (bookmark_id));
```

```
allow_tables_to_appear_in_same_query!(comments, bookmarks);

sql_function! {
    fn julianday(t: Text) -> Float;
}
sql_function! {
    fn date(t: Text) -> Text;
}

table! {
    bookmarks (id) {
        id -> Text,
        url -> Text,
        added -> Text,
    }
}

table! {
    comments (comment_id) {
        comment_id -> Text,
        bookmark_id -> Text,
        comment -> Text,
    }
}
```

（5）接下来，创建或更新 **src/models.rs** 来创建这些类型的 Rust 表示：

```
use crate::schema::{bookmarks, comments};
use serde_derive::Serialize;
#[derive(Debug, Clone, Insertable)]
#[table_name = "bookmarks"]
pub struct NewBookmark<'a> {
    pub id: &'a str,
    pub url: &'a str,
    pub added: &'a str,
}

#[derive(Debug, Serialize, Queryable)]
pub struct Bookmark {
```

```rust
    pub id: String,
    pub url: String,
    pub added: String,
}

#[derive(Serialize, Queryable)]
pub struct JulianBookmark {
    pub id: String,
    pub url: String,
    pub julian: f32,
}

#[derive(Debug, Serialize, Queryable)]
pub struct Comment {
    pub bookmark_id: String,
    pub comment_id: String,
    pub comment: String,
}

#[derive(Debug, Clone, Insertable)]
#[table_name = "comments"]
pub struct NewComment<'a> {
    pub bookmark_id: &'a str,
    pub comment_id: &'a str,
    pub comment: &'a str,
}
```

(6) 为了导入依赖项，还必须调整 Cargo.toml：

```
[dependencies]
actix-web = "1"
serde = "1"
serde_derive = "1"
env_logger = "0.6"
diesel = {version = "1.4", features = ["sqlite"] }
uuid = { version = "0.7", features = ["serde", "v4"] }
futures = "0.1"
chrono = "0.4"
```

（7）在这个技巧的最后，下面结合使用 **cargo run** 和 **curl** 来看是否一切正常。响应请求时会有以下日志输出：

```
$ curl http://localhost:8081/api/bookmarks/all
[]
$ curl -d "{\"url\":\"https://blog.x5ff.xyz\"}" -H "Content-Type:
application/json" localhost:8081/api/bookmarks/
"db5538f4-e2f9-4170-bc38-02af42e6ef59"
$ curl -d "{\"url\":\"https://www.packtpub.com\", \"comment\":
\"Great books\"}" -H "Content-Type:
application/json" localhost:8081/api/bookmarks/
"5648b8c3-635e-4d55-9592-d6dfab59b32d"
$ curl http://localhost:8081/api/bookmarks/all
[{
    "id": "db5538f4-e2f9-4170-bc38-02af42e6ef59",
    "added": "2019-07-23T10:32:51.020749289+00:00",
    "url": "https://blog.x5ff.xyz",
    "comment": null
},
{
    "id": "5648b8c3-635e-4d55-9592-d6dfab59b32d",
    "added": "2019-07-23T10:32:59.899292263+00:00",
    "url": "https://www.packtpub.com",
    "comment": "Great books"
}]
$ curl
http://localhost:8081/api/bookmarks/added_on/2019-07-23/julian
[{
    "id": "db5538f4-e2f9-4170-bc38-02af42e6ef59",
    "url": "https://blog.x5ff.xyz",
    "julian": 2458688.0
},
{
    "id": "5648b8c3-635e-4d55-9592-d6dfab59b32d",
    "url": "https://www.packtpub.com",
    "julian": 2458688.0
}]
```

下面是请求生成的服务器日志，这会打印到运行 **cargo run** 的终端：

```
$ cargo run
    Compiling advanced-orm v0.1.0 (Rust-Cookbook/Chapter08/advancedorm)
    Finished dev [unoptimized + debuginfo] target(s) in 4.75s
    Running 'target/debug/advanced-orm'
[2019-07-23T10:32:36Z INFO actix_web::middleware::logger]
127.0.0.1:39962 "GET /api/bookmarks/all HTTP/1.1" 200 2 "-" "curl/7.64.0" 0.004323
[2019-07-23T10:32:51Z INFO actix_web::middleware::logger]
127.0.0.1:40094 "POST /api/bookmarks/ HTTP/1.1" 200 38 "-" "curl/7.64.0" 0.018222
[2019-07-23T10:32:59Z INFO actix_web::middleware::logger]
127.0.0.1:40172 "POST /api/bookmarks/ HTTP/1.1" 200 38 "-" "curl/7.64.0" 0.025890
[2019-07-23T10:33:06Z INFO actix_web::middleware::logger]
127.0.0.1:40226 "GET /api/bookmarks/all HTTP/1.1" 200 287 "-" "curl/7.64.0" 0.001803
[2019-07-23T10:34:18Z INFO actix_web::middleware::logger]
127.0.0.1:40844 "GET /api/bookmarks/added_on/2019-07-23/julian HTTP/1.1" 200 194 "-" "curl/7.64.0" 0.001653
```

在后台做了大量工作。下面来看这包括哪些工作。

8.7.3 工作原理

使用 **diesel-rs** 时，需要很好地理解它在内部如何工作来得到预期的结果。在这个技巧中，我们会介绍更高级的内容。

在步骤 1 中完成一些基本设置之后，步骤 2 创建一个新的处理器，它会获取某一天添加的所有书签，并以 Julian 日期形式（https://en.wikipedia.org/wiki/Julian_day）返回这个日期。这个计算使用 SQLite 的一个标量函数完成：**juliandate()**（https://www.sqlite.org/lang_datefunc.html）。那么如何在 Rust 中使用这个函数呢？步骤 4 展示了 **diesel-rs** 的做法：使用一个 **sql_function!** 宏（https://docs.diesel.rs/diesel/macro.sql_function.html），它会适当地映射数据类型和输出。由于我们在这里映射的是一个预先存在的函数，因此不需要更多步骤（存储过程也是一样）。

步骤 2 中的另一个方面是在多个表中插入和从多个表删除，由于 SQLite 禁用了引用完整性约束，所以很容易做到这一点（https://www.w3resource.com/sql/joins/joining-tablesthrough-referential-integrity.php）。如果要求保证这个约束，可以查看 **diesel-rs** 事务（https://docs.diesel.rs/diesel/connection/trait.Connection.html#method.transaction）。步骤 3 继续展示如何使用左外连接检索这个数据。左连接从左边取每一行（如果连接为 **bookmarks LEFT JOIN comments**，左边就是 **bookmarks**），尝试将其与右边表中的行匹配，这意味着我们将获得每一个书签，而不论它们是否有注释。为了映射这个结果集，必须提供要解析的相应数据类型，**diesel-rs** 希望这是（**Bookmark, Option<Comment>**）。由于 **left_join()** 调用没有提到要连接哪些列，框架如何知道呢？同样的，在步骤 4 中，我们通过两个宏将这两个表声明为 **joinable**，这两个宏分别是 **joinable**（https://docs.diesel.rs/diesel/macro.joinable.html）和 **allow_tables_to_appear_in_same_query**（https://docs.diesel.rs/diesel/macro.allow_tables_to_appear_in_same_query.html）。获取到结果之后，我们将它们映射到一个 **Serializable** 组合类型，从而对用户隐藏这个实现细节。

在步骤 4 和步骤 5 中，要为 diesel 映射数据库表和行，这里没有什么特别的。**diesel-rs** 会把元组映射到类型，而不论具体的表是什么，对此 **Queryable** 属性非常重要。对于更多即席查询（ad hoc queries），我们也可以直接使用元组。步骤 6 增加了依赖项。

步骤 7 会运行服务器，认真的读者会注意到一点：编译所花的时间比平常要长。我们怀疑 **diesel-rs** 在后台做了大量工作，会创建类型安全的代码，从而保证动态运行时开销很低。不过，对于较大的项目，这可能会有很大影响，但是一旦编译，这些类型将有助于避免错误，并使服务顺利工作。

我们对 **curl** 输出完成了格式化，使其更可读，这里会得到预期的输出。**serde** 提供了一致的 JSON 对象串行化和反串行化，因此，**comment** 字段在输入时是可选的，但在输出中显示为 **null**。

> **diesel-rs** 努力实现了很多数据库操作的抽象，另外它还使用了一个 **sql_query** 接口（https://docs.diesel.rs/diesel/fn.sql_query.html）来处理其他 SQL 语句。不过，即使在原始 SQL 接口中，仍然不支持一些比较复杂的 group by 聚合，这很让人遗憾。你可以在 GitHub 上跟踪进展（https://github.com/diesel-rs/diesel/issues/210）。

我们已经对使用 **diesel-rs** 运行查询有了更多了解，现在来看下一个技巧。

8.8 Web 上的认证

在公共接口上安全地运行 Web 服务本身就是一个挑战，需要注意很多方面。虽然很多细节属于安全工程师的工作，但开发人员至少应该遵守一组最佳实践，从而能真正赢得用户的信任。首先要有传输加密（transport encryption，TLS），这一章的所有技巧都没有提到这一点，因为反向代理和负载均衡器对此提供了非常好而且很简单的集成（而且对于加密，https://letsencrypt.org/ 提供了免费证书）。这一章重点介绍如何在应用层使用 **actix-web** 中间件基础设施通过 JWT（https://jwt.io/）来认证请求。

8.8.1 准备工作

使用 **cargo new authentication** 创建一个 Rust 二进制项目，并确保可以从主机访问端口 **8081**。为了访问这些服务，要有一个类似 **curl** 或 Postman 的程序执行 **POST**、**GET** 和更多类型的 Web 请求。

最后，用 VS Code 打开整个目录。

8.8.2 实现过程

通过以下几个步骤完成用户认证：

（1）在 **src/main.rs** 中，首先声明必要的导入：

```rust
#[macro_use]
extern crate actix_web;
mod middlewares;
use actix_web::{http, middleware, web, App, HttpResponse,
HttpServer, Responder};
use jsonwebtoken::{encode, Header};
use middlewares::Claims;
use serde_derive::{Deserialize, Serialize};
use std::env;
```

（2）在此基础上，我们可以考虑更重要的内容。下面为认证声明一些基本设置，并声明一个我们想要访问的处理器：

```rust
const PASSWORD: &str = "swordfish";
pub const TOKEN_SECRET: &str = "0fd2af6f";

#[derive(Debug, Serialize, Deserialize)]
struct Login {
    password: String,
}

#[get("/secret")]
```

```rust
fn authed() -> impl Responder {
    format!("Congrats, you are authenticated")
}
```

（3）接下来，需要一个处理器来处理用户登录，如果他们提供了期望的密码，则创建令牌（token）。另外在 **main( )** 函数中完成所有设置：

```rust
fn login(login: web::Json<Login>) -> HttpResponse {
    //TODO: have a proper security concept
    if &login.password == PASSWORD {
        let claims = Claims {
            user_id: "1".into(),
        };
        encode(&Header::default(), &claims, TOKEN_SECRET.as_ref())
            .map(|token| {
                HttpResponse::Ok()
                    .header(http::header::AUTHORIZATION, format!
                        ("Bearer {}", token))
                    .finish()
            })
            .unwrap_or(HttpResponse::InternalServerError().into())
    } else {
        HttpResponse::Unauthorized().into()
    }
}

fn main() -> std::io::Result<()> {
    env::set_var("RUST_LOG", "actix_web=debug");
    env_logger::init();
    HttpServer::new(|| {
        App::new()
            .wrap(middleware::Logger::default())
            .wrap(middlewares::JwtLogin)
            .service(authed)
            .service(web::resource("/login").route(web::post().to(login)))
    })
        .bind("127.0.0.1:8081")?
        .run()
```

}

（4）**main( )** 函数中的 **wrap( )** 调用已经给出了一些细节，我们需要中间件来负责认证。下面创建一个新文件 **src/middlewares.rs**，并增加以下代码：

```rust
use actix_service::{Service, Transform};
use actix_web::dev::{ServiceRequest, ServiceResponse};
use actix_web::{http, Error, HttpResponse};
use futures::future::{ok, Either, FutureResult};
use futures::Poll;
use jsonwebtoken::{decode, Validation};
use serde_derive::{Deserialize, Serialize};

#[derive(Debug, Serialize, Deserialize)]
pub struct Claims {
    pub user_id: String,
}

pub struct JwtLogin;

impl<S, B> Transform<S> for JwtLogin
where
    S: Service<Request = ServiceRequest, Response = ServiceResponse<B>, Error = Error>,
    S::Future: 'static,
{
    type Request = ServiceRequest;
    type Response = ServiceResponse<B>;
    type Error = Error;
    type InitError = ();
    type Transform = JwtLoginMiddleware<S>;
    type Future = FutureResult<Self::Transform, Self::InitError>;

    fn new_transform(&self, service: S) -> Self::Future {
        ok(JwtLoginMiddleware { service })
    }
}
```

（5）在步骤 4 的代码中，我们看到另一个需要实现的结构体：**JwtLoginMiddleware**。下面把它增加到 **src/middlewares.rs**：

```rust
pub struct JwtLoginMiddleware<S> {
    service: S,
}
impl<S, B> Service for JwtLoginMiddleware<S>
where
    S: Service<Request = ServiceRequest, Response =
    ServiceResponse<B>, Error = Error>,
    S::Future: 'static,
{
    type Request = ServiceRequest;
    type Response = ServiceResponse<B>;
    type Error = Error;
    type Future = Either<S::Future, FutureResult<Self::Response,
    Self::Error>>;

    fn poll_ready(&mut self) -> Poll<(), Self::Error> {
        self.service.poll_ready()
    }
```

在这个调用函数实现中可以看到最重要的代码,这里会传入请求来应用中间件(并认证令牌):

```rust
fn call(&mut self, req: ServiceRequest) -> Self::Future {
    if req.path() == "/login" {
        Either::A(self.service.call(req))
    } else {
        if let Some(header_value) =
        req.headers().get(http::header::AUTHORIZATION) {
            let token = header_value.to_str().unwrap().
            replace("Bearer ", "");
            let mut validation = Validation::default();
            validation.validate_exp = false; //our logins don't
            //expire
            if let Ok(_) =
                decode::<Claims>(&token.trim(),
                crate::TOKEN_SECRET.as_ref(), &validation)
            {
                Either::A(self.service.call(req))
```

```rust
            } else {
                Either::B(ok(
                    req.into_response(HttpResponse::Unauthorized()
                        .finish().into_body())
                ))
            }
        } else {
            Either::B(ok(
                req.into_response(HttpResponse::Unauthorized().
                finish().into_body())
            ))
        }
    }
}
```

(6) 运行服务器之前,还必须更新 **Cargo.toml** 来增加当前的依赖项:

```toml
[dependencies]
actix-web = "1"
serde = "1"
serde_derive = "1"
env_logger = "0.6"
jsonwebtoken = "6"
futures = "0.1"
actix-service = "0.4"
```

(7) 好了——下面试试看!用 **cargo run** 启动服务器,并执行一些 **curl** 请求:

```
$ cargo run
    Compiling authentication v0.1.0 (Rust-Cookbook/Chapter08/authentication)
    Finished dev [unoptimized + debuginfo] target(s) in 6.07s
     Running 'target/debug/authentication'
[2019-07-22T21:28:07Z INFO actix_web::middleware::logger]
127.0.0.1:33280 "POST /login HTTP/1.1" 401 0 "-" "curl/7.64.0"
0.009627
[2019-07-22T21:28:13Z INFO actix_web::middleware::logger]
127.0.0.1:33334 "POST /login HTTP/1.1" 200 0 "-" "curl/7.64.0"
```

0.009191

[2019-07-22T21:28:21Z INFO actix_web::middleware::logger]
127.0.0.1:33404 "GET /secret HTTP/1.1" 200 31 "-" "curl/7.64.0"
0.000784

下面是对每个请求的 **curl** 输出。首先来看未授权的请求：

$ curl -v localhost:8081/secret

* Trying ::1...
* TCP_NODELAY set
* connect to ::1 port 8081 failed: Connection refused
* Trying 127.0.0.1...
* TCP_NODELAY set
* Connected to localhost (127.0.0.1) port 8081 (#0)
> GET /secret HTTP/1.1
> Host: localhost:8081
> User-Agent: curl/7.64.0
> Accept: */*
>
< HTTP/1.1 401 Unauthorized
< content-length: 0
< date: Mon, 22 Jul 2019 21:27:48 GMT
<
* Connection #0 to host localhost left intact

接下来，我们试图用一个非法的密码登录：

$ curl -d "{\"password\":\"a-good-guess\"}" -H "Content-Type: application/json"
   http://localhost:8081/login -v

* Trying ::1...
* TCP_NODELAY set
* connect to ::1 port 8081 failed: Connection refused
* Trying 127.0.0.1...
* TCP_NODELAY set
* Connected to localhost (127.0.0.1) port 8081 (#0)
> POST /login HTTP/1.1
> Host: localhost:8081
> User-Agent: curl/7.64.0

```
> Accept: */*
> Content-Type: application/json
> Content-Length: 27
>
* upload completely sent off: 27 out of 27 bytes
< HTTP/1.1 401 Unauthorized
< content-length: 0
< date: Mon, 22 Jul 2019 21:28:07 GMT
<
* Connection #0 to host localhost left intact
```

然后，使用真正的密码登录，这会接收到返回的一个令牌：

```
$ curl -d "{\"password\":\"swordfish\"}" -H "Content-Type:
application/json"
  http://localhost:8081/login -v
* Trying ::1...
* TCP_NODELAY set
* connect to ::1 port 8081 failed: Connection refused
* Trying 127.0.0.1...
* TCP_NODELAY set
* Connected to localhost (127.0.0.1) port 8081 (#0)
> POST /login HTTP/1.1
> Host: localhost:8081
> User-Agent: curl/7.64.0
> Accept: */*
> Content-Type: application/json
> Content-Length: 24
>
* upload completely sent off: 24 out of 24 bytes
< HTTP/1.1 200 OK
< content-length: 0
< authorization: Bearer
eyJ0eXAiOiJKV1QiLCJhbGciOiJIUzI1NiJ9.eyJ1c2VyX2lkIjoiMSJ9.V_PoOUCGZ
qNmbXw0hYozeFLsNpjTZeSh8wcyELavx-c
< date: Mon, 22 Jul 2019 21:28:13 GMT
<
```

```
* Connection #0 to host localhost left intact
```

如果 **Authorization** 首部（https://developer.mozilla.org/en-US/docs/Web/HTTP/Headers/Authorization）中有这个令牌，我们就能访问这个秘密资源：

```
$ curl -H "authorization: Bearer
eyJ0eXAiOiJKV1QiLCJhbGciOiJIUzI1NiJ9.eyJ1c2VyX2lkIjoiMSJ9.V_PoOUCGZ
qNmbXwOhYozeFLsNpjTZeSh8wcyELavx-c"
http://localhost:8081/secret -v
* Trying ::1...
* TCP_NODELAY set
* connect to ::1 port 8081 failed: Connection refused
* Trying 127.0.0.1...
* TCP_NODELAY set
* Connected to localhost (127.0.0.1) port 8081 (#0)
> GET /secret HTTP/1.1
> Host: localhost:8081
> User-Agent: curl/7.64.0
> Accept: */*
> authorization: Bearer
eyJ0eXAiOiJKV1QiLCJhbGciOiJIUzI1NiJ9.eyJ1c2VyX2lkIjoiMSJ9.V_PoOUCGZ
qNmbXwOhYozeFLsNpjTZeSh8wcyELavx-c
>
< HTTP/1.1 200 OK
< content-length: 31
< content-type: text/plain; charset=utf-8
< date: Mon, 22 Jul 2019 21:28:21 GMT
<
* Connection #0 to host localhost left intact
Congrats, you are authenticated
```

下面来分析它是如何工作的。

8.8.3　工作原理

JWT 是在 Web 应用中结合授权提供认证的一个好方法。正如在官方网站上展示的，JWT 由 3 个部分组成：

- 首部，提供关于令牌的元信息。

- 其有效负载，这里是要发送的信息（JSON 串行化）。
- 一个签名，保证令牌在传输过程中未被修改。

这些部分用 base64 编码，并用 . 连接来构成一个字符串。这个字符串放在 HTTP 请求的 **authorization** 首部（https://developer.mozilla.org/en-US/docs/Web/HTTP/Headers/Authorization）。要说明重要的一点，TLS 对于这种认证是强制性的，因为首部和其他部分都用明文发送，每个人都能看到这个令牌。

有效负载可以包含你想来回传递的任何用户信息，不过，还有一些特殊的字段：**iss**、**sub** 和 **exp**。**iss** 提供发送者的凭证（以任何方式），**sub** 是主题，**exp** 是过期时间戳。这是因为 JWT 可以用于通过联合（也就是第三方服务）进行认证。对于这个实现，我们使用了一个名为 **jsonwebtoken** 的 crate（https://github.com/Keats/jsonwebtoken）。

在步骤 1 中，只是简单地设置导入，这没有什么特别的。步骤 2 提供了一些有趣的内容：一个硬编码的密码（这是一个很糟糕的安全实践，但对于演示是可以的），以及一个硬编码的秘密（secret，这同样很糟糕）。真正的应用可以使用一个秘密存储库来存储秘密（例如，Azure Key Vault：https://azure.microsoft.com/en-in/services/key-vault/），另外对于密码，可以在数据库中存储一个散列。在这个步骤中，还声明了用于登录的输入数据结构。我们只关心密码以及路径/秘密的处理器，只有在登录之后这个处理器才会工作。

接下来的步骤创建了用于登录的处理器：如果密码匹配，处理器将创建一个新令牌，包含有效负载数据（名为 **Claims** 的结构体），以及用来对令牌签名的 HMAC（https://searchsecurity.techtarget.com/definition/Hash-based-Message-Authentication-Code-HMAC）算法（默认为 HS256），并且返回这个令牌。然后向 **App** 实例注册这些处理器以及以下步骤中实现的新 JWT 认证中间件。

步骤 4 和步骤 5 负责创建中间件来验证 JWT 令牌。步骤 4 包含前面提到的 **Claims** 类型，不过，如果请求和响应类型仍然是默认的，那么其余代码主要是必要的样板代码。如果我们希望获取用户信息传递到处理器，就要考虑定义定制请求。在步骤 5 中，我们实现了最重要的部分：**call()** 函数。处理每个请求之前要调用这个函数，并决定是继续还是停止传播。显然，**/login** 路由是例外，它总是会在处理器上传递。

每个其他路由都必须包含一个名为 authorization 的首部字段、一个名为 **Bearer** 的类型以及令牌，例如，**uthorization: Bearer eyJ0eXAiOiJKV1QiLCJhbGciOiJ** [...] **8wcyELavx-c**（有缩减）。**call()** 函数提取令牌，并尝试用其 secret 进行解码。如果成功，这个调用会转发到处理器；如果没有成功，显然没有授权这个用户访问这个资源，如果根本没有 authorization 首部也会发生同样的情况。**jsonwebtoken** 默认还会验证 **exp** 字段（我们的 **Claims** 类型没有这个字段），这个例子中关闭了这个行为。为简洁起见，将首部字节解析为字符串时，我们使用了 **unwrap()**。不过，如果遇到未知字节，这会导致线程中止。

这里的返回类型是从 **futures** 库（https://docs.rs/futures/）导入的，提供了 **Either** 类型（https://docs.rs/futures/0.1.28/futures/future/enum.Either.html）和 **ok()** 函数（https://docs.rs/futures/0.1.28/futures/future/fn.ok.html）。查看相应文档来了解更多有关内容。

步骤 6 只是声明额外的依赖项，步骤 7 中终于开始运行服务器！首先检查 **curl** 请求，你能看到哪些请求被拒绝了？未授权的请求会在记录日志之前就被阻止。另外，我们用粗体标记了重要的部分。

这一章到此就结束了。希望你喜欢这些 Web 编程技巧。下一章介绍更接近本质的内容：系统编程。

第 9 章 简化系统编程

与 C（可能还有 C++）类似，最初设想 Rust 是一种系统编程语言。尽管它的诸多优点使它在这个领域之外已经有了长足发展（有点类似于 C/C++），不过还有很多特性可以大大促进底层项目的工作。我们认为，这个新方面（以及强大的编译器、错误消息和社区）会使这个领域出现一些很有趣的项目，比如操作系统。其中之一是 intermezzOS（https://intermezzos.github.io/），这是一个用于学习编程的操作系统（用 Rust 编写）；另一个是 Redox OS（https://www.redox-os.org/），这是纯 Rust 编写的一个微内核系统。不过，还不仅如此，Rust 嵌入式工作组已经在他们的 GitHub 上编制了一个资源和重要项目列表（https://github.com/rust-embedded/awesome-embedded-rust）。

 Linux 是嵌入式设备中使用最广泛的操作系统，但我们会尽量介绍原理而不要求你运行 Linux。为了充分实现设备驱动程序，例如实现一个 I2C 设备驱动程序，macOS 和 Windows 用户可以使用虚拟机 Hyper-V（https://docs.microsoft.com/en-us/virtualization/hyper-v-onwindows/）、VirtualBox（https://www.virtualbox.org/）或 Parallels（https://www.parallels.com/），或者也可以租用云上的一个虚拟机（https://azure.microsoft.com/en-us/）。除了第一个技巧，本章的技巧都可以跨操作系统使用。

这个列表真的很棒，我们的目标是使你能开始构建嵌入式驱动程序，并针对各种 CPU 架构完成交叉编译。考虑到这一点，本章将涵盖以下主题：

- 交叉编译 Rust。
- 实现设备驱动程序。
- 由这些驱动程序读取数据。

9.1 交叉编译 Rust

让人惊讶的是，实现底层项目比较有挑战性的一个方面是交叉编译。由于基于 LLVM，**rustc** 为不同 CPU 架构提供了大量工具链。不过，交叉编译一个应用意味着它的（原生）依赖库对这个 CPU 架构也必须可用。这对于小项目来说很有难度，因为需要对不同架构的版本完成大量管理工作，并且随着每一个需求的增加，这会变得越来越复杂。正是因为这个原因，有很多与这个问题相关的工具。在这个技巧中,我们将研究一些工具,并了解如何使用这些工具。

9.1.1 准备工作

这个技巧是特定于平台的,写这本书时,在 Linux 以外的平台上交叉编译 Rust 很困难。在 macOS 和 Windows 上,可以使用虚拟机 Hyper-V(https://docs.microsoft.com/en-us/virtualization/hyper-von-windows/)、VirtualBox(https://www.virtualbox.org/)或 Parallels(https://www.parallels.com/),或者也可以从你喜欢的云提供商租用一个虚拟机(https://azure.microsoft.com/en-us/)。

写这本书时,Windows 10 上的 **Windows Subsystem for Linux**(**WSL**)还不支持 Docker。可能有一些办法能绕开这个限制,不过对此所需的修补工作我们将留给读者来完成。如果你找到了解决方案,请务必分享到我们的 GitHub 存储库(https://github.com/PacktPublishing/Rust-Programming-Cookbook)。

然后安装 Docker(https://docs.docker.com/install/),并确保无需 **sudo** 就可以运行 Docker(https://docs.docker.com/install/linux/linux-postinstall/)。

9.1.2 实现过程

有了 Docker 之后,完成以下步骤交叉编译到多个目标:

(1)使用 **cargo new cross-compile** 创建一个项目生成一个二进制可执行项目,并使用 VS Code 打开这个文件夹。

(2)打开 **src/main.rs**,用以下代码替换默认代码:

```
#[cfg(target_arch = "x86")]
const ARCH: &str = "x86";

#[cfg(target_arch = "x86_64")]
const ARCH: &str = "x64";

#[cfg(target_arch = "mips")]
const ARCH: &str = "mips";

#[cfg(target_arch = "powerpc")]
const ARCH: &str = "powerpc";

#[cfg(target_arch = "powerpc64")]
```

```rust
const ARCH: &str = "powerpc64";

#[cfg(target_arch = "arm")]
const ARCH: &str = "ARM";

#[cfg(target_arch = "aarch64")]
const ARCH: &str = "ARM64";

fn main() {
    println!("Hello, world!");
    println!("Compiled for {}", ARCH);
}
```

(3) 使用 **cargo run** 查看是否能正常工作,以及你使用的是哪个架构:

```
$ cargo run
    Compiling cross-compile v0.1.0 (Rust-Cookbook/Chapter09/crosscompile)
     Finished dev [unoptimized + debuginfo] target(s) in 0.25s
      Running 'target/debug/cross-compile'
Hello, world!
Compiled for x64
```

(4) 下面完成一些交叉编译。首先,使用 **cargo install cross** 安装一个名为 cross 的工具:

```
$ cargo install cross
    Updating crates.io index
  Installing cross v0.1.14
   Compiling libc v0.2.60
   Compiling cc v1.0.38
   Compiling cfg-if v0.1.9
   Compiling rustc-demangle v0.1.15
   Compiling semver-parser v0.7.0
   Compiling rustc-serialize v0.3.24
   Compiling cross v0.1.14
   Compiling lazy_static v0.2.11
   Compiling semver v0.9.0
   Compiling semver v0.6.0
   Compiling rustc_version v0.2.3
   Compiling backtrace-sys v0.1.31
   Compiling toml v0.2.1
```

```
    Compiling backtrace v0.3.33
    Compiling error-chain v0.7.2
     Finished release [optimized] target(s) in 15.64s
    Replacing ~/.cargo/bin/cross
     Replaced package 'cross v0.1.14' with 'cross v0.1.14'
    (executable 'cross')
$ cross --version
cross 0.1.14
cargo 1.36.0 (c4fcfb725 2019-05-15)
```

（5）如 **rust-cross**（https://github.com/rust-embedded/cross）存储库中所指出的，启动 Docker 守护进程为 **ARMv7** 运行一个交叉构建：

```
$ sudo systemctl start docker
$ cross build --target armv7-unknown-linux-gnueabihf -v
+ "rustup" "target" "list"
+ "cargo" "fetch" "--manifest-path" "/home/cm/workspace/Mine/Rust-
Cookbook/Chapter09/cross-compile/Cargo.toml"
+ "rustc" "--print" "sysroot"
+ "docker" "run" "--userns" "host" "--rm" "--user" "1000:1000" "-e"
"CARGO_HOME=/cargo" "-e" "CARGO_TARGET_DIR=/target" "-e" "USER=cm"
"-e" "XARGO_HOME=/xargo" "-v" "/home/cm/.xargo:/xargo" "-v"
"/home/cm/.cargo:/cargo" "-v" "/home/cm/workspace/Mine/Rust-
Cookbook/Chapter09/cross-compile:/project:ro" "-v"
"/home/cm/.rustup/toolchains/stable-x86_64-unknown-linuxgnu:/
rust:ro" "-v" "/home/cm/workspace/Mine/Rust-
Cookbook/Chapter09/cross-compile/target:/target" "-w" "/project" "-
it" "japaric/armv7-unknown-linux-gnueabihf:v0.1.14" "sh" "-c"
"PATH=$PATH:/rust/bin \"cargo\" \"build\" \"--target\" \"armv7-
unknown-linux-gnueabihf\" \"-v\""
   Compiling cross-compile v0.1.0 (/project)
     Running 'rustc --edition=2018 --crate-name cross_compile
src/main.rs --color always --crate-type bin --emit=dep-info,link -C
debuginfo=2 -C metadata=a41129d8970184cc -C extra-filename=-
a41129d8970184cc --out-dir /target/armv7-unknown-linuxgnueabihf/
debug/deps --target armv7-unknown-linux-gnueabihf -C
linker=arm-linux-gnueabihf-gcc -C incremental=/target/armv7-
```

```
unknown-linux-gnueabihf/debug/incremental -L
dependency=/target/armv7-unknown-linux-gnueabihf/debug/deps -L
dependency=/target/debug/deps'
    Finished dev [unoptimized + debuginfo] target(s) in 0.25s
```

（6）如果你有一个 Raspberry Pi 2（或以后版本），可以在此运行这个二进制项目：

```
$ scp target/armv7-unknown-linux-gnueabihf/debug/cross-compile
alarm@10.0.0.171:~
cross-compile 100% 2410KB 10.5MB/s 00:00
$ ssh alarm@10.0.0.171
Welcome to Arch Linux ARM

     Website: http://archlinuxarm.org
       Forum: http://archlinuxarm.org/forum
         IRC: #archlinux-arm on irc.Freenode.net
Last login: Sun Jul 28 09:07:57 2019 from 10.0.0.46
$ ./cross-compile
Hello, world!
Compiled for ARM
```

那么 **rust-cross** 是如何编译代码的呢？为什么要使用 Docker？下面来看它是如何工作的。

9.1.3 工作原理

在这个技巧中，我们要创建一个简单的二进制项目（步骤 1 和步骤 2），这里使用匹配目标架构的条件编译来查看它是否能正常工作。步骤 3 会显示你的架构（通常是 **x64** 或 **x86_64**），步骤 4 中安装了交叉编译工具包，并尝试在 Raspberry Pi 2 及以上版本中运行（步骤 5）。编译这个二进制项目后，我们把它转移到设备上执行（ARM 二进制文件不会处理 **x86_64 指令集**）（步骤 6）。

 QEMU 是一个流行的虚拟化框架，它还支持仿真 ARM 指令，因此并不严格要求有一个设备。可以在他们的 wiki 上了解更多信息（https://wiki.qemu.org/Documentation/Platforms/ARM）。

如果你有兴趣更详细地了解交叉编译应用，请继续阅读相关内容。如果不感兴趣，可以直接看下一个技巧。

9.1.4 相关内容

交叉编译是一个非常特定的过程，其中要结合以下所有内容：

- CPU 指令集，也就是汇编指令。
- 用于链接的兼容库（例如标准库）。
- 二进制布局。
- 兼容的工具链（编译器、链接器）。

基于 LLVM 的架构和 GNU 编译器集合，我们不需要太担心 CPU 指令集，因为这主要是默认提供的，正因如此，在 Windows 上运行会有些困难。正如"第 7 章　与其他语言集成"中很多技巧中看到的，Windows 和 macOS 使用不同的工具链，这使得为其他 CPU 指令集完成编译会更为棘手。不是一切都在本地设置，我们感觉如今在虚拟化环境中可以更容易、更顺畅地工作。

 如果你正在使用 Fedora 或任何其他启用了 SELinux 的发行版，交叉构建可能会失败，显示有权限错误。目前的解决方案是禁用 SELinux（**sudosetenforce 0**），不过这个问题正在修复（https://github.com/rust-embedded/cross/issues/112）。

考虑目标工具链，**rustup** 允许我们很快地安装其他目标（**rustup target add armv7-unknown-linux-gnueabihf**），不过还有其他一些方面需要安装［如 C 标准库（https://www.gnu.org/software/libc/）］。由于有各种各样的目标，管理如此之多的原生库会成为一项全职工作（这里我们根本没有考虑各种库的不同版本）。

为了包含这些依赖库、版本等，**rust-cross**（https://github.com/rust-embedded/cross#usage）［和其他工具（https://github.com/dlecan/rust-crosscompiler-arm）］使用了 Docker 容器，它自带有一组基本的库。通常，可以定制这些容器（https://github.com/rustembedded/cross#custom-docker-images）来增加你的用例所需的所有证书、配置、库等。

有了上述知识，现在来看下一个技巧。

9.2　创建 I2C 设备驱动程序

Linux 中与设备的通信会发生在不同层次上。最基本的驱动层是内核模块。除了其他特性外，这些模块可以不受限制地访问操作系统，如果需要，还允许用户通过块设备等接口来访问。I2C（https://learn.sparkfun.com/tutorials/i2c/all）驱动程序就是在这里提供允许你读写的总线（例如，**/dev/i2c-1** 总线）。使用 Rust，我们可以使用这个接口为连接到该总线的传感器设备创建一个驱动程序。下面来看它是如何工作的。

9.2.1　实现过程

可以通过几个步骤实现设备驱动程序：

(1) 创建一个二进制项目:**cargo new i2cdevice-drivers**.
(2) 在 VS Code 中打开这个文件夹,为 **src/main.rs** 文件增加一些代码:

```rust
mod sensor;

use sensor::{Bmx42Device, RawI2CDeviceMock, Thermometer};
use std::thread::sleep;
use std::time::Duration;

fn main() {
    let mut device = Bmx42Device::new(RawI2CDeviceMock::
      new("/dev/i2c-1".into(), 0x5f)).unwrap();
    let pause = Duration::from_secs(1);
    loop {
        println!("Current temperature {}°C",
          device.temp_celsius().unwrap());
        sleep(pause);
    }
}
```

(3) 接下来,我们要实现具体的传感器驱动程序。创建一个名为 **src/sensor.rs** 的文件来实现传感器驱动程序的所有方面。首先建立一些基本设置:

```rust
use std::io;
use rand::prelude::*;

pub trait Thermometer {
    fn temp_celsius(&mut self) -> Result<f32>;
}

type Result<T> = std::result::Result<T, io::Error>;
```

(4) 下面增加一个模拟设备,表示总线系统:

```rust
#[allow(dead_code)]
pub struct RawI2CDeviceMock {
    path: String,
    device_id: u8,
}

impl RawI2CDeviceMock {
```

```rust
    pub fn new(path: String, device_id: u8) -> RawI2CDeviceMock {
        RawI2CDeviceMock {
            path: path,
            device_id: device_id,
        }
    }

    pub fn read(&self, register: u8) -> Result<u8> {
        let register = register as usize;
        if register == Register::Calib0 as usize {
            Ok(1_u8)
        } else { //register is the data register
            Ok(random::<u8>())
        }
    }
}
```

(5) 接下来，实现用户看到的具体传感器代码：

```rust
enum Register {
    Calib0 = 0x00,
    Data = 0x01,
}

pub struct Bmx42Device {
    raw: RawI2CDeviceMock,
    calibration: u8,
}

impl Bmx42Device {
    pub fn new(device: RawI2CDeviceMock) -> Result<Bmx42Device> {
        let calib = device.read(Register::Calib0 as u8)?;
        Ok(Bmx42Device {
            raw: device,
            calibration: calib
        })
    }
}
```

（6）为了将传感器行为封装到一个适当的函数中，下面实现 sensor.rs 最上面创建的 Thermometer trait。对于如何将原始数据转换为可用的温度，通常在手册或技术规范中会有说明：

```rust
impl Thermometer for Bmx42Device {
    fn temp_celsius(&mut self) -> Result<f32> {
        let raw_temp = self.raw.read(Register::Data as u8)?;
        Ok(((raw_temp as i8) << (self.calibration as i8)) as f32 /
            10.0)
    }
}
```

（7）我们还需要调整 **Cargo.toml** 配置来增加随机数生成器 crate：

```
[dependencies]
rand = "0.5"
```

（8）与以往一样，我们想看这个程序的实际运行。使用 **cargo run** 可以看到它会打印我们模拟的温度（按 Ctrl＋C 停止）：

```
$ cargo run
    Compiling libc v0.2.60
    Compiling rand_core v0.4.0
    Compiling rand_core v0.3.1
    Compiling rand v0.5.6
    Compiling i2cdevice-drivers v0.1.0 (Rust-
Cookbook/Chapter09/i2cdevice-drivers)
    Finished dev [unoptimized + debuginfo] target(s) in 2.95s
     Running 'target/debug/i2cdevice-drivers'
Current temperature -9.4℃
Current temperature 0.8℃
Current temperature -1.2℃
Current temperature 4℃
Current temperature -3℃
Current temperature 0.4℃
Current temperature 5.4℃
Current temperature 11.6℃
Current temperature -5.8℃
Current temperature 0.6℃
^C
```

实现这个程序后，你可能想知道这为什么可行，另外是如何工作的。下面就来看一看。

9.2.2 工作原理

在这个技巧中，我们展示了如何实现一个非常简单的设备驱动程序，可以在类似 I2C (https://learn.sparkfun.com/tutorials/i2c/all) 的总线上使用。I2C 是一个相对复杂的总线（这使得实现驱动程序更简单），驱动程序为指定寄存器的读写操作实现了一个协议，并将它们封装在一个漂亮的 API 中。在这个技巧中，我们实际上并没有具体使用 I2C 总线 crate 来提供设备 **struct**，因为这会影响 OS 的兼容性。

在步骤 2 中，我们创建了主循环，以一种非常简化的方式从传感器读取数据（参见"9.3 高效读取硬件传感器"技巧），这里使用休眠来控制读取速度。采用一种典型的方式，我们使用 *nix 路径（**/dev/i2c-1**）和设备的硬件地址（由制造商定义）创建了块设备抽象，以此来实例化驱动程序。

在步骤 3 中，我们增加了一些构造，这会让我们更轻松，并且结构更合理：如果这个传感器上有更多的设备或特性，那么 **Thermometer** trait 是打包所有功能的一个好做法。抽象 **Result** 是减少冗长代码的一种常见策略。

在步骤 4 中，我们创建了一个模拟总线，为单个字节提供一个读写函数。由于我们并不是真正读写总线，这些函数只是读取随机数，而且不会写到任何地方。要了解在现实中如何实现（例如，一次读取多个字节），请查看实际的 i2cdev crate (https://github.com/rust-embedded/rust-i2cdev)。不过，到目前为止，我们只是在 Linux 上执行。

步骤 5 创建抽象 API。每当我们从头开始实现一个驱动程序时，都是通过将特定的二进制命令写入预定义寄存器来与设备通信。这可能是要改变设备的电源状态，改变采样率，或者要求某个特定的测量（如果设备有多个传感器，会触发实际设备上的硬件处理）。这个写操作之后，我们可以读取一个指定的数据寄存器（所有的地址和值可以在设备规范中找到），并将值转换为某个可用的信息（比如温度°C）。这涉及移位、读取多个校准寄存器以及带溢出相乘等操作。对于不同传感器，这个过程可能有所不同。要看一个真实的示例，请查看 **bmp085** 设备驱动程序 (https://github.com/celaus/rust-bmp085)，它显示了用 Rust 实现的一个真实驱动实现，可以在以下 URL 观看关于这个驱动程序的访谈：https://www.youtube.com/watch?v=VMaKQ8_y_6s。

接下来的步骤显示了如何实现并从设备获得实际温度，以及如何由模拟原始设备提供的随机数创建一个可用的数。这是一种简化，通常会将原始值转换为一种的可用形式。

在最后一步，我们看到了它的工作情况，并验证在现实值中温度分布是均匀的，尽管变化很惊人。

下面继续介绍如何更高效地读取这些传感器值，而不只是使用一个纯循环（忙等待循环）。

9.3 高效读取硬件传感器

创建高效的基于 I/O 的应用很有难度，它们必须根据需要尽快而且经常地提供对资源的独占访问。这是一个资源调度问题。解决这类问题的基础是处理请求和排队，类似于读取传感器值。

9.3.1 实现过程

可以使用 I/O 循环通过几个步骤高效地读取数据：

(1) 创建一个二进制项目：**cargo new reading-hardware**。

(2) 在 VS Code 中打开这个文件夹并创建一个 **src/sensor.rs** 文件，增加 "9.2 创建 I2C 设备驱动程序" 技巧中的代码：

```rust
use std::io;
use rand::prelude::*;

type Result<T> = std::result::Result<T, io::Error>;

pub trait Thermometer {
    fn temp_celsius(&mut self) -> Result<f32>;
}

enum Register {
    Calib0 = 0x00,
    Data = 0x01,
}
```

(3) 一般的，所用的硬件协议驱动程序会提供一个原始设备抽象。在这里，我们要模拟这样一个类型：

```rust
#[allow(dead_code)]
pub struct RawI2CDeviceMock {
    path: String,
    device_id: u8,
}

impl RawI2CDeviceMock {
    pub fn new(path: String, device_id: u8) -> RawI2CDeviceMock {
```

```rust
        RawI2CDeviceMock {
            path: path,
            device_id: device_id,
        }
    }
    pub fn read(&self, register: u8) -> Result<u8> {
        let register = register as usize;
        if register == Register::Calib0 as usize {
            Ok(1_u8)
        } else { //register is the data register
            Ok(random::<u8>())
        }
    }
}
```

（4）为了适当的封装，创建一个 **struct** 来包装原始设备是一个好主意：

```rust
pub struct Bmx42Device {
    raw: RawI2CDeviceMock,
    calibration: u8,
}

impl Bmx42Device {
    pub fn new(device: RawI2CDeviceMock) -> Result<Bmx42Device> {
        let calib = device.read(Register::Calib0 as u8)?;
        Ok(Bmx42Device {
            raw: device,
            calibration: calib
        })
    }
}
```

（5）下面是 **Thermometer** trait 的实现：

```rust
impl Thermometer for Bmx42Device {
    fn temp_celsius(&mut self) -> Result<f32> {
        let raw_temp = self.raw.read(Register::Data as u8)?;
        //converts the result into something usable; from the
        //specification
```

```rust
        Ok(((raw_temp as i8) << (self.calibration as i8)) as f32 /
            10.0)
    }
}
```

(6) 现在打开 **src/main.rs**,将默认代码替换为更有意思的一些代码。下面先增加导入和辅助函数:

```rust
mod sensor;
use tokio::prelude::*;
use tokio::timer::Interval;
use sensor::{Bmx42Device, RawI2CDeviceMock, Thermometer};
use std::time::{Duration, UNIX_EPOCH, SystemTime, Instant};
use std::thread;

use std::sync::mpsc::channel;

fn current_timestamp_ms() -> u64 {
    SystemTime::now().duration_since(UNIX_EPOCH).unwrap().as_secs()
}

#[derive(Debug)]
struct Reading {
    timestamp: u64,
    value: f32
}
```

(7) 接下来,我们要增加具体的事件循环和 **main** 函数:

```rust
fn main() {
    let mut device = Bmx42Device::new(RawI2CDeviceMock
        ::new("/dev/i2c-1".into(), 0x5f)).unwrap();

    let (sx, rx) = channel();

    thread::spawn(move || {
        while let Ok(reading) = rx.recv() {

            //or batch and save/send to somewhere
            println!("{:?}", reading);
        }
```

```rust
        });
        let task = Interval::new(Instant::now(), Duration
            ::from_secs(1))
            .take(5)
            .for_each(move |_instant| {
                let sx = sx.clone();
                let temp = device.temp_celsius().unwrap();
                let _ = sx.send(Reading {
                    timestamp: current_timestamp_ms(),
                    value: temp
                });
                Ok(())
            })
            .map_err(|e| panic!("interval errored; err = {:?}", e));

        tokio::run(task);
    }
```

(8) 为了能正常工作,要为 **Cargo.toml** 增加一些依赖项:

```
[dependencies]
tokio = "0.1"
tokio-timer = "0.2"
rand = "0.5"
```

(9) 在这个技巧的最后,我们也想看看它的运行情况,打印一些模拟的读数:

```
$ cargo run
    Finished dev [unoptimized + debuginfo] target(s) in 0.04s
     Running 'target/debug/reading-hardware'
Reading { timestamp: 1564762734, value: -2.6 }
Reading { timestamp: 1564762735, value: 6.6 }
Reading { timestamp: 1564762736, value: -3.8 }
Reading { timestamp: 1564762737, value: 11.2 }
Reading { timestamp: 1564762738, value: 2.4 }
```

太棒了!下面来看这是如何做到的。

9.3.2 工作原理

现在我们使用了事件的一个 **tokio-rs** 流(实际上是一个异步迭代器),可以在这个流上注册一个处理器，而不是使用"9.2 创建 I2C 设备驱动程序"技巧中创建的忙等待循环。下面来看这个更高效的结构如何实现。

首先，在步骤 2 中，我们重新创建了"9.2 创建 I2C 设备驱动程序"技巧中的传感器代码，从而有一个可以使用的传感器。简单地讲，这个代码利用一个随机数生成器模拟连接 I2C 总线的一个温度传感器，来展示总线连接的设备驱动程序如何操作。

在步骤 3 中，我们准备使用这个驱动程序读取一个值，并使用一个通道将它发送到一个工作线程。因此，我们创建了一个 **Reading** 结构体，它会保存某个特定时间戳的传感器数据。在步骤 4 中，开始创建 **tokio-rs** 任务运行器和一个流。这个流表示需要处理的异步事件上的一个迭代器。从现在开始 [**Instant:: now ()**]，每个事件对应每秒定时间隔，在这个技巧中，因为我们不希望永远运行下去，所以将事件数限制为 5 [**. take (5)**]，就像所有其他迭代器一样。**tokio:: run ()** 接收这个流，开始利用其事件循环和线程池执行事件，有要执行的任务时则会阻塞。

> 在并发应用中，使用类似 std:: thread:: sleep 的做法被认为是一种反模式。为什么？因为在休眠时，整个线程无法做任何事情。实际上，线程会暂停，操作系统的 CPU 调度器会切换上下文来做其他一些工作。至少在指定的时间之后，调度器才会将线程轮转回活动模式继续工作。驱动程序有时需要一些等待时间（完成测量需要几毫秒），通常会使用 sleep。由于只能从单个线程访问设备，所以这里使用 sleep () 是合适的。

for _ each 闭包为每个事件实现处理器，并接收一个 **Instant** 实例作为参数。在这个闭包内部，我们从传感器读取数据并通过一个通道（https://doc.rust-lang.org/std/sync/mpsc/）发送到之前创建的一个接收线程，这个模式我们在"第 4 章 无畏并发"中曾经见过。虽然我们可以在这个处理器中立即处理数据，但如果将数据推入一个队列来处理，这样我们就能创建批次并最小化流延迟。如果完成处理所需的时间未知、需要很长时间（也就是说，包含 Web 请求或其他部分）或者需要大量错误处理 [如指数补偿（https://docs.microsoft.com/en-us/azure/architecture/patterns/retry)]，这一点尤其重要。这不仅能分离关注点并且更易于维护，还允许我们更精确地执行读取操作。下面来看步骤 4 的示意图（见图 9-1）。

在步骤 5 中，我们增加了必要的依赖项，步骤 6 显示了输出，注意时间戳，可以看到它确实是每秒触发一次，而且流会按照其出现的顺序进行处理。

这样我们就结束了深入的设备驱动程序之旅。如果这是你第一次涉足这个领域，现在应该已经了解了如何将读取传感器数据与处理数据解耦合，如何构建设备驱动程序，另外一旦准备就绪，如何把它们置于所需的设备中。在下一章中，我们再回到更高层次的抽象，来研究更实用的技巧。

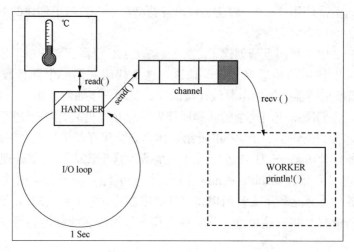

图 9-1 示意图

第 10 章　Rust 实战

关于 Rust，尽管我们已经写了 9 章，但还有很多部分没有谈到（这些部分可能正是促使一些应用使用 Rust 的原因）。Rust 生态系统中的很多 crate 提供了可以跨不同领域使用的重要功能，取决于应用类型，你可能还需要额外的一些 crate。在这一章中，我们将介绍 Rust 标准库和公共 crate 存储库中的各个部分，使我们的应用开发更快捷、更容易，并且总的来讲更有效率。尽管这一章重点讨论命令行应用，不过我们认为这里的很多技巧同样适用于其他类型的应用，如 Web 服务器或共享的实用工具库。你可能很想了解如何创建可用的 Rust 程序，能与操作系统很好地集成，并按照用户知道和期望的方式工作。除此之外，我们还为那些希望在工作中使用 Rust 的机器学习爱好者们增加了一个技巧。

我们将介绍以下内容：
- 随机数生成。
- 文件 I/O。
- 动态 JSON。
- 正则表达式。
- 文件系统访问。
- 命令行参数。
- 管道输入和输出。
- Web 请求。
- 使用最新的机器学习库。
- 日志。
- 启动子进程。

10.1　生成随机数

随机数生成是我们日常使用的基本技术，用于加密、仿真、近似、测试、数据选择等。每个应用对于随机数生成器都有自己的要求（https://xkcd.com/221/）。尽管加密需要一个尽可能接近真正随机的生成器（https://www.random.org/），但仿真、测试和数据选择可能更需要从某个分布抽取可再生的样本。

由于印刷的限制，我们不得不用字符和数字代替原来的表情符号。请查看本书的 GitHub 存储库以获得完整版本。

由于 Rust 的标准库中没有随机生成器，所以 **rand** crate 成为很多项目的首选。下面来看如何使用这个 crate。

10.1.1 实现过程

可以通过几个步骤来得到随机性：

（1）打开一个 Terminal 使用 **cargo new random-numbers - - lib** 创建一个新项目。使用 VS Code 打开这个项目目录。

（2）首先，需要在 **Cargo.toml** 中增加 **rand** crate 作为一个依赖项。打开这个文件增加以下代码：

```toml
[dependencies]
rand = {version = "0.7", features = ["small_rng"]}
rand_distr = "0.2"
rand_pcg = "0.2"
```

（3）既然要研究如何使用 **rand** 库，我们将增加 **tests** 模块并实现 3 个测试。下面把 **src/lib.rs** 中的默认内容替换为一些必要的导入：

```rust
#[cfg(test)]
mod tests {
    use rand::prelude::*;
    use rand::SeedableRng;
    use rand_distr::{Bernoulli, Distribution, Normal, Uniform};
}
```

（4）在这些导入下面（**mod tests** 作用域中），我们要增加第一个测试，来检查随机数生成器（**Random Number Generators**，RNG）和伪随机数生成器（**Pseudo-Random Number Generators**，**PRNG**）如何工作。为了得到可预测的随机数，我们让每个生成器都基于第一个生成器，它使用一个数组字面量来完成初始化：

```rust
#[test]
fn test_rngs() {
    let mut rng: StdRng = SeedableRng::from_seed([42;32]);
    assert_eq!(rng.gen::<u8>(), 152);

    let mut small_rng = SmallRng::from_rng(&mut rng).unwrap();
```

```rust
    assert_eq!(small_rng.gen::<u8>(), 174);

    let mut pcg = rand_pcg::Pcg32::from_rng(&mut rng).unwrap();
    assert_eq!(pcg.gen::<u8>(), 135);
}
```

(5) 了解了常规的随机数生成器（RNG）和伪随机数生成器（PRNG）之后，下面来看一些更复杂的情况。如何使用这些 RNG 处理序列？下面增加以下测试，使用 PRNG 完成重排并选择结果：

```rust
#[test]
fn test_sequences() {
    let mut rng: StdRng = SeedableRng::from_seed([42;32]);

    let emoji = "ABCDEF".chars();
    let chosen_one = emoji.clone().choose(&mut rng).unwrap();
    assert_eq!(chosen_one, 'B');

    let chosen = emoji.choose_multiple(&mut rng, 3);
    assert_eq!(chosen, ['F', 'B', 'E']);

    let mut three_wise_monkeys = vec!['1', '2', '3'];
    three_wise_monkeys.shuffle(&mut rng);
    three_wise_monkeys.shuffle(&mut rng);
    assert_eq!(three_wise_monkeys, ['1', '3', '2']);

    let mut three_wise_monkeys = vec!['1', '2', '3'];
    let partial = three_wise_monkeys.partial_shuffle(&mut rng, 2);
    assert_eq!(partial.0, ['3', '2']);
}
```

(6) 在这个技巧的介绍中我们指出，RNG 可以遵循一个分布。下面为 tests 模块增加另一个测试，使用 **rand** crate 抽取遵循某个分布的随机数：

```rust
const SAMPLES: usize = 10_000;

#[test]
fn test_distributions() {
    let mut rng: StdRng = SeedableRng::from_seed([42;32]);

    let uniform = Uniform::new_inclusive(1, 100);
```

```rust
    let total_uniform: u32 = uniform.sample_iter(&mut rng)
                                    .take(SAMPLES).sum();
    assert!((50.0 - (total_uniform as f32 /(
            SAMPLES as f32)).round()).abs() <= 2.0);

    let bernoulli = Bernoulli::new(0.8).unwrap();
    let total_bernoulli: usize = bernoulli
        .sample_iter(&mut rng)
        .take(SAMPLES)
        .filter(|s| *s)
        .count();

    assert_eq!(
        ((total_bernoulli as f32 /SAMPLES as f32) * 10.0)
            .round()
            .trunc(),
        8.0
    );

    let normal = Normal::new(2.0, 0.5).unwrap();
    let total_normal: f32 = normal.sample_iter(&mut rng)
                                  .take(SAMPLES).sum();
    assert_eq!((total_normal /(SAMPLES as f32)).round(), 2.0);
}
```

（7）最后，可以运行这些测试来看是否输出正面的结果：

```
$ cargo test
 Compiling random-numbers v0.1.0 (Rust-Cookbook/Chapter10/randomnumbers)
  Finished dev [unoptimized + debuginfo] target(s) in 0.56s
    Running target/debug/deps/random_numbers-df3e1bbb371b7353

running 3 tests
test tests::test_sequences ... ok
test tests::test_rngs ... ok
test tests::test_distributions ... ok
test result: ok. 3 passed; 0 failed; 0 ignored; 0 measured; 0 filtered out

   Doc-tests random-numbers
```

```
running 0 tests

test result: ok. 0 passed; 0 failed; 0 ignored; 0 measured; 0
filtered out
```

下面来看在底层在如何工作的。

10.1.2 工作原理

rand crate 自 2018 年以来经历了多个主版本修改,很多方面已经发生改变。具体的,这个 crate 现在采用不同的方式组织(https://rust-random.github.io/book/guide-gen.html),并有多个配套 crate,其中包含较少使用的一些部分的实现。

正是因为这个原因,在步骤 2 中,我们并不只是导入了一个 crate,不过它们都共享同一个 GitHub 存储库(https://github.com/rust-random/rand)。这样划分的原因可能是为了与这个领域的不同需求兼容。

简单地讲,RNG 表示基于其预处理器动态确定的一个数值序列。不过,第一个数是什么?这称为种子(**seed**),可以是某个字面量(为了保证测试的可再生性),或者尽可能接近真正的随机性(如果不是为了测试)。
常用的种子包括自 1970 年 1 月 1 日以来的秒数、操作系统的熵(entropy)、用户输入等。越不可预测,种子就越好。

在步骤 3 中,我们为其余代码增加了一些导入,这在步骤 4 中就会用到。在步骤 4 中,我们开始使用不同类型的 RNG(https://rust-random.github.io/book/guide-rngs.html)。第一个是 **rand** crate 的 **StdRng**,这是(写这本书时)ChaCha PRNG(https://docs.rs/rand/0.7.0/rand/rngs/struct.StdRng.html)的一个抽象,选择这个 RNG 是为了效率和加密安全。第二个算法是 SmallRng(https://docs.rs/rand/0.7.0/rand/rngs/struct.SmallRng.html),这是 **rand** 团队选择的 PRNG,有很好的吞吐量和资源效率。不过,由于这很容易预测,必须仔细选择用例。最后一个算法(**Pcg32**)选自可用 PRNG 列表(https://rust-random.github.io/book/guide-rngs.html),这个算法来自另一个不同的 crate。

在步骤 5 中,我们要处理序列,会从中选择或完成重排(shuffle)。这里的函数包括部分重排(即选择一个随机子集)和完全就地重排,以及随机选择列表中的一个或多个元素。注意,对于这些操作的 trait,其实现方式与实际使用的随机数生成器无关。这样就提供了一个非常灵活而且易于使用的 API。

在步骤 6 中,我们要得到遵循分布的随机数。这对于更具科学性的工作(如初始化向量、仿真或游戏)非常重要。

大多数 RNG 都默认为均匀分布，即每个数都是等概率的。实际上，从某个分布抽取样本需要一个已经初始化的 RNG，这以带种子的 StdRng 形式提供。assert 语句（按照经验）表明它确实是一个均匀分布：抽取 10，000 次之后，这些数的平均值几乎正好位于这个区间的中间（+/−2）。

下面的分布是贝努利分布（Bernoulli distribution）（http：//mathworld. wolfram. com/BernoulliDistribution. html）。可以用一个成功几率（在本例中为 0.8）初始化，不过，通常可以很容易把它想象为一系列抛硬币。实际上，这个分布会用于生成布尔值（正因如此，我们可以根据生成的值进行过滤）。

最后，在这个测试中，我们要为正态分布创建一个生成器（http：//mathworld. wolfram. com/NormalDistribution. html）。这是一种众所周知的形式，随机变量分布在中心点（均值）周围，并且有确定的分布范围（标准差）。值越靠近中心，出现概率越大。在本例中，我们用均值 2.0 和标准差 0.5 来初始化，这意味着，抽取大量样本之后，最终应该会得到我们提供的均值和标准差。**assert_eq**！确认得到了这个均值。

然后步骤 7 显示测试输出，（写本书时）它确实能正常工作。

 如果 **rand** crate 的一些实现细节发生变化（例如，一个次版本更新），对于这个技巧，配套存储库中的代码可能会失败。

要了解关于 **rand** crate 的更多内容，可以参考这本书（https：//rust-random. github. io/book/）。不过，如果你对如何实现 PRNG 感兴趣，想了解更多有关内容，可以参阅 Packt 出版的《Hands-On Data Structures and Algorithms with Rust》（https：//www. packtpub. com/application-development/hands-data-structuresand-algorithms-rust），其中会更深入地介绍有关内容。我们已经了解了如何使用 **rand** crate，现在来看下一个技巧。

10.2　读写文件

处理文件是一个日常任务，取决于编程语言，有时这可能非常困难。Rust 项目团队解决了这个问题，并提供了一个易于使用的 API 来访问文件。下面来具体了解这个内容。

10.2.1　准备工作

首先，使用 **cargo new file-stuff** 创建一个新项目。现在为了处理文件，我们需要一个可以读取和处理的文本文件。Lorem Ipsum（https：//www. lipsum. com/）是一个流行的模拟文本生成器，可以生成大量文本。为了学习这个技巧，请使用这个生成器生成一些段落（200 个），并将这些文本保存到根目录中名为 **lorem. txt** 的文件中。

在 VS Code 中打开项目目录，做好准备。

10.2.2 实现过程

只需几个步骤就可以从磁盘读取文件：

（1）由于 Rust 标准库提供了我们需要的所有基本功能。下面直接打开 **src/main.rs** 来增加导入：

```rust
use std::fs::{self, File};
use std::io::{self, BufRead, BufReader, BufWriter, Read, Seek, Write};
use std::path::Path;

const TEST_FILE_NAME: &str = "lorem.txt";
```

（2）首先，我们来考虑读取文件。为此，要创建一个名为 **read()** 的函数，在导入库的支持下，它会读取并从所准备的文件 **lorem.txt** 提取内容：

```rust
fn read() -> io::Result<()> {
    let path = Path::new(TEST_FILE_NAME);

    let input = File::open(path)?;
    let buffered = BufReader::new(input);

    let words: Vec<usize> = buffered
        .lines()
        .map(|line| line.unwrap().split_ascii_whitespace().count())
        .collect();
    let avg_word_count = words.iter().sum::<usize>() as f32 /
      words.len() as f32;
    println!(
        "{}: Average words per line: {:.2}",
        path.to_string_lossy(),
        avg_word_count
    );

    let mut input = File::open(path)?;
    let mut input_buffer = String::new();
    input.read_to_string(&mut input_buffer)?;
```

```rust
    //...or...
    let lorem = fs::read_to_string(path)?;
    println!(
        "{}: Length in characters : {}",
        path.to_string_lossy(),
        lorem.len()
    );
    //reset file pointer to the beginning
    input.seek(io::SeekFrom::Start(0))?;
    println!(
        "{}: Length in bytes: {}",
        path.to_string_lossy(),
        input.bytes().count()
    );
    Ok(())
}
```

（3）下面来考虑写文件。在这里，我们要创建一个虚拟文件，将采用多种方式写这个文件。可以向 **src/main.rs** 增加以下代码：

```rust
fn write() -> io::Result<()> {
    let mut path = Path::new(".").to_path_buf();

    path.push("hello.txt");

    let mut file = File::create(path)?;
    println!("Opened {:?}", file.metadata()?);

    file.write_all(b"Hello")?;

    let mut buffered = BufWriter::new(file);
    write!(buffered, " World!")?;
    write!(buffered, "\n{:>width$}", width = 0x5ff)?;
    Ok(())
}
```

（4）最后一步，我们要在 **main** 函数中汇总所有函数：

```rust
fn main() -> io::Result<()> {
    println!("===== READ =====");
```

```
        read()?;
        println!();
        println!("===== WRITE ====");
        write()?;
        Ok(())
}
```

(5)使用 **cargo run**,现在可以读写磁盘来完成各种任务。在这里,可以观察到有关 **lorem.txt** 文件的一些统计信息,以及所写文件的元数据:

```
$ cargo run
    Compiling file-stuff v0.1.0 (Rust-Cookbook/Chapter10/file-stuff)
    Finished dev [unoptimized + debuginfo] target(s) in 0.84s
        Running 'target/debug/file-stuff'
===== READ =====
lorem.txt: Average words per line: 42.33
lorem.txt: Length in characters : 57076
lorem.txt: Length in bytes: 57076

===== WRITE ====
Opened Metadata { file_type: FileType(FileType { mode: 33188 }),
is_dir: false, is_file: true, permissions:
Permissions(FilePermissions { mode: 33188 }), modified:
Ok(SystemTime { tv_sec: 1567003873, tv_nsec: 941523976 }),
accessed: Ok(SystemTime { tv_sec: 1566569294, tv_nsec: 260780071
}), created: Err(Custom { kind: Other, error: "creation time is not
available on this platform currently" }) }
```

下面来研究处理文件的工作原理。

10.2.3 工作原理

建立项目之后,我们在步骤 1 中提供了使用文件 API 所需的导入语句。注意,处理和读/写文件在两个不同的模块中:**std::fs** 用于访问,**std::io** 用于读写。除此之外,**std::path** 模块也提供了强大但很容易的方法,可以用一种与平台无关的方式处理路径。

步骤 2 提供了一个函数,它显示了读取数据的多种方法,可以从我们在准备过程中创建的测试文件读取数据。首先,打开文件,并将文件引用传递到 **BufReader**(https://doc.rustlang.org/std/io/struct.BufReader.html),这是一个缓冲阅读器。虽然初始引用也允许读取数据,不过 **BufReader** 可以批量读取文件内容,并从内存提供这些内容。这会减少磁盘访问,同时可以显著提高性能(与逐字节读取相比)。此外,它允许使用 **lines()** 函数迭代处理行。

有了这个 **BufReader**,我们可以迭代处理每一行,按空格划分,并统计得到的元素个数(**.split_ascii_whitespace().count()**)。将这些数累加起来,再除以找到的行数,就可以确定每行的平均单词数。这表明,在 Rust 中,一切都依靠迭代器,只用几行代码就可以创建很强大的功能。

可以不读入一个迭代器,Rust 标准库还支持直接读入一个很大的字符串。对于这个常见的任务,**fs::read_to_string()** 提供了一个方便的快捷方式。不过,如果你想保留文件指针以便以后使用,**File** 结构体还提供了一个 **read_to_string()** 函数。

由于文件指针位于文件中停止读取的位置(在这个例子中,就是文件末尾),在进一步处理之前,必须使用 **seek()** 函数重置文件指针。例如,如果我们想读取字节而不是字符,为此这个 API 也提供了一个迭代器(不过还有更好的方法可以获得以字节为单位的文件大小)。

步骤 3 更深入地研究写文件。首先创建一个 **Path** 实例(这个实例不能更改),因此我们将它转换为一个可变的 **PathBuf** 实例并增加一个文件名。通过调用 **File::create()**,我们可以快速创建(覆盖)文件并获得一个文件指针。**metadata()** 函数提供了关于这个文件的一些元信息(为便于阅读,这里对格式做了调整):

```
Metadata {
    file_type: FileType(FileType {
        mode: 33188
    }),
    is_dir: false,
    is_file: true,
    permissions: Permissions(FilePermissions {
        mode: 33188
    }),
    modified: Ok(SystemTime {
        tv_sec: 1567003873,
        tv_nsec: 941523976
    }),
    accessed: Ok(SystemTime {
        tv_sec: 1566569294,
        tv_nsec: 260780071
    }),
    created: Err(Custom {
```

```
        kind: Other,
        error: "creation time is not available on this platform currently"
    })
}
```

写文件与写控制台是一样的（例如，使用 **write!()** 宏），可以包含任意数据（只要这个数据能串行化为字节）。b" Hello" 字节字面量的处理与 **&str** 切片相同。类似于缓冲读，缓冲写也通过一次写大数据块来提高性能。

步骤 4 和步骤 5 在 **main** 函数中汇总所有内容，并运行来查看结果。

处理文件并没有什么特别的：这个 API 很简单，而且由于它与通用迭代器集成并且使用了标准化 trait，这会带来很多好处。现在来看下一个技巧。

10.3 解析类 JSON 的非结构化格式

在开始之前，我们先来定义什么是结构化和非结构化数据。前者（结构化数据）遵循某种模式，比如 SQL 数据库中的一个表模式。另一方面，非结构化数据所包含的内容是不可预测的。在最极端的例子中，散文是我们所能想到的最没有结构的东西。取决于其内容，每个句子可能遵循不同的规则。

JSON 可读性更强一些，但也是非结构化的。一个对象可以有各种数据类型的属性，并且任意两个对象都不一定相同。在这个技巧中，将研究 JSON（和其他格式）不遵循某个模式时（我们可以在一个结构体中声明这样一个模式），可以采用哪些方法来处理这个 JSON。

10.3.1 准备工作

这个项目要求 Python 运行一个小脚本。对于这个项目的 Python 部分，要安装 Python（从 https://www.python.org/安装 3.6 或 3.7），可以按照这个网站上的说明来安装。**python3** 命令在 Terminal/PowerShell 中都应该可用。

一旦安装了 Python，使用 **cargo new dynamic-data --lib** 创建一个项目。使用 VS Code 打开这个项目目录。

10.3.2 实现过程

解析是一个多步骤的过程（不过很容易）：

（1）首先，为 **Cargo.toml** 增加 **serde** 及其子 crate。打开这个文件，并增加以下依赖项：

```
[dependencies]
serde = "1"
```

```toml
serde_json = "1"
toml = "0.5"
serde-pickle = "0.5"
serde_derive = "1"
```

（2）下面使用这些 crate，看看它们能做什么。为此，我们要创建一些测试，解析不同格式的相同数据，首先来看 JSON 格式。在 **src/lib.rs** 中，将默认的 tests 模块替换为以下代码：

```rust
#[macro_use]
extern crate serde_json;

#[cfg(test)]
mod tests {
    use serde_json::Value;
    use serde_pickle as pickle;
    use std::fs::File;
    use toml;

    #[test]
    fn test_dynamic_json() {
        let j = r#"{
            "userid": 103609,
            "verified": true,
            "friendly_name": "Jason",
            "access_privileges": [
              "user",
              "admin"
            ]
        }"#;
        let parsed: Value = serde_json::from_str(j).unwrap();
        let expected = json!({
          "userid": 103609,
          "verified": true,
          "friendly_name": "Jason",
          "access_privileges": [
            "user",
            "admin"
          ]
```

```
        });
        assert_eq!(parsed, expected);

        assert_eq!(parsed["userid"], 103609);
        assert_eq!(parsed["verified"], true);
        assert_eq!(parsed["friendly_name"], "Jason");
        assert_eq!(parsed["access_privileges"][0], "user");
        assert_eq!(parsed["access_privileges"][1], "admin");
        assert_eq!(parsed["access_privileges"][2], Value::Null);
        assert_eq!(parsed["not-available"], Value::Null);
    }
}
```

（3）TOML 是可与 JSON 和 YAML 匹敌的一个基于文本的格式，用于配置文件。下面创建与前面相同的测试，不过使用 TOML 而不是 JSON，为 **tests** 模块增加以下代码：

```
#[test]
fn test_dynamic_toml() {
    let t = r#"
        [[user]]
        userid = 103609
        verified = true
        friendly_name = "Jason"
        access_privileges = [ "user", "admin" ]
    "#;

    let parsed: Value = toml::de::from_str(t).unwrap();

    let expected = json!({
        "user": [
            {
                "userid": 103609,
                "verified": true,
                "friendly_name": "Jason",
                "access_privileges": [
                    "user",
                    "admin"
                ]
            }
```

```rust
        ]
    });
    assert_eq!(parsed, expected);
    let first_user = &parsed["user"][0];
    assert_eq!(first_user["userid"], 103609);
    assert_eq!(first_user["verified"], true);
    assert_eq!(first_user["friendly_name"], "Jason");
    assert_eq!(first_user["access_privileges"][0], "user");
    assert_eq!(first_user["access_privileges"][1], "admin");
    assert_eq!(first_user["access_privileges"][2], Value::Null);
    assert_eq!(first_user["not-available"], Value::Null);
}
```

（4）由于前面两个都是基于文本的格式，下面来看一个二进制格式。Python 的 pickle 格式常用于串行化数据和机器学习模型。不过，在使用 Rust 读取之前，下面先在一个名为 **create_pickle.py** 的小 Python 脚本（位于项目的根目录）中创建这个文件：

```python
import pickle
import json

def main():
    val = json.loads("""{
            "userid": 103609,
            "verified": true,
            "friendly_name": "Jason",
            "access_privileges": [
              "user",
              "admin"
            ]
        }""") # load the json string as dictionary

    # open "user.pkl" to write binary data ( = wb)
    with open("user.pkl", "wb") as out:
        pickle.dump(val, out) # write the dictionary

if __name__ == '__main__':
    main()
```

（5）运行 **python3 create_pickle.py**，在项目的根目录创建一个 **user.pkl** 文件（脚本应当

安静地退出)。

(6) 向 **src/lib.rs** 中的 **tests** 模块增加最后一个测试,它会解析 pickle 文件的内容,并与预期的内容进行比较:

```rust
#[test]
fn test_dynamic_pickle() {
    let parsed: Value = {
        let data = File::open("user.pkl")
                    .expect("Did you run create_pickle.py?");
        pickle::from_reader(&data).unwrap()
    };

    let expected = json!({
      "userid": 103609,
      "verified": true,
      "friendly_name": "Jason",
      "access_privileges": [
        "user",
        "admin"
      ]
    });
    assert_eq!(parsed, expected);

    assert_eq!(parsed["userid"], 103609);
    assert_eq!(parsed["verified"], true);
    assert_eq!(parsed["friendly_name"], "Jason");
    assert_eq!(parsed["access_privileges"][0], "user");
    assert_eq!(parsed["access_privileges"][1], "admin");
    assert_eq!(parsed["access_privileges"][2], Value::Null);
    assert_eq!(parsed["not-available"], Value::Null);
}
```

(7) 最后,我们想看看测试(成功)运行的结果。下面执行 **cargo test** 查看测试结果,可以看到,我们能读取不同来源的二进制和文本数据:

```
$ cargo test
   Compiling dynamic-json v0.1.0 (Rust-Cookbook/Chapter10/dynamicdata)
warning: unused '#[macro_use]' import
```

```
   --> src/lib.rs:1:1
   |
 1 | #[macro_use]
   | ^^^^^^^^^^^^
   |
   = note: #[warn(unused_imports)] on by default

 Finished dev [unoptimized + debuginfo] target(s) in 1.40s
  Running target/debug/deps/dynamic_json-cf635db43dafddb0

running 3 tests
test tests::test_dynamic_json ... ok
test tests::test_dynamic_pickle ... ok
test tests::test_dynamic_toml ... ok

test result: ok. 3 passed; 0 failed; 0 ignored; 0 measured; 0 filtered out

  Doc-tests dynamic-json

running 0 tests

test result: ok. 0 passed; 0 failed; 0 ignored; 0 measured; 0 filtered out
```

下面来看这是如何工作的。

10.3.3 工作原理

一旦建立了类型，类似 Rust 的静态类型语言会让编程容易得多。不过，在当今这个世界里，Web 服务 API 在不断变化，一个额外的简单属性可能就会导致解析器错误，而无法继续解析。因此，**serde** 不仅支持完全自动化的解析，还利用类型解析支持从其 **Value** 类型动态提取数据。

在步骤 1 中，我们增加了各个依赖项，所有这些都符合 **serde** 接口（位于 **serde** crate），尽管它们来源不同。步骤 2 以及后面的步骤演示了如何使用这些库。

我们首先创建一个原始字符串，其中包含将由 **serde_json** 解析的一个 JSON 字符串。一旦创建了 **Value** 变量，可以使用 **json**! 宏创建一个等价的对象来进行比较。在此之后，调用 **Value** API 检索各个属性并检查它们的类型和内容。**Value** 是一个 enum（https://docs.serde.rs/serde_json/value/enum.Value.html），实现了一组自动化转换和检索函数，从而支持这些 assert_eq! 语句。如果一个属性或列表索引不存在，会返回 **Value** 的 **Null** 变体。

步骤 3 解析 TOML（https://github.com/toml-lang/toml）格式，并与 JSON 输出比较，由于使用了统一的 **Value** enum，所以与步骤 2 非常类似。主要区别在于，在 TOML 中 user 属性是一个列表，以此演示另一个列表语法（[[**this-way-to-declare-a-list-item**]]）。

在步骤 4 和步骤 5 中，我们准备了一个 Python pickle 文件，其中包含一个字典对象，这是由步骤 2 中同一个 JSON 对象解析得到的。Pickle 是一种二进制格式，这意味着我们要告诉 Python 的 **File** API 写原始字节，而不是编码文本。相反的，读取文件时，Rust 默认会读取字节，如果需要，会要求程序员提供解释（编解码器 codec）。File API（https://doc.rust-lang.org/std/fs/struct.File.html）自动返回一个（未缓冲的）**Read** 对象来获取内容，我们可以直接将它传递到适当的 pickle 函数。代码的其余部分会验证从 pickle 文件读取的内容与其他对象是否相同。

这里展示了 3 种类型的读取，不过 **serde** 还支持更多类型。可以查看它们的文档来了解更多信息。现在来看下一个技巧。

10.4 使用正则表达式提取文本

很长时间以来，正则表达式已经成为编程的一部分，在 Rust 中，则是以 **ripgrep**（https://github.com/BurntSushi/ripgrep）的形式流行起来。**ripgrep** 是 grep 的一个变种，可以在文件中搜索某个特定的正则表达式，它已经被采纳为 VS Code 的一个主要部分，用于支持搜索引擎。原因很简单：就是因为它的速度（https://github.com/BurntSushi/ripgrep#quick-examples-comparing-tools）。

Rust 的正则表达式库已经重新实现，这可能是它优于早期实现的原因（而且因为 Rust 速度很快）。下面来看如何在 Rust 项目中利用正则表达式。

10.4.1 实现过程

完成以下步骤来研究 Rust 中如何使用正则表达式：

(1) 打开一个 Terminal，使用 **cargo new regex - - lib** 创建一个新项目。使用 VS Code 打开这个项目目录。

(2) 首先，我们要在 **Cargo.toml** 的依赖项中增加 regex crate：

```
[dependencies]
regex = "1"
```

（3）接下来，打开 **src/lib.rs**，创建一些可以运行的测试。首先，我们要创建一个 tests 模块，用以下代码替换现有的代码：

```rust
#[cfg(test)]
mod tests {
    use regex::Regex;
    use std::cell::RefCell;
    use std::collections::HashMap;
}
```

（4）正则表达式通常用来解析数据或验证数据是否遵循表达式的规则。下面在 tests 模块中增加一个测试，完成一些简单的解析：

```rust
#[test]
fn simple_parsing() {
    let re = Regex::new(r"(?P<y>\d{4})-(?P<m>\d{2})-(?P<d>\d{2})").unwrap();
    assert!(re.is_match("1999-12-01"));
    let date = re.captures("2019-02-27").unwrap();

    assert_eq!("2019", &date["y"]);
    assert_eq!("02", &date["m"]);
    assert_eq!("27", &date["d"]);

    let fun_dates: Vec<(i32, i32, i32)> = (1..12)
        .map(|i| (2000 + i, i, i * 2)).collect();

    let multiple_dates: String = fun_dates
        .iter()
        .map(|d| format!("{}-{:02}-{:02} ", d.0, d.1, d.2))
        .collect();

    for (match_, expected) in re.captures_iter(
        &multiple_dates).zip(fun_dates.iter()) {
        assert_eq!(match_.get(1).unwrap().as_str(),
                   expected.0.to_string());
        assert_eq!(
            match_.get(2).unwrap().as_str(),
```

```rust
        format!("{:02}", expected.1)
    );
    assert_eq!(
        match_.get(3).unwrap().as_str(),
        format!("{:02}", expected.2)
    );
}
```

（5）不过，利用其模式匹配，正则表达式还能做更多工作。另一个任务是替换数据：

```rust
#[test]
fn reshuffle_groups() {
    let re = Regex::new(r"(?P<y>\d{4})-(
        ?P<m>\d{2})-(?P<d>\d{2})").unwrap();

    let fun_dates: Vec<(i32, i32, i32)> = (1..12)
        .map(|i| (2000 + i, i, i * 2)).collect();

    let multiple_dates: String = fun_dates
        .iter()
        .map(|d| format!("{}-{:02}-{:02} ", d.0, d.1, d.2))
        .collect();

    let european_format = re.replace_all(
                        &multiple_dates, "$d.$m.$y");

    assert_eq!(european_format.trim(), "02.01.2001 04.02.2002
        06.03.2003 08.04.2004 10.05.2005
        12.06.2006 14.07.2007 16.08.2008
        18.09.2009 20.10.2010 22.11.2011");
}
```

（6）最后一个测试中，我们可以使用正则表达式做一些更有意思的数据分析，例如，统计电话号码的前缀：

```rust
#[test]
fn count_groups() {
    let counter: HashMap<String, i32> = HashMap::new();

    let phone_numbers = "+49 (1234) 45665
```

```
    +43(0)1234/45665 43
    +1 314-CALL-ME
    +44 1234 45665
    +49 (1234) 44444
    +44 12344 55538";

    let re = Regex::new(r"(\+[\d]{1,4})").unwrap();
    let prefixes = re
        .captures_iter(&phone_numbers)
        .map(|match_| match_.get(1))
        .filter(|m| m.is_some())
        .fold(RefCell::new(counter), |c, prefix| {
            {
                let mut counter_dict = c.borrow_mut();
                let prefix = prefix.unwrap().as_str().to_string();
                let count = counter_dict.get(&prefix)
                            .unwrap_or(&0) + 1;
                counter_dict.insert(prefix, count);
            }
            c
        });

    let prefixes = prefixes.into_inner();
    assert_eq!(prefixes.get("+49"), Some(&2));
    assert_eq!(prefixes.get("+1"), Some(&1));
    assert_eq!(prefixes.get("+44"), Some(&2));
    assert_eq!(prefixes.get("+43"), Some(&1));
}
```

(7) 下面使用 **cargo test** 运行这些测试，可以看到正则表达式表现得很好：

```
$ cargo test
 Finished dev [unoptimized + debuginfo] target(s) in 0.02s
  Running target/debug/deps/regex-46c0a096a2a4a140

running 3 tests
test tests::count_groups ... ok
test tests::simple_parsing ... ok
test tests::reshuffle_groups ... ok
```

```
test result: ok. 3 passed; 0 failed; 0 ignored; 0 measured; 0
filtered out

  Doc-tests regex

running 0 tests

test result: ok. 0 passed; 0 failed; 0 ignored; 0 measured; 0
filtered out
```

我们已经知道了如何使用正则表达式，下面来看它们是如何工作的。

10.4.2　工作原理

完成步骤 1 和步骤 2 中的初始设置之后，我们首先在步骤 3 中创建一个 tests 模块以及所需的依赖项。然后，步骤 4 包含了第一个测试，展示了 regex crate（https://docs.rs/regex/1.2.1/regex/）如何处理简单的数据解析。

通过使用原始字符串字面量语法（r"I am a raw string"），我们编译了一个新的 **Regex** 实例，要用来匹配日期字符串。所包含的字符类是跨操作系统和语言通用的，也支持空白符以及（alpha）数值字符和原始字节。此外，可以使用（? **flag**）表示法直接将标志放在表达式中。

步骤 4 中的正则表达式包括 3 个部分：(? P<y> \ d {4}) - (? P<m> \ d {2}) - (? P<d> \ d {2})。

第 1 部分名为 y（? P<name>声明一个名），查找可以匹配的 4 位（{4}）数字（\ d）。第 2 部分和第 3 部分会查找两位数字，分别名为 **m** 和 **d**。稍后我们想要获取匹配项时，这个命名会很重要。在这些模式之间，可以看到一个-，这表示最终的模式看起来必须类似 **yyyy-mm-dd**（具体来讲就是 **1234-12-12**）才能匹配。

再来看测试，我们要做以下工作。通过准备几个正面例子，我们可以验证一个日期（**1999-12-01**），另外按名提取各个部分（**2019-02-27**）。如果一个字符串有多个匹配项，还可以迭代处理这些捕获项以保持高效。对于这个测试，我们还会检查迭代处理时提取的内容是否与预期值匹配。

 编译一个正则表达式会花费大量时间，尤其是当表达式很庞大时。因此，要尽可能地预编译和重用，并避免循环编译！

步骤 5 创建了一个类似的正则表达式，并从步骤 4 的测试中复制 **fun_dates** 变量。不过，我们不只是提取内容，而是要替换模式，在这里就是把 ISO 的-表示法转换为欧式风格的 . 表示法。由于我们已经对正则表达式中的组命名，所以现在也可以在替换字符串中引用这些

组名。

在步骤 6 中，我们再来考虑匹配，但不是简单地验证，而是提取并使用所提取的数据来创建信息。假设现在的任务是统计电话号码中的国家代码，可以应用正则表达式并使用 **HashMap** 来跟踪每个号码的出现次数。这个正则表达式匹配任何以＋开头后面是 1 到 4 位数的字符串：**(\ + [\ d] {1, 4})**。

使用 Rust 的迭代器功能，我们要提取匹配项，过滤掉所有不匹配的内容，然后将结果折叠到（folding）通用 HashMap 中。**RefCell** 可以帮助管理可变性，由于折叠（fold）函数必须返回累加结果，我们必须限制可变借用，以确保内存安全（编译器会指出）。一旦提取了单元格的内部值，就能看到这些数是什么。

正则表达式能完成大量任务，这里只涉及了其中几个常见的主题。强烈建议你阅读文档来了解更多信息！

现在我们已经对正则表达式有了一些了解，可以继续学习下一个技巧了。

10.5 递归搜索文件系统

正如我们在上一个技巧（"10.4 使用正则表达式提取文本"）中提到的，ripgrep 是一个流行的 grep 引擎，它会遍历文件来查找与所提供正则表达式规则匹配的任何内容。为此，不仅需要编译正则表达式并用它匹配大量文本，还需要查找这些文本。为了访问和打开这些文件，我们需要遍历文件系统的目录树。下面来看如何在 Rust 中做到这一点。

10.5.1 实现过程

可以通过以下步骤了解递归搜索：

（1）打开一个 Terminal 使用 **cargo new filesystem** 创建一个新项目。使用 VS Code 打开这个项目目录。

（2）编辑 **Cargo.toml** 来增加一个依赖项：**glob** crate，用于遍历文件系统：

```
[dependencies]
glob = "0.3.0"
```

（3）在 **src/main.rs** 中，可以实现一些函数来遍历文件系统树，不过首先增加导入语句，并为装箱错误建立一个类型别名：

```
use glob;
use std::error::Error;
use std::io;
```

第 10 章 Rust 实战

```rust
use std::path::{Path, PathBuf};

type GenericError = Box<dyn Error + Send + Sync + 'static>;
```

（4）接下来，我们要增加一个递归的 **walk** 函数，它只使用 Rust 标准库。增加以下代码：

```rust
fn walk(dir: &Path, cb: &dyn Fn(&PathBuf), recurse: bool) ->
io::Result<()> {
    for entry in dir.read_dir()? {
        let entry = entry?;
        let path = entry.path();
        if recurse && path.is_dir() {
            walk(&path, cb, true)?;
        }
        cb(&path);
    }
    Ok(())
}
```

（5）**glob** 也支持文件系统中的通配符名字（例如，*.txt 或 **Cargo***），在 Windows 和 Linux/UNIX 上都可用。有些实现中，glob 还可以是递归的，正因如此，我们可以使用同名的 crate 来实现另一个 **walk** 函数：

```rust
fn walk_glob(pattern: &str, cb: &dyn Fn(&PathBuf)) -> Result<(),
GenericError> {
    for entry in glob::glob(pattern)? {
        cb(&entry?);
    }
    Ok(())
}
```

（6）现在还缺少 **main** 函数把这些汇总起来并相应地调用函数。增加以下代码：

```rust
fn main() -> Result<(), GenericError> {
    let path = Path::new("./src");
    println!("Listing '{}'", path.display());
    println!("= = =");
    walk(path, &|d| println!(" {}", d.display()), true)?;
    println!();
```

```rust
    let glob_pattern = "../*/*/*.rs";
    println!("Listing by glob filter: {}", glob_pattern);
    println!("= = =");
    walk_glob(glob_pattern, &|d| println!(" {}", d.display()))?;
    println!();

    let glob_pattern = "Cargo.*";
    println!("Listing by glob filter: {}", glob_pattern);
    println!("= = =");
    walk_glob(glob_pattern, &|d| println!(" {}", d.display()))?;
    Ok(())
}
```

(7) 与以往一样,我们希望运行这个例子,使用 **cargo run** 递归地列出你的文件系统中的文件,这里要使用步骤 6 中定义的过滤器。另外还建议你把路径改为适合你的系统的某个路径:

```
$ cargo run
    Compiling filesystem v0.1.0 (Rust-Cookbook/Chapter10/filesystem)
     Finished dev [unoptimized + debuginfo] target(s) in 0.25s
      Running 'target/debug/filesystem'
Listing './src'
= = =
  ./src/main.rs

Listing by glob filter: ../*/*/*.rs
= = =
  ../command-line-args/src/main.rs
  ../dynamic-data/src/lib.rs
  ../file-stuff/src/main.rs
  ../filesystem/src/main.rs
  ../logging/src/main.rs
  ../pipes/src/main.rs
  ../random-numbers/src/lib.rs
  ../regex/src/lib.rs
  ../rusty-ml/src/main.rs
  ../sub-processes/src/main.rs
  ../web-requests/src/main.rs
```

```
Listing by glob filter: Cargo.*
===
    Cargo.lock
    Cargo.toml
```

下面来研究使用一个过滤器遍历文件系统的内部工作原理。

10.5.2 工作原理

遍历文件系统树并不是一项特别复杂的任务。不过，就像任何其他树遍历一样，用递归方式遍历会容易得多，不过如果目录嵌套太深，往往会有风险，可能会遇到堆栈溢出问题。尽管迭代方法也是可以的，但实现起来比较冗长，也更复杂。

在这个技巧中，我们首先在步骤 1 中完成所有设置，增加 **glob** crate（https://docs.rs/glob/0.3.0/glob/）作为步骤 2 中的依赖库，最后在步骤 3 中导入所需的模块。在步骤 4 中，我们编写了第一个 **walk** 函数，这是一个递归的中序遍历。这意味着，在开始执行路径上所提供的回调之前，我们会递归地尽可能向下访问第一个目录（按某种顺序），因此我们将按照节点出现的顺序处理这些节点。

Rust 的 **DirEntry** 结构体功能很强大，因为它允许通过一个属性（而不是调用另一个函数）来访问其内容。**io::Result<()>** 返回类型还允许使用? 操作符，出现错误的情况下会提前结束。

步骤 5 使用 **glob** 迭代器提供了一个类似的函数。由于输入是一个模式（递归和非递归），会解析这个模式，如果模式有效，则返回匹配文件和文件夹路径的一个迭代器。然后我们可以用这些匹配结果调用回调。

在步骤 6 中，我们使用了一系列路径来调用函数。第一个下行到 **src** 目录，使用递归方法列出其中的所有文件。第二个模式首先向上进入项目目录的父目录，然后递归匹配那个目录（和以下目录）中找到的所有 *.rs 文件。你应该会看到这一章我们已经编写（和将要编写）的所有代码文件。

最后，过滤器也很简单，如最后一个 **walk_glob()** 调用所示，会匹配两个 **Cargo.*** 文件。

现在我们知道了如何遍历文件系统，接下来我们来看另一个技巧。

10.6 自定义命令行参数

处理命令行参数是一种很好的方法，可以配置程序来运行特定的任务、使用特定的一组输入数据，或者只是要输出更多信息。如果查看目前 Linux 程序的帮助文本输出，它提供了所有可用标志和参数的大量信息。除此之外，会以某种标准化格式打印这个文本，因此，这通常需要强大的库支持来完成。

Rust 用于处理命令行参数的最流行的 crate 名为 **clap**（https://clap.rs/），在这个技巧中，我们将介绍如何利用它的强大功能来创建一个有用的命令行接口。

10.6.1 实现过程

使用命令行参数打印目录/文件的一个简单程序只需要以下几个步骤：

（1）打开一个 Terminal 使用 **cargo new command-lineargs** 创建一个新项目。使用 VS Code 打开这个项目目录。

（2）首先，调整 **Cargo.toml** 来下载 **clap**，并且指定一个更好的二进制输出名：

```
[package]
name = "list"
version = "1.0.0"
authors = ["Claus Matzinger<claus.matzinger+kb@gmail.com>"]
edition = "2018"

# See more keys and their definitions at
https://doc.rust-lang.org/cargo/reference/manifest.html

[dependencies]
clap = {version = "2.33", features = ["suggestions", "color"]}
```

（3）在 **src/main.rs** 中，首先要增加导入：

```
use clap::{App, Arg, SubCommand};
use std::fs::DirEntry;
use std::path::Path;

use std::io;
```

（4）然后，定义一个 **walk** 函数，它会递归地遍历文件系统，在每个条目（entry）上调用一个回调。这个函数支持排除某些路径（我们使用其自己的类型来实现）：

```
struct Exclusion(String);

impl Exclusion {
    pub fn is_excluded(&self, path: &Path) -> bool {
        path.file_name()
            .map_or(false, |f|
```

```
f.to_string_lossy().find(&self.0).is_some())
    }
}
```

有了这个回调函数，下面可以定义 walk 函数：

```
fn walk(
    dir: &Path,
    exclusion: &Option<Exclusion>,
    cb: &dyn Fn(&DirEntry),
    recurse: bool,
) -> io::Result<()> {
    for entry in dir.read_dir()? {
        let entry = entry?;
        let path = entry.path();
        if !exclusion.as_ref().map_or(false,
                |e| e.is_excluded(&path)) {
            if recurse && path.is_dir() {
                walk(&path, exclusion, cb, true)?;
            }
            cb(&entry);
        }
    }
    Ok(())
}
```

（5）接下来，利用几个辅助函数可以更轻松地完成打印：

```
fn print_if_file(entry: &DirEntry) {
    let path = entry.path();
    if !path.is_dir() {
        println!("{}", path.to_string_lossy())
    }
}
fn print_if_dir(entry: &DirEntry) {
    let path = entry.path();
    if path.is_dir() {
        println!("{}", path.to_string_lossy())
    }
}
```

}

（6）在 main 函数中，我们第一次使用了 **clap** API。在这里，我们要创建应用的参数/子命令结构：

```
fn main() -> io::Result<()> {
    let matches = App::new("list")
        .version("1.0")
        .author("Claus M - claus.matzinger+kb@gmail.com")
        .about("")
        .arg(
            Arg::with_name("exclude")
                .short("e")
                .long("exclude")
                .value_name("NAME")
                .help("Exclude directories/files with this name")
                .takes_value(true),
        )
        .arg(
            Arg::with_name("recursive")
                .short("r")
                .long("recursive")
                .help("Recursively descend into subdirectories"),
        )
```

在参数后面，用同样的方法增加子命令，这里遵循生成器模式（builder pattern:）：

```
        .subcommand(
            SubCommand::with_name("files")
                .about("Lists files only")
                .arg(
                    Arg::with_name("PATH")
                        .help("The path to start looking")
                        .required(true)
                        .index(1),
                ),
        )
        .subcommand(
            SubCommand::with_name("dirs")
```

```
            .about("Lists directories only")
            .arg(
                Arg::with_name("PATH")
                    .help("The path to start looking")
                    .required(true)
                    .index(1),
            ),
    )
    .get_matches();
```

一旦获取这些匹配项,必须得到传入程序的具体值:

```
let recurse = matches.is_present("recursive");
let exclusions = matches.value_of("exclude")
                .map(|e| Exclusion(e.into()));
```

不过,对于子命令,我们还可以匹配它们的特定标志和其他参数,最好用 Rust 的模式匹配来提取:

```
match matches.subcommand() {
    ("files", Some(subcmd)) => {
        let path = Path::new(subcmd.value_of("PATH").unwrap());
        walk(path, &exclusions, &print_if_file, recurse)?;
    }
    ("dirs", Some(subcmd)) => {
        let path = Path::new(subcmd.value_of("PATH").unwrap());
        walk(path, &exclusions, &print_if_dir, recurse)?;
    }
    _ => {}
}
Ok(())
}
```

(7) 下面来看这个程序做了些什么。运行 **cargo run** 来查看初始输出:

```
$ cargo run
    Compiling list v1.0.0 (Rust-Cookbook/Chapter10/command-lineargs)
    Finished dev [unoptimized + debuginfo] target(s) in 0.68s
        Running 'target/debug/list'
```

什么都没有！确实，我们没有指定任何必要的命令或参数。下面运行 **cargo run-help** 来查看帮助文本（因为我们把程序命名为 list，直接调用已编译的可执行程序就是 **list help**），其中会显示我们能尝试哪些选项：

```
$ cargo run --help
    Finished dev [unoptimized + debuginfo] target(s) in 0.03s
     Running 'target/debug/list help'
list 1.0
Claus M -claus.matzinger+kb@gmail.com

USAGE:
    list [FLAGS] [OPTIONS] [SUBCOMMAND]

FLAGS:
    -h, --help       Prints help information
    -r, --recursive  Recursively descend into subdirectories
    -V, --version    Prints version information

OPTIONS:
    -e, --exclude <NAME> Exclude directories/files with this name

SUBCOMMANDS:
    dirs  Lists directories only
    files Lists files only
    help  Prints this message or the help of the given subcommand(s)
```

首先要考虑 **dirs** 子命令，所以运行 **cargo run-dirs** 来看它是否能识别出必要的 **PATH** 参数：

```
$ cargo run --dirs
    Finished dev [unoptimized + debuginfo] target(s) in 0.02s
     Running 'target/debug/list dirs'
error: The following required arguments were not provided:
    <PATH>

USAGE:
    list dirs<PATH>

For more information try --help
```

下面再尝试一个完全参数化的运行，这里我们会列出项目目录的所有子文件夹，但排除名为 **src** 的目录（及其子目录）：

```
$ cargo run - - - e "src" - r dirs "."
    Finished dev [unoptimized + debuginfo] target(s) in 0.03s
     Running 'target/debug/list - e src - r dirs .'
./target/debug/native
./target/debug/deps
./target/debug/examples
./target/debug/build/libc - f4756c111c76f0ce/out
./target/debug/build/libc - f4756c111c76f0ce
./target/debug/build/libc - dd900fc422222982
./target/debug/build/bitflags - 92aba5107334e3f1
./target/debug/build/bitflags - cc659c8d16362a89/out
./target/debug/build/bitflags - cc659c8d16362a89
./target/debug/build
./target/debug/.fingerprint/textwrap - a949503c1b2651be
./target/debug/.fingerprint/vec_map - bffb157312ad2f55
./target/debug/.fingerprint/bitflags - 20c9ba1238fdf359
./target/debug/.fingerprint/strsim - 13cb32b0738f6106
./target/debug/.fingerprint/libc - 63efda3965f75b56
./target/debug/.fingerprint/clap - 062d4c7aff8b8ade
./target/debug/.fingerprint/unicode - width - 62c92f6253cf0187
./target/debug/.fingerprint/libc - f4756c111c76f0ce
./target/debug/.fingerprint/libc - dd900fc422222982
./target/debug/.fingerprint/list - 701fd8634a8008ef
./target/debug/.fingerprint/ansi_term - bceb12a766693d6c
./target/debug/.fingerprint/bitflags - 92aba5107334e3f1
./target/debug/.fingerprint/bitflags - cc659c8d16362a89
./target/debug/.fingerprint/command - line - args - 0ef71f7e17d44dc7
./target/debug/.fingerprint/atty - 585c8c7510af9f9a
./target/debug/.fingerprint
./target/debug/incremental/command_line_args - 1s3xsytlc6x5x/sffbsjpqyuz - 19aig85 - 4az1dq8f8e3e
./target/debug/incremental/command_line_args - 1s3xsytlc6x5x
./target/debug/incremental/list - oieloyeggsml/sffjle2dbdm - 1w5ez6c - 13wi8atbsq2wt
```

```
./target/debug/incremental/list-oieloyeggsml
./target/debug/incremental
./target/debug
./target
```

自己试试看：可以通过多种组合来展示 **clap** 的强大功能。下面来看它是如何工作的。

10.6.2 工作原理

clap（https://clap.rs/）引以为豪的是，它是 Rust 中处理命令行参数的一个简单易用的 crate，确实如此。在前两个步骤中，我们建立了应用配置和依赖项，还重新命名了二进制输出，因为 **list** 比 **command-line-args** 更贴切。

在步骤 3 中，首先为 **clap** 导入必要的结构体（https://docs.rs/clap/2.33.0/clap/struct.App.html）—**App**、**Arg** 和 **SubCommand**，在步骤 4 中，我们创建了将使用命令行参数进行参数化的函数。这个函数本身是一个简单的目录树遍历，能够在每个条目上执行回调，并提供了一种方法来排除某些路径。

 这与我们在本章前面"10.5 *递归搜索文件系统*"技巧中所做的很类似。

步骤 5 中定义了一些仅用于打印目录和文件的额外辅助回调。这也可以使用闭包来实现，但达不到同样的可读性。

步骤 6 中我们开始使用 **clap** API。这个特定例子只使用了 Rust API，不过，**clap** 也支持使用外部文件来配置参数。更多有关内容参见 https://docs.rs/clap/2.33.0/clap/index.html。不论你打算如何定义参数，结构都很相似：**App** 结构体有一些元参数，可以通知用户关于作者、版本和其他方面的信息以及可能有的参数。

参数可以是一个标志（也就是要设置为 **true**/**false**）或一个值（例如一个输入路径），这就是我们使用 **Arg** 结构体来分别配置各个参数的原因。典型的命令行标志对于较长的名有一个简写（Linux/Unix 上使用 **ls-a** 而不是 **ls--all**），另外还有一个简短的帮助文本来解释用法。最后一个设置表示这个标志是否有更复杂的类型，而不只是一个布尔类型，我们将 **exclude** 设置为 **true**，**recursive** 标志则保留为 **false**。这些名字稍后将用于检索这些值。

现在，很多命令行应用都有一个子命令结构，可以有更好的结构性和可读性。子命令可以嵌套，而且可以有自己的参数，类似于 **App** 结构体。在这里我们定义的参数是位置参数，所以它们不是按名字来引用，而必须出现在特定的位置上。因为这个参数是必要的，所以参数解析器会接受传入的任何值。

通过调用 **get_matches()**，我们会执行解析（这还会触发帮助文本，如果必要还可能提前退出）并获取一个 **ArgMatches** 实例。这个类型使用 **Option** 和 **Result** 类型来管理键值对（参数名和获得的值），这就允许我们对默认值使用 Rust 代码。

子命令在某种程度上与子应用类似。它们有自己的 **ArgMatches** 实例，可以更直接地访问它们的标志。

步骤 6 显示了运行程序的几个可能的调用。我们使用两个短横线（--）将某些参数传递给应用（而不是 cargo 解释这些参数），并且通过运行默认的 help 子命令，可以看到一个漂亮的标准化帮助输出，其中包含我们提供的所有文本和名字。

如果解析无法完成（例如，标志拼写错误时），也会提供这些帮助文本，而且会对每个子命令提供帮助。不过，步骤 7 的最后一部分显示了正确解析时的结果，会列出 **target/** 中的所有构建目录（因为我们排除了 **src**）。我们不想列出所有参数组合让你厌烦，所以建议你自己尝试我们配置的其他参数，看看有什么不同的结果！

现在我们知道了如何处理命令行参数，下面来看下一个技巧。

10.7 使用管道输入数据

从文件读取数据是一个很常见的任务，我们在本章的另一个技巧（"10.2　读写文件"）中介绍过。不过，那并不总是最好的选择。实际上，可以使用管道（|）把多个 Linux/UNIX 程序链接在一起，来处理接收到的流。这支持：

- 输入源的灵活性（可以是静态文本、文件和网络流），而不需要修改程序。
- 运行多个进程，只把最终结果写回磁盘。
- 流的懒计算。
- 灵活的上游和下游处理（例如，将输出写入磁盘之前对输出用 gzip 压缩）。

如果你不熟悉这是如何工作的，管道语法看起来可能有些晦涩难懂。不过，实际上这源于一种函数式编程范式（https://www.geeksforgeeks.org/functional-programming-paradigm/），其中管道和流处理相当常见，类似于 Rust 的迭代器。下面来构建一个转换器，将 CSV 转换为基于行的 JSON（每一行是一个对象），看看我们如何使用管道！

10.7.1 准备工作

打开一个 Terminal，使用 **cargo new pipes** 创建一个新项目。使用 VS Code 打开项目目录，并创建一个简单的 CSV 文件，名为 **cars.csv**，其中包含以下内容：

```
year,make,model
1997,Ford,E350
1926,Bugatti,Type 35
```

```
1971,Volkswagen,Beetle
1992,Gurgel,Supermini
```

现在我们要解析这个文件,并由它创建一系列 JSON 对象。

10.7.2 实现过程

遵循以下步骤实现一个 **csv** 到 JSON 的转换器:

(1) 打开 **Cargo.toml**,增加解析 CSV 和创建 JSON 所需的一些依赖项:

```
[dependencies]
csv = "1.1"
serde_json = "1"
```

(2) 下面来增加一些代码。与以往一样,我们要在 **src/main.rs** 中导入一些库,从而能够在代码中使用:

```
use csv;
use serde_json as json;
use std::io;
```

(3) 下面要增加一个函数,将输入数据转换为 JSON。可以使用 **Iterator** trait 妥善地完成这个工作,每个 **csv::StringRecord** 实例都实现了这个 trait:

```
fn to_json(headers: &csv::StringRecord, current_row:
csv::StringRecord) -> io::Result<json::Value> {
    let row: json::Map<String, json::Value> = headers
        .into_iter()
        .zip(current_row.into_iter())
        .map(|(key, value)| (key.to_string(),
json::Value::String(value.into())))
        .collect();
    Ok(json::Value::Object(row))
}
```

(4) 如何得到这些 **csv::StringRecords** 实例呢?通过从控制台读取!最后一段代码中,我们要把默认的 **main** 函数替换为以下代码:

```
fn main() -> io::Result<()> {
    let mut rdr = csv::ReaderBuilder::new()
        .trim(csv::Trim::All)
```

```rust
            .has_headers(false)
            .delimiter(b',')
            .from_reader(io::stdin());
        let header_rec = rdr
            .records()
            .take(1)
            .next()
            .expect("The first line does not seem to be a valid CSV")?;
        for result in rdr.records() {
            if let Ok(json_rec) = to_json(&header_rec, result?) {
                println! ("{}", json_rec.to_string());
            }
        }
    }
    Ok(())
}
```

（5）最后，使用 PowerShell（Windows 上）或你喜欢的 Terminal（Linux/macOS）运行这个二进制项目，并通过管道提供输入数据：

```
$ cat cars.csv | cargo run
    Compiling pipes v0.1.0 (Rust-Cookbook/Chapter10/pipes)
     Finished dev [unoptimized + debuginfo] target(s) in 1.46s
      Running 'target/debug/pipes'
{"make":"Ford","model":"E350","year":"1997"}
{"make":"Bugatti","model":"Type 35","year":"1926"}
{"make":"Volkswagen","model":"Beetle","year":"1971"}
{"make":"Gurgel","model":"Supermini","year":"1992"}
```

下面具体分析如何让数据流过多个程序。

10.7.3　工作原理

Linux 操作系统主要是基于文件的，很多重要的内核接口可以在虚拟文件系统（假装是一个文件或文件夹结构）中找到。最好的例子是 **/proc** 文件系统，它允许用户访问硬件以及内核/系统的其他当前信息。以同样的方式，可以类似地处理控制台的输入和输出，它们实际上就是保留的文件句柄，编号分别为 0（标准输入）、1（标准输出）和 2（标准错误输出）。事实上，这些会链接回 **/proc** 文件系统，**/proc/<process id>/fd/1** 就是这个特定进程 ID 的标准输出。

记住这个概念，这些文件描述符可以像其他文件一样读取，这就是这个技巧中所做的。

在步骤 1 中设置基本依赖项并在步骤 2 中导入模块之后，我们在步骤 3 中创建一个处理函数。这个函数接受 csv crate（https://docs.rs/csv/1.1.1/）的两个泛型 **StringRecord**，分别对应标题行和当前行。迭代器上的 **zip()**（https://doc.rust-lang.org/std/iter/trait.Iterator.html#method.zip）函数允许我们高效地对齐索引，从而可以将其结果转换为 **String** 和 **serde_json::Value::String** 的一个元组。这样我们可以将这些元组收集到一个 **serde_json::Map** 类型，它会转换为 **serde_json::Value::Object**（表示一个 JSON 对象）。

迭代器的 **collect()** 函数依赖于特定类型要实现 **FromIterator** trait。**serde_json::Map** 为（**String, serde_json::Value**）实现了这个 trait。

然后步骤 4 调用这个 **to_json()** 函数，不过只是在建立了一个自定义 **Reader** 对象之后才会调用！默认情况下，**csv::Reader** 希望接收的行符合 **Deserialize** 结构体，在一个通用工具中这是不可能的。因此，我们使用 **ReaderBuilder** 并指定所需的选项来创建一个实例：

- **trim（csv::Trim::All）**：这会使清理更容易。
- **has_headers（false）**：这使我们先读取标题行；否则它们会被忽略。
- **delimiter（b',')**：这会把定界符硬编码设置为一个逗号。
- **from_reader（io::stdin()）**：这会关联到标准输入的 **Read** 接口。

一旦创建，我们会读取第一行，并认为它是 CSV 的标题行。因此，我们要单独保存这一行，以便在需要时将它借用到 **to_json()** 函数。接下来，**for** 循环负责在标准输入的 **Read** 接口上执行（无限的）迭代器（通常这会一直循环，直到接收到 EOF 信号，在 Linux/UNIX 操作系统上可以使用 Ctrl + D 发出 EOF 信号）。每次迭代都再次将结果打印到标准输出，以便其他程序通过管道读取。

就这么简单！在学习下一个技巧之前，强烈建议参阅 csv crate 的存储库（以及 **serde_json**（https://docs.serde.rs/serde_json/），来了解所提供的函数的更多有关信息。

10.8 发送 Web 请求

近年来，Web 请求已经成为许多应用的重要组成部分。几乎一切都与某种 Web 服务集成，即使只是诊断和使用情况统计。在更集中化的计算世界中，HTTP 的通用性已被证明是一个重要的资产。

这个技巧中用到的一个库（surf）很先进，它依赖了 Rust 的一个还不稳定的 async/await 特性（写这本书时还不太稳定）。取决于你什么时候读这本书，Rust 中的库或者 async/await 可能已经有变化，如果是这样，请在本书配套 GitHub 存储库上开一个 issue，这样我们就能为其他读者提供一个可用的示例。

要建立这些 Web 请求，并不是所有语言中都很简单，特别是对于发送和接收数据类型、变量等。由于 Rust 没有提供开箱即用的 Web 请求模块，我们可以使用一些库来连接远程 HTTP 服务。下面来看如何做到。

10.8.1 实现过程

可以通过以下步骤建立 Web 请求：

（1）打开一个 Terminal 使用 **cargo new web-requests** 创建一个新项目。使用 VS Code 打开这个项目目录。

（2）首先，编辑 **Cargo.toml** 来增加后面要使用的依赖项：

```
[dependencies]
surf = "1.0"
reqwest = "0.9"
serde = "1"
serde_json = "1"
runtime = "0.3.0-alpha.6"
```

（3）在 **src/main.rs** 中先导入这些外部依赖库，并建立一些数据结构体：

```
#[macro_use]
extern crate serde_json;

use surf::Exception;
use serde::Serialize;
#[derive(Serialize)]
struct MyGetParams {
    a: u64,
    b: String,
}
```

（4）**surf**（https://github.com/rustasync/surf）是新开发的一个完全 **async** 的 crate。下面创建一个测试函数来看它的实际工作。首先，我们要创建客户端，并发送一个简单的 **GET** 请求：

```
async fn test_surf() -> Result<(), Exception> {
    println!("> surf...");

    let client = surf::Client::new();
    let mut res = client
```

```rust
        .get("https://blog.x5ff.xyz/other/cookbook2018")
        .await?;

    assert_eq!(200, res.status());
    assert_eq!("Rust is awesome\n", res.body_string().await?);
```

然后，要升级为更复杂的表单数据，并确认会接收到这个数据：

```rust
let form_values = vec![
    ("custname", "Rusty Crabbington"),
    ("comments", "Thank you"),
    ("custemail", "rusty@nope.com"),
    ("custtel", "+1 234 33456"),
    ("delivery", "25th floor below ground, no elevator. sorry"),
];

let res_forms: serde_json::Value = client
    .post("https://httpbin.org/post")
    .body_form(&form_values)?
    .recv_json()
    .await?;

for (name, value) in form_values.iter() {
    assert_eq!(res_forms["form"][name], *value);
}
```

接下来，对 JSON 有效负载重复同样的过程：

```rust
let json_payload = json!({
    "book": "Rust 2018 Cookbook",
    "blog": "https://blog.x5ff.xyz",
});
let res_json: serde_json::Value = client
    .put("https://httpbin.org/anything")
    .body_json(&json_payload)?
    .recv_json()
    .await?;

assert_eq!(res_json["json"], json_payload);
```

最后，查询 GET 请求中的参数：

```rust
    let query_params = MyGetParams {
        a: 0x5ff,
        b: "https://blog.x5ff.xyz".into(),
    };
    let res_query: serde_json::Value = client
        .get("https://httpbin.org/get")
        .set_query(&query_params)?
        .recv_json()
        .await?;

    assert_eq!(res_query["args"]["a"], query_params.a.to_string());
    assert_eq!(res_query["args"]["b"], query_params.b);
    println!("> surf successful!");
    Ok(())
}
```

(5) 由于 **surf** 非常新,下面再来测试一个更成熟(但不是 **async**)的 crate,**reqwest** (https://github.com/seanmonstar/reqwest/)。与前一个函数类似,它会采用多种方式完成不同类型的 Web 任务,首先来看一个简单的 GET 请求:

```rust
fn test_reqwest() -> Result<(), Exception> {
    println!(">reqwest...");

    let client = reqwest::Client::new();

    let mut res = client
        .get("https://blog.x5ff.xyz/other/cookbook2018")
        .send()?;

    assert_eq!(200, res.status());
    assert_eq!("Rust is awesome\n", res.text()?);
```

下一个请求包含一个 HTML 表单请求体:

```rust
    let form_values = vec![
        ("custname", "Rusty Crabbington"),
        ("comments", "Thank you"),
        ("custemail", "rusty@nope.com"),
        ("custtel", "+1 234 33456"),
        ("delivery", "25th floor below ground, no elevator. sorry"),
```

```rust
];

let res_forms: serde_json::Value = client
    .post("https://httpbin.org/post")
    .form(&form_values)
    .send()?
    .json()?;

for (name, value) in form_values.iter() {
    assert_eq!(res_forms["form"][name], *value);
}
```

然后是一个 JSON PUT 请求:

```rust
let json_payload = json!({
    "book": "Rust 2018 Cookbook",
    "blog": "https://blog.x5ff.xyz",
});

let res_json: serde_json::Value = client
    .put("https://httpbin.org/anything")
    .json(&json_payload)
    .send()?
    .json()?;

assert_eq!(res_json["json"], json_payload);
```

最后的请求包含查询参数, 由 serde 自动串行化:

```rust
let query_params = MyGetParams {
    a: 0x5ff,
    b: "https://blog.x5ff.xyz".into(),
};

let res_query: serde_json::Value = client
    .get("https://httpbin.org/get")
    .query(&query_params)
    .send()?
    .json()?;

assert_eq!(res_query["args"]["a"], query_params.a.to_string());
```

```
        assert_eq!(res_query["args"]["b"], query_params.b);

        println!(">reqwest successful!");
        Ok(())
}
```

(6) 还需要一个主函数：**main()**。在这里我们要调用前面的测试：

```
#[runtime::main]
async fn main() -> Result<(), Exception> {
    println!("Running some tests");
    test_reqwest()?;
    test_surf().await?;
    Ok(())
}
```

(7) 最重要的命令是 **cargo + nightly run**，从而可以看到这两个 crate 执行请求的情况：

```
$ cargo + nightly run
  Finished dev [unoptimized + debuginfo] target(s) in 0.10s
   Running 'target/debug/web-requests'
Running some tests
>reqwest...
>reqwest successful!
> surf...
> surf successful!
```

下面来介绍后台发生了什么。

10.8.2 工作原理

从其他语言中学到的经验会影响一个更新技术的设计，Rust 社区的 Web 框架就是这样一个很好的例子。这一章中讨论的两个 crate 遵循类似的模式，不同语言的大量库和框架中都可以观察到这种模式（如 Python 的 requests），它们本身已经进化到这个阶段。

> 这些框架的做法通常称为生成器模式和装饰器模式（这两个模式都在 1994 年 Gamma 等人所著的《Design Patterns》一书中做了介绍）。对于 C#程序员，这个模式在 https://airbrake.io/blog/design-patterns/structural-designpatterns-decorator 中有解释。

在这个技巧中，我们介绍了两个框架：**reqwest** 和 **surf**。在 **Cargo.toml** 中设置依赖项之后

（步骤2），我们导入一些结构体，为步骤3中的 **GET** 参数创建一个可串行化的数据类型［传递到 **serde_urlencoded**（https://github.com/nox/serde_urlencoded）］。

在步骤4中，我们创建了一个使用 **surf** 的函数。**surf** 是完全异步的（async），这意味着，要使用 **await**，我们还需要声明函数是 **async**，这样就能创建可重用的 **surf::Client**，它会立即发出一个 **GET** 请求（发送到 https://blog.x5ff.xyz/other/cookbook2018）。与这个函数中的所有其他调用一样，我们使用 **await** 等待请求完成，出现错误的情况下，则使用？操作符处理失败。

在这个技巧中，我们使用了非常有用的 https://httpbin.org/。这个网站会把请求的很多属性反馈给发送者，使我们能查看服务器在一个 JSON 格式输出中接收的内容（以及其他信息）。

下一个请求是一个带有表单数据的 **POST** 请求，表单数据可以表示为一个元组（键-值对）向量。使用与之前相同的客户端（与其他框架不同，它不限于某个特定领域），我们可以简单地传递这个向量作为 POST 请求的表单体。由于我们已经知道端点将返回什么（JSON），所以可以要求框架立即将结果解析为 **serde_json::Value**（请参阅这一节 "10.3 解析类 JSON 的非结构化格式"技巧）。同样的，所有解析错误、超时等等都由？操作符处理，此时会返回一个错误。

返回的 JSON 包含请求中的表单值，从而确认请求确实包含有期望编码和格式的数据。类似地，如果我们在一个 **PUT** 请求中发送 JSON 数据，返回的 JSON 应该等同于我们发送的数据。

在最后一个请求中，我们发送了 HTTP **GET**，并带有由前面定义的 **struct** 自动构造的查询参数。发送请求后，返回的 JSON 会包含查询参数中找到的数据，如果我们（以及库）的做法正确，这就是我们最初发送的数据。

步骤5对 **reqwest** 重复了相同的想法，只是 API 有一些差异（除了特性以外）：

- 没有使用 **futures** 和 **await**，**reqwest** 使用了 **send()** 来执行请求。
- 会在响应实例上（也就是 **send()** 返回类型上）声明接收数据的格式（JSON、纯文本等）。

步骤6显示了每个测试函数都能正常工作，没有报告 panic 或错误。

这两个库都提供了连接远程 Web 服务的绝妙方法，因为 **surf** 在可移植性方面有更多的特性（例如，各种后端和 WASM 支持），而 **reqwest** 对于无 async 支持和需要 cookie 和代理的稳定应用很适用。有关的更多信息，请阅读它们各自的文档，从而能在你的项目和用例中很好地使用。现在来看下一个技巧。

10.9 运行机器学习模型

自 2012 年 AlexNet 夺冠以来（https://papers.nips.cc/paper/4824-imagenet-classifica-tion-withdeep-convolutional-neural-networks.pdf），机器学习（尤其是深度学习）一直是一个热门话题，由于 Python 易于使用的语法和灵活性，机器学习选择的语言主要是 Python。不过，底层框架（TensorFlow、PyTorch 等）通常使用 C++构建，这不仅是出于性能方面的考虑，也是因为这样访问硬件（比如 GPU）要容易得多。到目前为止，Rust 还没有成为实现底层框架的首选语言。即使在深度学习领域之外，Rust 在数据准备、经典的机器学习和优化等领域也缺乏库支持（可以在这里跟踪进展：http://www.arewelearningyet.com/）。那么，为什么还要考虑在机器学习任务中使用 Rust 呢？

Rust 社区提供了流行的深度学习框架与 Rust API 的绑定，允许用户完成一些（有限的）试验，还可以使用已知架构的权重进行推理。虽然所有这些还是高度试验性的，但这表示在向正确的方向努力，而且很有意思。

从长远来看，我们认为 Rust（作为一种低级语言）具有低开销和高性能的特点，这对于部署机器学习模型（即模型推理）很有优势，特别是只有有限资源的物联网设备（例如，https://github.com/snipsco/tract）。那时我们就能利用 Rust 的 torch 绑定来做些有趣的工作了。在 https://blog.x5ff.xyz/blog/azure-functions-wasm-rust-ai/可以找到对非神经网络高效使用 Rust 的一个例子。

10.9.1 准备工作

这个技巧不可能涵盖神经网络如何工作以及为什么能工作的所有细节，所以我们假设你已经知道训练和测试数据集是什么，卷积网络是做什么的，以及如何利用损失函数结合一个优化器实现模型收敛。如果你不明白这句话的意思，我们建议你在实现这个技巧之前，先学习一个在线课程，比如 https://www.fast.ai/MOOC 课程（http://course.fast.ai/）、Coursera 机器学习课程（https://www.coursera.org/learn/machinelearning）或 Microsoft AI school（https://aischool.microsoft.com/en-us/machinelearning/learning-paths）。如果准备开始，可以使用一个命令行终端运行 **cargo new rusty-ml** 创建一个新的 Rust 项目，并切换到 **rusty-ml** 目录来创建一个新目录 **models**。

为了获得数据，切换到 **rusty-ml** 目录并从 https://github.com/zalandoresearch/fashion-mnist 克隆（或下载和解压缩）Zalando Research 的 fashion MNIST 存储库（https://research.zalando.com/welcome/mission/research-projects/fashion-mnist/）。最终，**rusty-ml** 项目目录中应该有 3 个子目录，即 **models**、**fashion-mnist** 和 **src**。

在本书配套 GitHub 存储库中，**fashion-mnist** 存储库类似一个 Git 子模块（https://git-scm.com/book/en/v2/Git-Tools-Submodules）。如果从你的本地存储库副本运行 **git submodule update - - init**，会下载 **fashion-mnist** 存储库。

在继续之前，需要解压缩位于 **fashion-mnist/data/fashion** 的数据文件。在 Linux/macOS 上，可以在这个目录中使用 **gunzip * . gz** 解压缩所有文件；在 Windows 上，可以使用你喜欢的工具完成同样的工作。

最终结果应该如下所示：

```
rusty-ml
├──Cargo.toml
├──fashion-mnist
│   ├──...
│   ├──data
│   │   ├──fashion
│   │   │   ├──t10k-images-idx3-ubyte
│   │   │   ├──t10k-labels-idx1-ubyte
│   │   │   ├──train-images-idx3-ubyte
│   │   │   └──train-labels-idx1-ubyte
│   │   └──mnist
│   │       └──README.md
│   └──...
├──models
└──src
    └──main.rs
```

最初的 MNIST（http://yann.lecun.com/exdb/mnist/）数据集由显示手写数字的小图像（28×28 像素，灰度）组成，目标是将它们分类为 0～9，即识别数字。经过 20 年的发展，现代算法可以用极高的精度解决这个任务，因此 MNIST 需要升级，这正是 Zalando 所做的（Zalando 是位于德国柏林的一家时尚公司）。**Fashion-mnist** 数据集显示的是小衣物而不是数字。这些物品的分类要困难得多，原因是 10 个类别中的每一个物品都有错综复杂的细节。这里的任务是要正确区分一个衣物属于（10 个类别中的）哪一个类别。这些类别包括靴子、运动鞋、裤子、T 恤等。

在这个技巧中，我们将使用 Rust 的 PyTorch 绑定（**tch-rs**）训练一个非常精确的（90%）模型来识别这些衣物。

10.9.2 实现过程

只需要几个步骤就可以在 Rust 中训练和使用一个神经网络：

(1) 打开 **Cargo.toml** 为 **tch-rs** 增加依赖项：

```
[dependencies]
tch = "0.1"
failure = "0.1"
```

(2) 在具体深入之前，下面为 **src/main.rs** 增加一些导入代码：

```
use std::io::{Error, ErrorKind};
use std::path::Path;
use std::time::Instant;
use tch::{nn, nn::ModuleT, nn::OptimizerConfig, Device, Tensor};
```

(3) PyTorch（和相应的 **tch-rs**）架构通常会单独存储它们的层，所以可以将这些层存储在 **struct** 的各个属性中：

```rust
#[derive(Debug)]
struct ConvNet {
    conv1: nn::Conv2D,
    conv2: nn::Conv2D,
    fc1: nn::Linear,
    fc2: nn::Linear,
}

impl ConvNet {
    fn new(vs: &nn::Path, labels: i64) -> ConvNet {
        ConvNet {
            conv1: nn::conv2d(vs, 1, 32, 5, Default::default()),
            conv2: nn::conv2d(vs, 32, 64, 5, Default::default()),
            fc1: nn::linear(vs, 1024, 512, Default::default()),
            fc2: nn::linear(vs, 512, labels, Default::default()),
        }
    }
}
```

(4) 要让这些层作为一个神经网络协同工作，需要一个前向传播。**tch** 的 **nn** 模块提供了两个 trait（**Module** 和 **ModuleT**），可以实现这两个 trait 来完成前向传播。我们决定实现 Mod-

uleT：

```rust
impl nn::ModuleT for ConvNet {
    fn forward_t(&self, xs: &Tensor, train: bool) -> Tensor {
        xs.view([-1, 1, 28, 28])
            .apply(&self.conv1)
            .relu()
            .max_pool2d_default(2)
            .apply(&self.conv2)
            .relu()
            .max_pool2d_default(2)
            .view([-1, 1024]) //flatten
            .apply(&self.fc1)
            .relu()
            .dropout_(0.5, train)
            .apply(&self.fc2)
    }
}
```

（5）接下来，我们要实现训练循环。其他深度学习框架会对用户隐藏这些部分，但是 PyTorch 允许我们从头编写训练循环来更好地理解各个步骤。为 **src/main.rs** 增加以下函数，首先完成一些数据加载：

```rust
fn train_from_scratch(learning_rate: f64, batch_size: i64, epochs: usize) -> failure::Fallible<()> {
    let data_path = Path::new("fashion-mnist/data/fashion");
    let model_path = Path::new("models/best.ot");

    if !data_path.exists() {
        println!(
            "Data not found at '{}'. Did you run '
             git submodule update --init'?",
             data_path.to_string_lossy()
        );
        return Err(Error::from(ErrorKind::NotFound).into());
    }

    println!("Loading data from '{}'", data_path.to_string_lossy());
```

第 10 章　Rust 实战

```rust
let m = tch::vision::mnist::load_dir(data_path)?;
```

然后，实例化两个重要的对象：**VarStore**（**tch** 中所有模型权重都存储在这里），还有 **ConvNet**，这是我们之前声明的：

```rust
let vs = nn::VarStore::new(Device::cuda_if_available());
let net = ConvNet::new(&vs.root(), 10);
let opt = nn::Adam::default().build(&vs, learning_rate)?;

println! (
    "Starting training, saving model to '{}'",
    model_path.to_string_lossy()
);
```

有了这些实例，下面可以使用一个循环按（随机）批次迭代处理训练数据，将数据输入网络，计算损失，再运行反向传播：

```rust
let mut min_loss = ::std::f32::INFINITY;
for epoch in 1..=epochs {
    let start = Instant::now();

    let mut losses = vec![];

    //Batched training, otherwise we would run out of memory
    for (image_batch, label_batch) in m.train_iter(
    batch_size).shuffle().to_device(vs.device())
    {
        let loss = net
            .forward_t(&image_batch, true)
            .cross_entropy_for_logits(&label_batch);
        opt.backward_step(&loss);

        losses.push(f32::from(loss));
    }
    let total_loss = losses.iter().sum::<f32>() /
                (losses.len() as f32);
```

处理完整个训练集之后，再在整个测试集上测试这个模型。由于这不会影响模型性能，这里我们跳过反向传播：

```rust
//Predict the test set without using batches
```

```rust
    let test_accuracy = net
        .forward_t(&m.test_images, false)
        .accuracy_for_logits(&m.test_labels);
```

最后打印一些统计信息,来了解我们的工作是否正确,不过先要保存当前的最佳模型权重(也就是使损失最小的模型权重):

```rust
        //Checkpoint
        if total_loss <= min_loss {
            vs.save(model_path)?;
            min_loss = total_loss;
        }

        //Output for the user
        println!(
            "{:4} | train loss: {:7.4} | test acc: {:5.2}%
             | duration: {}s",
            epoch,
            &total_loss,
            100. * f64::from(&test_accuracy),
            start.elapsed().as_secs()
        );
    }
    println!(
        "Done! The best model was saved to '{}'",
        model_path.to_string_lossy()
    );
    Ok(())
}
```

(6)有了一个已经训练的模型后,通常你还希望在其他图像上运行推理(也就是进行预测)。下一个函数接受最佳模型的权重,并应用到 ConvNet 架构:

```rust
fn predict_from_best() -> failure::Fallible<()> {
    let data_path = Path::new("fashion-mnist/data/fashion");
    let model_weights_path = Path::new("models/best.ot");

    let m = tch::vision::mnist::load_dir(data_path)?;
    let mut vs = nn::VarStore::new(Device::cuda_if_available());
```

```rust
let net = ConvNet::new(&vs.root(), 10);

//restore weights
println! (
    "Loading model weights from '{}'",
    model_weights_path.to_string_lossy()
);
vs.load(model_weights_path)?;
```

有了这个模型，我们可以取训练数据的一个随机子集运行推理：

```rust
println! ("Probabilities and predictions
        for 10 random images in the test set");
for (image_batch, label_batch) in m.test_iter(1)
    .shuffle().to_device(vs.device()).take(10) {
    let raw_tensor = net
        .forward_t(&image_batch, false)
        .softmax(-1)
        .view(m.labels);
    let predicted_index: Vec<i64> =
        raw_tensor.argmax(0, false).into();
    let probabilities: Vec<f64> = raw_tensor.into();

    print! ("[ ");
    for p in probabilities {
        print! ("{:.4} ", p);
    }
    let label: Vec<i64> = label_batch.into();
    println! ("] predicted {}, was {}",
            predicted_index[0], label[0]);
}
Ok(())
}
```

（7）main 函数汇总所有函数，在调用推理函数之前先训练一个模型：

```rust
fn main() -> failure::Fallible<()> {
    train_from_scratch(1e-2, 1024, 5)?;
    predict_from_best()?;
```

```
    Ok(())
}
```

（8）太棒了！下面训练一个模型（要训练几个 epoch），可以看到损失在下降，测试精度在提高：

```
$ cargo run
    Finished dev [unoptimized + debuginfo] target(s) in 0.19s
     Running 'target/debug/rusty-ml'
Loading data from 'fashion-mnist/data/fashion'
Starting training, saving model to 'models/best.ot'
    1 | train loss: 1.1559 | test acc: 82.87% | duration: 29s
    2 | train loss: 0.4132 | test acc: 86.70% | duration: 32s
    3 | train loss: 0.3383 | test acc: 88.41% | duration: 32s
    4 | train loss: 0.3072 | test acc: 89.16% | duration: 29s
    5 | train loss: 0.2869 | test acc: 89.36% | duration: 28s
Done! The best model was saved to 'models/best.ot'
Loading model weights from 'models/best.ot'
Probabilities and predictions for 10 random images in the test set
[ 0.0000 1.0000 0.0000 0.0000 0.0000 0.0000 0.0000 0.0000 0.0000
 0.0000 ] predicted 1, was 1
[ 0.5659 0.0001 0.0254 0.0013 0.0005 0.0000 0.4062 0.0000 0.0005
 0.0000 ] predicted 0, was 0
[ 0.0003 0.0000 0.9699 0.0000 0.0005 0.0000 0.0292 0.0000 0.0000
 0.0000 ] predicted 2, was 2
[ 0.0000 1.0000 0.0000 0.0000 0.0000 0.0000 0.0000 0.0000 0.0000
 0.0000 ] predicted 1, was 1
[ 0.6974 0.0000 0.0008 0.0001 0.0000 0.0000 0.3017 0.0000 0.0000
 0.0000 ] predicted 0, was 0
[ 0.0333 0.0028 0.1053 0.7098 0.0420 0.0002 0.1021 0.0007 0.0038
 0.0001 ] predicted 3, was 2
[ 0.0110 0.0146 0.0014 0.9669 0.0006 0.0000 0.0038 0.0003 0.0012
 0.0000 ] predicted 3, was 3
[ 0.0003 0.0001 0.0355 0.0014 0.9487 0.0001 0.0136 0.0001 0.0004
 0.0000 ] predicted 4, was 4
[ 0.0000 0.0000 0.0000 0.0000 0.0000 0.0000 0.0000 1.0000 0.0000
 0.0000 ] predicted 7, was 7
```

[0.0104 0.0091 0.0037 0.8320 0.0915 0.0001 0.0505 0.0002 0.0026 0.0000] predicted 3, was 3

这是一个很有趣的机器学习之旅。下面来了解更多有关内容。

10.9.3　工作原理

Rust 中可以完成深度学习，不过，它有很多附加条件。**tch-rs**（https://github.com/LaurentMazare/tch-rs）是一个很棒的框架，如果你已经了解 PyTorch，对 **tch-rs** 也能轻松上手。不过，如果还不熟悉机器学习的概念，都应该看看 Python（和 PyTorch），来适应所需的思维方式。**tch-rs** 使用了 Python 版本的 C++基础库，并为所创建的绑定提供了一个瘦包装器。这意味着两点：

- Python 版本的大部分想法也适用于 **tch-rs**。
- 大量使用 C++可能很不安全。

通过使用绑定，由于添加了抽象层而且宿主语言改变了编程范式，所包装的代码更有可能留下某些内存未能释放。对于机器学习这样的应用，使用数十 GB（甚至数百 GB）内存的情况并不少见，内存泄漏的影响更大。不过，很高兴地看到它已经能很好地工作，我们期待这个项目能走得更远。

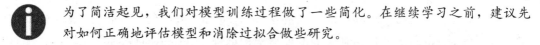
为了简洁起见，我们对模型训练过程做了一些简化。在继续学习之前，建议先对如何正确地评估模型和消除过拟合做些研究。

在步骤 1 中，我们设置了 **tch** 依赖项，并在步骤 2 中导入所用的库。步骤 3 开始有意思了（模型架构）。深度学习是一组矩阵乘法，从技术上讲，输入和输出维度必须匹配才能工作。由于 PyTorch（https://pytorch.org/）是众所周知的低级库，我们必须设置单独的层，并手动匹配它们的维度。在这里，我们使用了两个二维卷积层，另外最后有两个密集层来理解卷积的发现。在 **new()** 函数中初始化这个网络时，我们为实例化（**nn::conv2d** 和 **nn::linear**）函数指定了输入大小、神经元/过滤器数，以及输出/层。可以看到，层之间的数是匹配的，这样才能将它们连接起来，最后一层输出的正是我们所要的类别数量（10）。

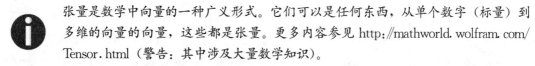
张量是数学中向量的一种广义形式。它们可以是任何东西，从单个数字（标量）到多维的向量的向量，这些都是张量。更多内容参见 http://mathworld.wolfram.com/Tensor.html（警告：其中涉及大量数学知识）。

在步骤 4 中，我们实现了 **nn::ModuleT** trait 提供的前向过程。它与 **nn::Module** 的不同之处在于 **train** 参数，这会指示这次运行是否用于 **forward_t()** 函数中的训练。这个函数的另一个参数是实际数据（表示为 **nn::Tensor** 引用）。在使用之前，必须为它指定一个结

构,而且因为我们处理的是(灰度)图像,选择很简单:这是一个四维张量。维度如下指定:
- 第一个维度是批次,所以这里有 0 到 **batchsize** 个图像。
- 第二个维度表示图像中的通道数,1 对应灰度,3 对应 RGB。
- 在最后两个维度中,我们要存储具体的图像,所以这两个维度是图像的宽度和高度。

因此,我们在这个张量实例上调用 **.view()** 函数时,就是在改变对这些维度的解释,-1 表示合适的值(一般用于批次大小)。在此之后,我们要处理一组 28×28×1 的图像,把它们提供到第一个卷积层,并对结果应用 **Rectified Linear Unit**(**ReLU**)(https://machinelearningmastery.com/rectified-linear-activation-function-for-deeplearning-neural-networks/)函数。后面是一个二维最大池化层,在此之后,对第二个卷积层重复这个模式。这通常用于控制一个卷积层的输出大小。在第二个最大池化之后,我们将输出向量扁平化(1024 是一个计算值:https://medium.com/@iamvarm-n/how-to-calculate-the-number-of-parameters-in-the-cnn-5bd55364d7ca),并相继应用全连接层,其间使用了一个 ReLU 函数。最后一层的原始输出再作为张量返回。

在步骤 5 的训练循环中,首先使用一个预定义的数据集函数从磁盘读取数据。我们使用这个数据是因为 MNIST 数据在机器学习示例中相当常见。最后,这是数据(在本例中就是图像)上的一个迭代器,它附带有几个很方便的函数。事实上,由于数据已经被划分为训练集和测试集,因此有多个迭代器。

一旦加载,我们会创建一个 **nn::VarStore**,这是 **tch-rs** 中的一个概念,用来存储模型权重。将这个 **VarStore** 实例传递到我们的模型架构结构体(**ConvNet**)和优化器中,从而能完成反向传播〔Adam(https://arxiv.org/abs/1412.6980)是一个随机优化器,在 2019 年初,这被认为是最先进的优化器〕。由于 PyTorch 允许在设备之间移动数据(即 CPU 和 GPU 之间),我们总是必须为权重和数据指定一个设备,使框架知道要写到哪个内存中。

> **learning_rate** 参数表示优化器向最佳解决方案逼近的跳步步长。这个参数几乎总是非常小(例如,1e-2),因为选择较大的值可能会远离其目标而使方案恶化,但太小的值可能意味着永远也达不到目标。更多内容参见 https://www.jeremyjordan.me/nn-learning-rate/。

接下来在训练循环中,我们必须实现具体循环。这个循环会运行几个 epoch,通常,更多 epoch 意味着更多的收敛(例如,过拟合:https://machinelearningmastery.com/overfitting-and-underfitting-with-machinelearning-algorithms/),但是我们在这个技巧中选择的数(5)显然太小了,我们选择这个数是为了让训练能很快完成并得到具体结果。你可以尝试一个更大的数,看看模型会有怎样的改进(或者是否有改进)!在每个 epoch 中,我们可以运行打乱的批次(这是数据集实现提供的一个便利函数),运行前向传播并计算每个批次的损失。

损失函数-交叉熵（https://pytorch.org/docs/stable/nn.html#crossentropyloss），会返回一个数，使我们知道与预测有多大差距，这对于运行反向传播很重要。在这个例子中，我们选择的批大小很大，一次处理 1024 个图像，这意味着每个 epoch 必须运行 59 次循环。这会加快处理，而不会对训练质量有太大的影响（如果能把所有图像都存储在内存中）。

可以把损失函数看作是一个确定模型有多错误的函数。通常，我们会根据问题的类型（回归、二元分类或多元分类）选择一个预定义的损失函数。交叉熵是多元分类的默认损失函数。

处理这些批次时，我们还想知道效果如何，因此，我们创建了一个简单的向量存储每个批次的平均损失。通过对每个 epoch 的损失绘图，会得到一个很典型的图形，可以看到损失逐步趋于 0，如图 10-1 所示。

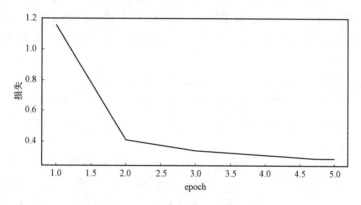

图 10-1　对每个 epoch 的损失绘图

既然算法已经处理了训练数据，我们需要一些测试数据来看模型是否确实有改进，或者是否只是学会了识别训练数据。因此，我们会处理测试集而没有进行反向传播，并直接计算准确率。

通常建议将数据划分为 3 部分（https://machinelearningmastery.com/difference-test-validationdatasets/）。模型学习的训练集应该占大部分数据，还有一个测试集，这要显示每个 epoch 之后的进展和过拟合，最后，还有另外一组网络从未见过的数据。最后这个数据集是为了确保它对于真实世界的数据也能有预期的表现，这个数据不能在训练中用来更改任何参数。令人困惑的是，这三个数据集有时分别名为训练集、验证集和测试集，但有时也可能分别称为训练集、测试集和验证集。

通过采用一种称为检查点的策略，一旦最佳模型生成的损失低于之前的损失，我们就将这个模型保存到磁盘上。训练 200 个 epoch 时，由于模型可能学习了错误的特征，损失函数可能会显示多个峰值，我们不想丢失目前为止的最佳模型。一旦完成了一个 epoch 的训练，我们希望打印一些结果，查看模型是否像预期的那样收敛。

在步骤 6 中，我们重复了一些设置过程来加载数据，不过，不再进行训练，这里只是从磁盘加载了网络的权重。权重是我们在上一步训练的一部分，在一个"仅推理"场景中，我们可以在其他地方训练模型，再简单地将权重转移到这里，即需要对真实世界数据分类的场景（或者用类似 ONNX 的格式加载整个模型：https://onnx.ai/）。

为了说明预测过程，我们（再一次）使用了测试集，在实际中要避免这么做，因为模型除了处理训练中使用的数据，还必须处理未见过的数据。我们取 10 个随机图像（10 个批次，每批次的大小为 1），运行前向传播，然后使用 softmax 函数由原始网络输出得出概率。应用 .view() 将数据与标签对齐之后，我们将在命令行打印这些概率以便查看。由于这些是概率，有最大概率的指标就是网络的预测结果。因为我们使用了一个数据集实现，所以可以相信这些指标与输入标签是一致的。

步骤 7 按顺序调用这些函数，我们在步骤 8 的输出中可以看到一些训练和预测。如步骤 5 的解释中所述，将会打印损失（对于这个机器，显示每一行大约需要 30 秒）和训练准确率。训练完成后，我们知道最佳模型权重放在哪里，将使用这些权重来运行推理并打印出概率矩阵。

这个矩阵中的每一行表示可能的结果以及每个类别的相应概率，尽管第一行是 100% 确定，不过第二行的结果更接近（类 0 为 57%，类 6 为 40%）。第 6 个例子预测错了，遗憾的是，这个模型也相当自信（类 3 为 71%，类 2 为 11%），这让我们相信还需要更多训练。

建议你对这些参数做一些调整，看看结果会如何快速变化（变好或变坏），或者如果你比较有经验，可以构建一个更好的模型架构。不管怎样，**tch-rs** 都是在 Rust 中使用深度学习的一种有趣的方法，我们希望它能进一步发展，从而能用它完成机器学习的一系列任务。

我们已经对 Rust 中的机器学习有了更多了解，下一个技巧中我们再来看一些更具体的内容。

10.10 配置和使用日志

尽管经常将调试和其他信息发送到控制台，这种做法很流行，也很容易，但如果复杂性超出一定程度，就可能变得很混乱，让人困惑。这包括缺乏标准化的日期/时间或来源类，或者格式不一致，使得很难在系统中跟踪执行路径。此外，更新的系统强调将日志作为额外的信息来源：一天中每小时我们为多少用户提供了服务？他们来自哪里？响应时间的第 95 百分位数是多少？

 由于印刷方面的限制，我们不得不用名字替换原来的表情符号。请查看本书的 GitHub 存储库来获得完整版本。

对于这些问题，可以通过使用一个框架通过详尽的日志来解决，框架会提供一致而且可配置的输出，可以很容易地解析这些输出并提供给一个日志分析服务。下面来创建一个简单的 Rust 应用，它会采用多种方式记录日志数据。

10.10.1 实现过程

按照以下步骤创建和使用一个自定义日志记录器：

（1）打开一个 Terminal 使用 **cargo new logging** 创建一个新项目。使用 VS Code 打开这个项目目录。

（2）第一步，调整 **Cargo.toml** 来包含新的依赖项：

```
[dependencies]
log = "0.4"
log4rs = "0.8.3"
time = "0.1"
```

（3）然后，在 **src/main.rs** 中导入必要的宏：

```
use log::{debug, error, info, trace, warn};
```

（4）增加更复杂的内容之前，先增加一个函数来展示如何使用刚才导入的宏：

```
fn log_some_stuff() {
    let a = 100;

    trace!("TRACE: Called log_some_stuff()");
    debug!("DEBUG: a = {}", a);
    info!("INFO: The weather is fine");
    warn!("WARNING, stuff is breaking down");
    warn!(target: "special-target", "WARNING, stuff is breaking down");
    error!("ERROR: stopping...");
}
```

（5）这些宏能正常工作，因为它们是由日志框架预先配置的。如果我们要配置日志，必须全局配置，例如在 **main** 函数中配置：

```rust
const USE_CUSTOM: bool = false;

fn main() {
    if USE_CUSTOM {
    log::set_logger(&LOGGER)
        .map(|()| log::set_max_level(log::LevelFilter::Trace))
        .unwrap();
    } else {
        log4rs::init_file("log4rs.yml",
Default::default()).unwrap();
    }
    log_some_stuff();
}
```

(6) 通过使用 **log4rs:: init_file()**，我们使用了一个 YAML 配置，这可以修改而无需重新编译程序。在继续完成 **src/main.rs** 之前，应当创建类似这样的 **log4rs.yml**（YAML 格式对于缩进很挑剔）：

```yaml
refresh_rate: 30 seconds

appenders:
  stdout:
    kind: console

  outfile:
    kind: file
    path: "outfile.log"
    encoder:
      pattern: "{d} - {m}{n}"

root:
  level: trace
  appenders:
    - stdout
loggers:
  special-target:
    level: info
    appenders:
      - outfile
```

(7) 再回到 **src/main.rs**：可以看到我们能创建和使用一个完全自定义的日志记录器。为此，在 **src/main.rs** 中创建一个嵌套模块，在这里实现我们的日志记录器：

```
mod custom {
    pub use log::Level;
    use log::{Metadata, Record};

    pub struct EmojiLogger {
        pub level: Level,
    }
```

一旦定义了导入和基本 **struct**，下面为我们的新 **EmojiLogger** 类型实现这个 **log::Log** trait：

```
    impl log::Log for EmojiLogger {

        fn flush(&self) {}

        fn enabled(&self, metadata: &Metadata) -> bool {
            metadata.level() <= self.level
        }

        fn log(&self, record: &Record) {
            if self.enabled(record.metadata()) {
                let level = match record.level() {
                    Level::Warn => "WARNING-SIGN",
                    Level::Info => "INFO-SIGN",
                    Level::Debug => "CATERPILLAR",
                    Level::Trace => "LIGHTBULB",
                    Level::Error => "NUCLEAR",
                };
                let utc = time::now_utc();
                println!("{} | [{}] | {:<5}",
                    utc.rfc3339(), record.target(), level);
                println!("{:21} {}", "", record.args());
            }
        }
    }
}
```

(8) 为了避免生命周期冲突,我们希望日志记录器有一个静态生命周期(https://doc.rust-lang.org/reference/items/static-items.html),所以下面使用 Rust 的 **static** 关键字实例化并声明这个变量:

```
static LOGGER: custom::EmojiLogger = custom::EmojiLogger {
    level: log::Level::Trace,
};
```

(9) 下面执行 **cargo run**,首先将 USE_CUSTOM 常量(在步骤 5 中创建)设置为 **false**,这会告诉程序读取并使用 **log4rs.yaml** 配置,而不是使用自定义模块:

```
$ cargo run
    Finished dev [unoptimized + debuginfo] target(s) in 0.04s
     Running 'target/debug/logging'
2019-09-01T12:42:18.056681073+02:00 TRACE logging - TRACE: Called log_some_stuff()
2019-09-01T12:42:18.056764247+02:00 DEBUG logging - DEBUG: a = 100
2019-09-01T12:42:18.056791639+02:00 INFO logging - INFO: The weather is fine
2019-09-01T12:42:18.056816420+02:00 WARN logging - WARNING, stuff is breaking down
2019-09-01T12:42:18.056881011+02:00 ERROR logging - ERROR: stopping
...
```

除此之外,我们还配置为:如果向 **special-target** 记录了信息,要把它追加到一个名为 **outfile.log** 的文件。下面来看这里有什么:

```
2019-09-01T12:45:25.256922311+02:00 - WARNING, stuff is breaking down
```

(10) 我们已经使用了 **log4rs** 默认日志记录器,下面来看我们自己的日志类会做什么。将 USE_CUSTOM(步骤 5 中创建)设置为 **true**,使用 **cargo run** 创建以下输出:

```
$ cargo run
   Compiling logging v0.1.0 (Rust-Cookbook/Chapter10/logging)
    Finished dev [unoptimized + debuginfo] target(s) in 0.94s
     Running 'target/debug/logging'
2019-09-01T10:46:43Z |[logging]| LIGHTBULB
                    TRACE: Called log_some_stuff()
2019-09-01T10:46:43Z |[logging]| CATERPILLAR
```

```
                    DEBUG: a = 100
2019 - 09 - 01T10:46:43Z │[logging] │ INFO - SIGN
                    INFO: The weather is fine
2019 - 09 - 01T10:46:43Z │[logging] │ WARNING - SIGN
                    WARNING, stuff is breaking down
2019 - 09 - 01T10:46:43Z │[special-target] │ WARNING - SIGN
                    WARNING, stuff is breaking down
2019 - 09 - 01T10:46:43Z │[logging] │ NUCLEAR
                    ERROR: stopping...
```

可以看到它能正常工作，下面来分析为什么能工作。

10.10.2 工作原理

这个例子比较复杂，在这个例子中，我们要使用 Rust 的日志基础设施，这包括两个主要部分：

- **log** crate（https://github.com/rust-lang-nursery/log），提供了日志宏的外观（接口）。
- 日志实现工具，如 **log4rs**（https://github.com/sfackler/log4rs）、**env_logger**（https://github.com/sebasmagri/env_logger/）或类似工具（https://docs.rs/log/0.4.8/log/#available-logging-implementations）。

在步骤 1 和步骤 2 的初始设置之后，只需要在步骤 3 中导入 **log** crate 提供的宏，仅此而已。在步骤 4 中，我们创建了一个函数，在所有可用日志级别上写日志（可以把这些级别想成是过滤所依据的标记），还会写入下面这行代码中的一个额外目标（如下所示），这里覆盖了日志的大部分用例：

```
warn!(target: "special-target", "WARNING, stuff is breaking down");
```

步骤 5 建立了日志框架 **log4rs**，这是按照 Java 世界事实上的标准日志记录器 **log4j**（https://logging.apache.org/log4j/2.x/）构建的一个 crate。对于要在哪里写哪些级别的日志以及使用哪种格式，这个 crate 提供了很好的灵活性，而且可以在运行时更改。检查步骤 6 的配置文件来看一个例子。在这里，我们定义了 30 秒的刷新率 **refresh_rate**（即什么时候重新扫描文件查看更改），这样我们就能更改文件而无需重启应用。接下来，我们定义了两个 appender，这表示输出目标。第一个 **stdout** 是一个简单的控制台输出，而 **outfile** 会生成 **outfile.log**，这在步骤 10 中显示。它的 encoder 属性也暗示了如何更改格式。

接下来，我们定义了一个 **root** 日志记录器，这表示默认日志记录器。很多情况下，将 **trace** 作为默认日志级别会产生过多的日志记录；通常 **warn** 级别就足够了，特别是在生产环境中。在 loggers 属性中创建其他日志记录器，其中每个子记录器（**special-target**）表示可以在 log 宏中使用的目标（如前面所示）。这些目标有一个可配置的日志级别（本例中为 **info**），可以使用一系列 appender 写入。这里还可以使用更多选项，可以查看文档来了解如何设置更复杂的情况。

在步骤 7 中，再返回到 Rust 代码来创建我们自己的日志记录器。这个日志记录器直接实现了 log crate 的 **Log** trait，将传入的任何 log::Record 转换为支持表情符号的控制台输出，从而看着更有趣。通过实现 **enabled()**，可以过滤是否执行任何 **log()** 调用，因此我们的决定不仅仅基于简单的日志级别。步骤 8 中将 **EmojiLogger** 结构体实例化为一个静态变量（https://doc.rust-lang.org/reference/items/static-items.html），当 **USE_CUSTOM** 常量（步骤 5）设置为 **true** 时，将把这个变量传递给 log::set_logger() 函数。步骤 9 和步骤 10 显示了这两种结果：

- **log4rs** 默认格式包括模块、日志级别、时间戳和消息，根据我们的配置，它还会创建 **outfile.log** 文件。
- 我们的自定义日志记录器创建了特别的格式，并且有一个表情符号来显示日志级别，这正是我们想要的。

在 Rust 中 **log** crate 特别有用，因为它还允许为第三方 crate 附加你自己的日志记录器。这一节（"10.8 发送 Web 请求"）中执行 Web 请求的 crate 就提供了这样一个基础设施（https://docs.rs/surf/1.0.2/surf/middleware/logger/index.html）来完成这个工作，这与很多其他 crate 的做法类似（例如前一章中的 **actix-web**）。这意味着，只需要增加依赖库和几行代码就可以创建一个提供日志的应用。

以上就结束了对日志的讨论，接下来进入另一个技巧。

10.11 启动子进程

管道、容器编排和命令行工具都有一个共同的任务：它们都必须启动和监视其他程序。在其他技术中，这些系统调用采用各种不同方式完成，下面使用 Rust 的 **Command** 接口来调用几个标准程序。

10.11.1 实现过程

按照以下简单步骤调用外部程序：

（1）打开一个 Terminal 使用 **cargo new sub-processes** 创建一个新项目。使用 VS Code 打开这个项目目录。

（2）打开 **src/main.rs**。Rust 的标准库提供了一个内置的 Command 接口，不过首先导入这个接口：

```rust
use std::error::Error;
use std::io::Write;
use std::process::{Command, Stdio};
```

(3) 一旦导入,可以在 **main** 函数中完成其他工作。首先调用 **ls** 并提供两个不同目录中的参数:

```rust
fn main() -> Result<(), Box<dyn Error + Send + Sync + 'static>> {
    let mut ls_child = Command::new("ls");
    if !cfg!(target_os = "windows") {
        ls_child.args(&["-alh"]);
    }
    println!("{}", ls_child.status()?);
    ls_child.current_dir("src/");
    println!("{}", ls_child.status()?);
```

下一步中,我们要在子进程中设置环境变量,另外通过获得 env 程序的标准输出,可以检查它是否正常工作:

```rust
    let env_child = Command::new("env")
        .env("CANARY", "0x5ff")
        .stdout(Stdio::piped())
        .spawn()?;
    let env_output = &env_child.wait_with_output()?;
    let canary = String::from_utf8_lossy(&env_output.stdout)
        .split_ascii_whitespace()
        .filter(|line| *line == "CANARY=0x5ff")
        .count();

    //found it!
    assert_eq!(canary, 1);
```

rev 程序会把通过标准输入得到的所有内容逆置,Windows 和 Linux/UNIX 都提供了这个程序。下面提供一些文本来调用这个程序,并捕获输出:

```rust
    let mut rev_child = Command::new("rev")
        .stdin(Stdio::piped())
        .stdout(Stdio::piped())
        .spawn()?;
```

```rust
    {
        rev_child
            .stdin
            .as_mut()
            .expect("Could not open stdin")
            .write_all(b"0x5ff")?;
    }

    let output = rev_child.wait_with_output()?;
    assert_eq!(String::from_utf8_lossy(&output.stdout), "ff5x0");

    Ok(())
}
```

(4) 使用 **cargo run** 查看程序打印 **ls** 输出（你的输出可能看起来稍有不同）：

```
$ cargo run
    Compiling sub-processes v0.1.0 (Rust-Cookbook/Chapter10/subprocesses)
     Finished dev [unoptimized + debuginfo] target(s) in 0.44s
      Running 'target/debug/sub-processes'
total 24K
drwxr-xr-x. 4 cm cm 4.0K Aug 26 09:21 .
drwxr-xr-x. 13 cm cm 4.0K Aug 11 23:27 ..
-rw-r--r--. 1 cm cm 145 Aug 26 09:21 Cargo.lock
-rw-r--r--. 1 cm cm 243 Jul 26 10:23 Cargo.toml
drwxr-xr-x. 2 cm cm 4.0K Jul 26 10:23 src
drwxr-xr-x. 3 cm cm 4.0K Aug 26 09:21 target
exit code: 0
total 12K
drwxr-xr-x. 2 cm cm 4.0K Jul 26 10:23 .
drwxr-xr-x. 4 cm cm 4.0K Aug 26 09:21 ..
-rw-r--r--. 1 cm cm 1.1K Aug 31 11:49 main.rs
exit code: 0
```

 Windows 用户必须在 PowerShell 中运行这个程序，这里可以使用 **ls**。

下面来看它的工作原理。

10.11.2 工作原理

这个技巧简单介绍了 Rust **std::process::Command** 结构体的一些功能。在步骤 1 和步骤 2 中完成所有设置之后，我们在步骤 3 中创建了 **main** 函数。通过使用带一个装箱 **dyn** trait（https://doc.rustlang.org/edition-guide/rust-2018/trait-system/dyn-trait-for-trait-objects.html）的 **Result < (), Box<dyn Error + ...>>** 作为 main 函数的返回类型，这使我们可以使用 ? 操作符而不是 **unwrap ()**、**expect ()** 或其他构造（不论具体的错误类型是什么）。

首先使用 **ls** 命令，它会列出目录内容。除了 Windows 之外，这个程序还接受参数来扩展输出：

- **-l** 增加额外的信息，如权限、日期和大小（这也称为一个长列表）。
- **-a** 还包含隐藏文件（a 表示 all，即所有）。
- **-h** 使用对人友好的大小（例如 KiB 表示 1,000 字节）。

对于 **ls**，我们还可以把这些标志（即参数）作为一个大标志 **-alh** 传递（先后顺序并不重要），**args ()** 函数允许将它们作为字符串切片来传递。检查实例的 **status ()** 函数时才会真正执行子进程，在这里，我们还要打印结果。状态码（在 Linux 上）为 0（**zero**）或非 0（**non-zero**）时，分别表示一个特定程序成功或失败。

下一部分捕获程序的标准输出，并为它设置环境变量。环境变量也是向子程序传递数据或设置的好方法（例如，用于构建的编译器标志和用于命令行 API 的键）。**env**（https://linux.die.net/man/1/env）是 Linux 上打印可用环境变量的一个程序（PowerShell 中也有相应的程序），因此捕获标准输出时，我们可以尝试查找变量和它的值。

下面将数据通过标准输入传递给 **rev** 程序，同时捕获标准输出。**rev** 只是将输入数据逆置，因此我们期望输出与输入顺序相反。这里要注意两个有意思的情况：

- 获取标准输入的句柄是有作用域的，以避免违反借用规则。
- 从管道中写入和读取是按字节进行的，这需要进行解析从而转换到字符串或者从字符串转换。**String::from_utf8_lossy ()** 函数可以完成这个工作，并忽略无效数据。

之后，**main** 函数返回一个正面的空结果 [**Ok (())**]。

在最后一步，与往常一样，我们要运行代码来看它是否能工作，尽管源文件中只有两个 **println! ()** 语句以及 **ls** 命令的退出码，不过我们看到了很多输出。这是默认设置带来的，根据默认设置，通过控制台传递子进程的标准输出时就会得到这些输出。因此，这里可以看到 Linux 上 **ls-alh** 命令的输出，这可能与你的机器上的输出略有不同。

使用 Rust 成功地创建并运行一些命令之后，现在我们可以开始创建自己的应用了。希望这本书能对你有帮助。

请留言评论，让其他读者了解你的看法

请在购买本书的网站上留言评论，分享你对这本书的想法。如果你从 Amazon 购买了这本书，请在本书 Amazon 页面上留下公正的评论。这很重要，这样潜在读者就能看到你的公正观点，并以此决定是否购买这本书。作为出版商，我们能从中了解顾客对我们的书有什么想法。另外作者也能看到读者对他的 Packt 书的反馈。你只需要花几分钟时间，但是对其他潜在顾客、我们的作者以及 Packt 都极有价值。谢谢！

Packt.com

订阅我们的在线数字图书馆可以完全访问超过7000本书和视频，会得到业界领先的工具来帮助规划你的个人发展，拓展你的职业生涯。有关的更多信息，请访问我们的网站。

为什么订阅？

- 利用4000多位行业专家提供的这些实用的电子书和视频，可以节省学习时间，而把时间更多地用于编程。
- 利用专门为你设计的技能规划改善你的学习。
- 每月得到一个免费的电子书或视频。
- 轻松访问重要信息。
- 复制粘贴、打印和对内容加书签。

你知道吗？Packt为出版的每一本书都提供了电子书版本（PDF和ePub文件）。你可以在www.packt.com上升级到电子书版本，另外，作为纸质版图书的顾客，购买电子书会有一个折扣。有关的更多详细信息请联系我们：customercare@packtpub.com。

在www.packt.com，你还能读到大量免费的技术文章，可以注册很多免费的新闻组，并得到Packt图书和电子书的很大折扣和优惠。

贡献者

关于作者

  Claus Matzinger 是一位有丰富背景的软件工程师，任职于一家为嵌入式设备维护代码的小公司之后，他加入了一家大公司，从事遗留 Smalltalk 应用的工作。这使他对早期的编程语言产生了浓厚兴趣，Claus 后来成为一家基于 Scala 技术的健康游戏创业公司的 CTO。在此之后，Claus 开始转变角色，在物联网数据库技术创业公司 Crate IO（这家公司创建了 CrateDB）转入面向客户的职位，最近进入了 Microsoft。在这里，他主办了一个播客，会与客户一起编写代码，通过博客发表这些合作得到的解决方案。5 年多来，Claus 一直在通过软件帮助客户创新，以及取得并保持成功。

关于审校人员

  Pradeep R 是 Gigamon 的一个软件专业人员和技术爱好者，主要热衷于网络编程和安全性领域。他在管理领先企业的网络交换、路由和安全解决方案中积累了丰富的经验，另外正在研究下一代网络普适可见性解决方案来改进网络分析和安全性。

  他的兴趣领域覆盖多种不同的编程语言，用 C、C++、Python 和 Rust 做过大量工作。在他闲暇的时候，他会努力在新兴技术领域培养能力，还会审校有关软件编程的书，最近审校的书包括《Rust Cookbook》和《Rust Networking Basics》。

  我要感谢我的兄弟 Vigneshwer Dhinakaran，他让我知道了心有多大，就能走多远，思想构筑的界限终将被打破。还要衷心感谢我的家人：我的母亲 Vasanthi，我的祖母 Sulochana，还有我的姐姐 Deepika，感谢她们一如既往的鼓励和支持。

Packt 在寻找像你一样的作者

  如果你有兴趣成为 Packt 的作者，请立即访问 authors.packtpub.com 申请。我们已经与数以千计像你一样的开发人员和技术专家合作，帮助他们向全球技术社区分享他们的真知灼见。你可以完成基本申请，或者申请我们正在招募作者的某个特定热门主题，也可以提出你自己的想法。